高等院校大学数学系列教材

高等数学（下册）

朱文新 崔军文 主 编
张振荣 王伟晶 副主编

清華大學出版社
北 京

内 容 简 介

本书是清华大学出版社"十四五"规划系列教材之一.本书分上、下两册出版，下册内容包括向量代数与空间解析几何，多元函数微分法及其应用，重积分，曲线积分与曲面积分，无穷级数等内容，书末还附有习题答案.

本书适合高等院校理工科各专业学生使用，也可供具有相当知识储备的自学者学习使用.

图书在版编目（CIP）数据

高等数学．下册 / 朱文新，崔军文主编．-- 北京 ：清华大学出版社，2025．1．--（高等院校大学数学系列教材）．-- ISBN 978-7-302-67648-5

Ⅰ．O13

中国国家版本馆 CIP 数据核字第 2024BT9530 号

责任编辑：佟丽霞
封面设计：傅瑞学
责任校对：薄军霞
责任印制：刘　菲

出版发行：清华大学出版社
　　网　　址：https://www.tup.com.cn，https://www.wqxuetang.com
　　地　　址：北京清华大学学研大厦 A 座　　**邮　　编**：100084
　　社 总 机：010-83470000　　**邮　　购**：010-62786544
　　投稿与读者服务：010-62776969，c-service@tup.tsinghua.edu.cn
　　质量反馈：010-62772015，zhiliang@tup.tsinghua.edu.cn
印 装 者：河北盛世彩捷印刷有限公司
经　　销：全国新华书店
开　　本：185mm×260mm　　**印　张**：11.75　　**字　　数**：262 千字
版　　次：2025 年 1 月第 1 版　　**印　　次**：2025 年 1 月第1 次印刷
定　　价：36.00 元

产品编号：100172-01

前言

本书是为普通高等院校非数学专业“高等数学”课程编写的教材，在保持结构严谨、内容通俗易懂的同时，注重基础、加强应用，尽量减少烦琐而又难以起到启发思维作用的逻辑证明. 在编写的过程中，我们特别注重对学生的基本运算、分析问题及解决问题能力的培养.

本书内容丰富，叙述详细，可供普通高等学校作为“高等数学”课程的教材，也可供工程技术人员、报考研究生的读者、参加数学竞赛的学生作为参考书.

本书是天津农学院数学教研室集体劳动的成果，由朱文新、崔军文、张振荣、王伟晶、俞竺君、费德祥、杨金一七位老师共同编写完成，全书由张海燕老师对一些章节作了适当修改，并完成统稿、定稿工作.

本书也是天津农学院特色教材建设研究项目“基于‘新工科、新医科、新农科’背景下的大学数学课程建设体系中特色教材的开发建设与研究”(项目编号：2021-C-02)的研究成果.

在本书的编写过程中，我们参考了大量的教材和资料. 在此特别对参考教材和资料的作者表示衷心的感谢！

天津农学院基础科学学院及教务处的领导在本书出版过程中给予了大力的协助，在此一并致谢！

由于编者水平有限，书中难免存在纰漏，敬请广大读者不吝指正.

编　者

2024 年 5 月 5 日，天津

目 录

第8章 向量代数与空间解析几何

空间解析几何是用代数的方法研究空间图形的一门数学学科.在微积分的发展史上,空间解析几何具有十分重要的地位.直观是人们认识和理解事物的最有效的形式,正如平面解析几何使一元函数微积分有了几何的直观一样,空间解析几何知识对学习多元函数微积分是不可缺少的.

8.1 向量及其运算

8.1.1 空间直角坐标系与向量、向量模的概念

在平面解析几何中,我们建立了平面直角坐标系,并通过平面直角坐标系,把平面上的点与有序数组(即点的坐标(x,y))对应起来.同理,为了把空间的任一点与有序数组对应起来,建立了**空间直角坐标系**,如图8.1所示.

空间三个相互垂直且原点重合的数轴构成空间直角坐标系.三个数轴分别称为x轴(横轴),y轴(纵轴),z轴(竖轴),统称为**坐标轴**;三个数轴的共同原点称为空间直角坐标系的**原点**.

注 (1) 通常三个数轴应具有相同的长度单位;

(2) 通常把x轴和y轴配置在水平面上,而z轴是水平面上的铅垂线;

(3) 数轴的正向通常符合右手规则.通常按右手法则来确定轴的方向:当x轴正向按右手握拳方向以$\frac{\pi}{2}$的角度转向y轴时,大拇指的指向就是z轴的正向.

三条坐标轴中每两条坐标轴都可以确定一个平面,称为**坐标平面**.由x轴和y轴所确定的平面称为xOy平面,由y轴和z轴所确定的平面称为yOz平面;由x轴和z轴所确定的平面称为xOz平面.三个坐标面把整个空间分成八个部分,依次称为Ⅰ、Ⅱ、Ⅲ、Ⅳ、Ⅴ、Ⅵ、Ⅶ、Ⅷ卦限,坐标平面不属于任何卦限,如图8.2所示.

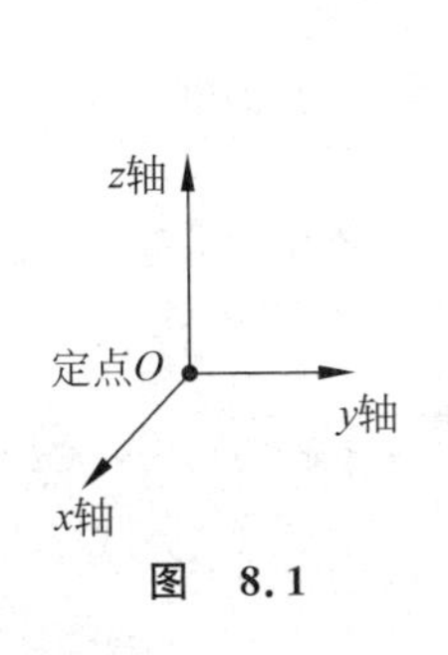

图 8.1

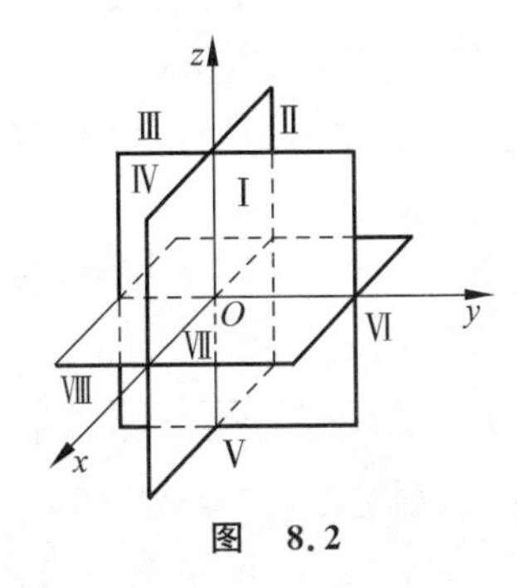

图 8.2

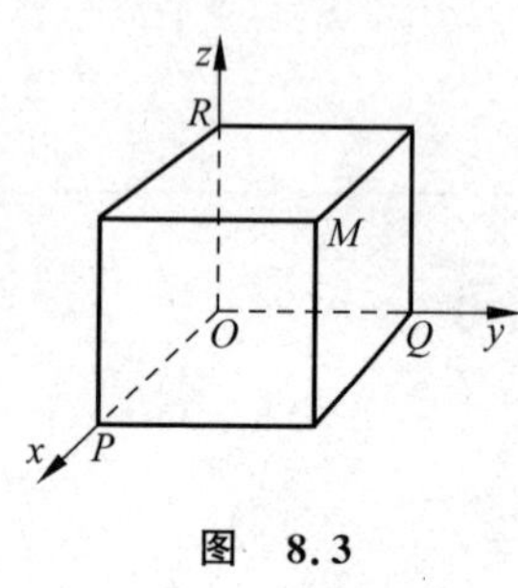

图 8.3

设 M 为空间中一点，过点 M 作三个平面分别垂直于 x 轴、y 轴、z 轴且与这三个坐标轴分别交于点 P,Q,R. 点 P,Q,R 对应的三个实数依次为 x,y,z，如图 8.3 所示，于是点 M 唯一确定了一个有序实数组 (x,y,z). 反之，一个有序数组 (x,y,z) 唯一确定一点 M. (x,y,z) 称为点 M 的坐标，x,y,z 分别称为点 M 的**横坐标**、**纵坐标**、**竖坐标**. 坐标为 (x,y,z) 的点 M 记为 $M(x,y,z)$.

坐标面和坐标轴上各点坐标有下述特征：原点 O 的坐标为 $(0,0,0)$；x,y,z 轴上的点的坐标分别为 $(x,0,0)$，$(0,y,0)$，$(0,0,z)$；xy,zx,yz 面上点的坐标分别为 $(x,y,0)$，$(x,0,z)$，$(0,y,z)$.

1. 空间两点间的距离

设 $P_1(x_1,y_1,z_1)$，$P_2(x_2,y_2,z_2)$ 为空间两点. 过 P_1,P_2 分别作平行于坐标面的平面，这六个平面构成一个长方体，它的三条边长分别为 $|x_1-x_2|$，$|y_1-y_2|$，$|z_1-z_2|$（图 8.4）. 两次运用勾股定理，得 P_1 与 P_2 的距离 d 为

$$d^2=|P_1P|^2+|PP_2|^2$$
$$=|P_1P|^2+(z_1-z_2)^2,$$

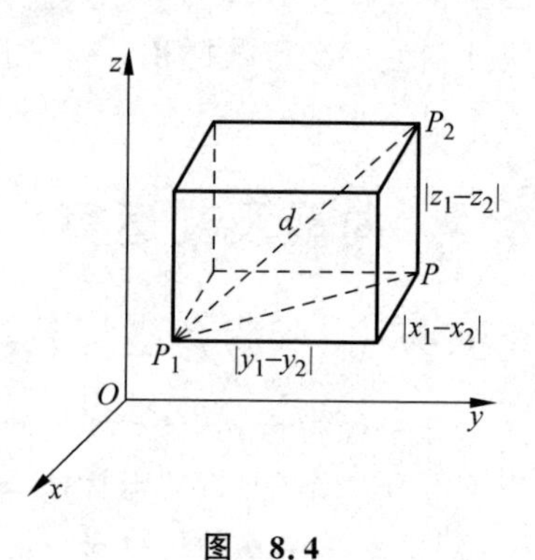

图 8.4

并将

$$|P_1P|^2=(y_1-y_2)^2+(x_1-x_2)^2$$

代入上式，得

$$d^2=(x_1-x_2)^2+(y_1-y_2)^2+(z_1-z_2)^2,$$

故

$$d=\sqrt{(x_1-x_2)^2+(y_1-y_2)^2+(z_1-z_2)^2}. \tag{8.1}$$

特别地，点 $P(x,y,z)$ 到原点 $(0,0,0)$ 的距离为 $|OP|=\sqrt{x^2+y^2+z^2}$.

可以应用距离公式(8.1)，求平面方程与球面方程.

例 1 在 z 轴上求与两点 $A(-1,2,3)$ 和 $B(2,6,-2)$ 等距离的点 P.

解 由于所求的点 P 在 z 轴上，设该点的坐标为 $(0,0,z)$，依题意有 $|PA|=|PB|$，由两点间的距离公式，得

$$\sqrt{(0+1)^2+(0-2)^2+(z-3)^2}=\sqrt{(0-2)^2+(0-6)^2+(z+2)^2},$$

解得 $z=-3$. 所以，所求的点为 $P(0,0,-3)$.

例 2 求到两定点 $M_1(1,-1,1)$ 与 $M_2(2,1,-1)$ 等距离的点 $M(x,y,z)$ 的轨迹方程.

解 由于

$$|M_1M|=|M_2M|,$$

所以

$$\sqrt{(x-1)^2+(y+1)^2+(z-1)^2}=\sqrt{(x-2)^2+(y-1)^2+(z+1)^2}.$$

化简得点 M 的轨迹方程为

$$2x+4y-2z-3=0.$$

2. 向量

我们将既有大小又有方向的量称为**向量**,如力、位移等.向量通常用黑体字母来表示,记为 $\boldsymbol{a}$ 或 $\vec{a}$.有时,向量也常用有向线段 $\overrightarrow{AB}$(A 为起点,B 为终点)来表示.向量的大小为有向线段的长度,称为向量的**模**,记为 $|\boldsymbol{a}|$,或 $|\vec{a}|$,或 $|\overrightarrow{AB}|$.模为 1 的向量称为**单位向量**.模为 0 的向量称为**零向量**,记为 $\mathbf{0}$,规定 $\mathbf{0}$ 的方向是任意的.

向量的方向、大小、起点三个因素中,方向与大小为两要素.与起点无关的向量称为自由向量.将向量 $\boldsymbol{a}$ 或 $\boldsymbol{b}$ 平行移动使得它们的起点重合,它们所在射线之间的夹角 $\theta(0\leqslant\theta\leqslant\pi)$ 称为 $\boldsymbol{a}$ 与 $\boldsymbol{b}$ 的夹角.如果两个向量 $\boldsymbol{a}$ 和 $\boldsymbol{b}$ 大小相等,方向相同,则称 $\boldsymbol{a}$ 与 $\boldsymbol{b}$ 相等,记为 $\boldsymbol{a}=\boldsymbol{b}$.

3. 向量的坐标

在空间直角坐标系中,若将向量 $\boldsymbol{a}$ 平行移动使得它的起点与原点 O 重合,则它的终点必与唯一的某个点 M 重合.也就是说,向量 $\boldsymbol{a}$ 与空间中的点 M 有一一对应的关系,满足 $\overrightarrow{OM}=\boldsymbol{a}$(图 8.5).因此,可将点 M 的坐标 (x,y,z) 视为向量 $\boldsymbol{a}$ 的坐标,记为 $\boldsymbol{a}=(x,y,z)$.将三个特殊的单位向量 $(1,0,0)$,$(0,1,0)$,$(0,0,1)$ 分别记为 $\boldsymbol{i},\boldsymbol{j},\boldsymbol{k}$,那么对于任意向量 $\boldsymbol{a}=(x,y,z)$,有

$$\boldsymbol{a}=x\boldsymbol{i}+y\boldsymbol{j}+z\boldsymbol{k}. \tag{8.2}$$

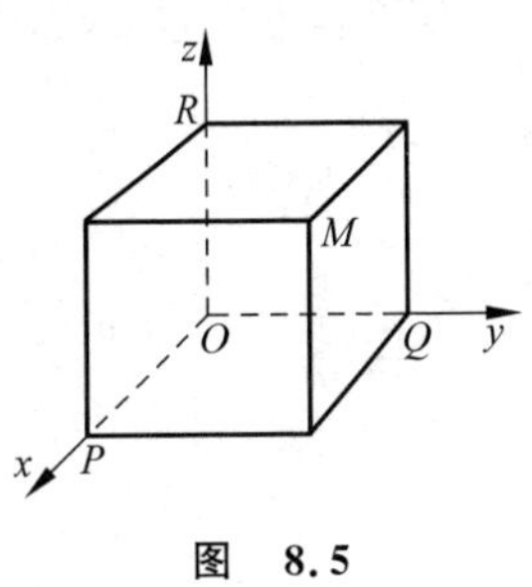

图 8.5

式(8.2)称为向量 $\boldsymbol{a}$ 的坐标式.由于 $|\overrightarrow{OM}|$ 是 $\boldsymbol{a}$ 的模,利用式(8.1)得

$$|\boldsymbol{a}|=|\overrightarrow{OM}|=\sqrt{x^2+y^2+z^2}. \tag{8.3}$$

8.1.2 向量的线性运算

向量的线性运算是指向量的加法和向量与数的乘法运算.

定义 1 设向量 $\boldsymbol{a}=(x_1,y_1,z_1)$,$\boldsymbol{b}=(x_2,y_2,z_2)$,

向量的加法

$$\boldsymbol{a}+\boldsymbol{b}=(x_1+x_2,y_1+y_2,z_1+z_2),$$

向量与数的乘法

$$\lambda\boldsymbol{a}=(\lambda x_1,\lambda y_1,\lambda z_1),$$

向量的减法

$$\boldsymbol{a}-\boldsymbol{b}=\boldsymbol{a}+(-1)\boldsymbol{b}=(x_1-x_2,y_1-y_2,z_1-z_2).$$

向量的加法是遵循三角形法则的,即

$$\overrightarrow{AB}+\overrightarrow{BC}=\overrightarrow{AC},$$

如图 8.6 所示.也遵循平行四边形法则,即

$$\overrightarrow{AB}+\overrightarrow{AD}=\overrightarrow{AC},$$

如图 8.7 所示,其中四边形 $ABCD$ 是平行四边形.

向量减法的几何意义如图 8.8 所示.

向量与数的乘法的几何意义是向量 $\lambda\boldsymbol{a}$ 与 $\boldsymbol{a}$ 平行或共线,因此有下面的定理.

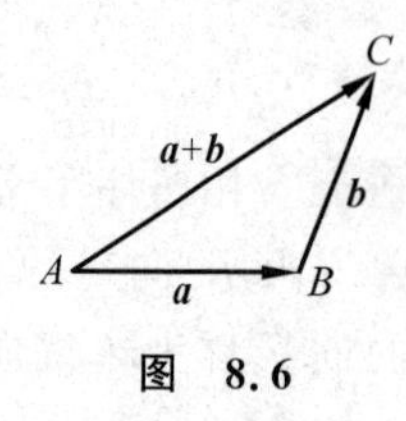

图 8.6

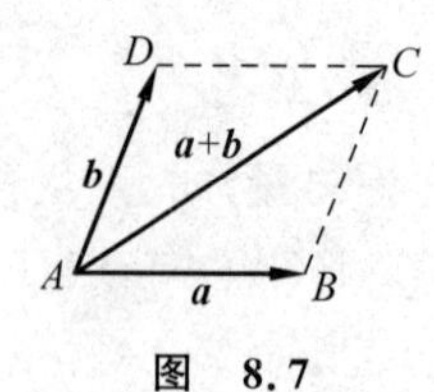

图 8.7

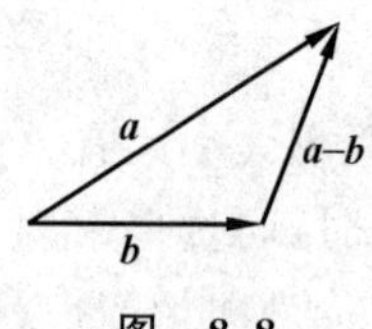

图 8.8

定理 1 向量 $\boldsymbol{a}$ 与非零向量 $\boldsymbol{b}$ 平行的充分必要条件是 $\boldsymbol{a}=\lambda\boldsymbol{b}$.

容易验证向量的线性运算满足以下规律：

(1) 加法交换律 $\boldsymbol{a}+\boldsymbol{b}=\boldsymbol{b}+\boldsymbol{a}$；

(2) 加法结合律 $\boldsymbol{a}+(\boldsymbol{b}+\boldsymbol{c})=(\boldsymbol{a}+\boldsymbol{b})+\boldsymbol{c}$；

(3) 数乘分配律 $\lambda(\boldsymbol{a}+\boldsymbol{b})=\lambda\boldsymbol{a}+\lambda\boldsymbol{b}$；

(4) 数乘结合律 $\lambda(\mu\boldsymbol{a})=(\lambda\mu)\boldsymbol{a}$.

对于非零向量 $\boldsymbol{a}$，由数乘运算的定义可知，$\frac{1}{|\boldsymbol{a}|}\boldsymbol{a}$ 的方向与 $\boldsymbol{a}$ 相同，且

$$\left|\frac{1}{|\boldsymbol{a}|}\boldsymbol{a}\right|=\frac{1}{|\boldsymbol{a}|}|\boldsymbol{a}|=1,$$

故 $\frac{1}{|\boldsymbol{a}|}\boldsymbol{a}$ 是与 $\boldsymbol{a}$ 同方向的单位向量，记作 $\boldsymbol{e}_a$，即

$$\boldsymbol{e}_a=\frac{1}{|\boldsymbol{a}|}\boldsymbol{a} \quad \text{或} \quad \boldsymbol{a}=|\boldsymbol{a}|\boldsymbol{e}_a. \tag{8.4}$$

例 3 设向量 $\boldsymbol{a}$ 的起点为 $A(4,0,5)$，终点为 $B(7,1,3)$，求 $\boldsymbol{e}_a$ 的坐标.

解 由 $\boldsymbol{a}=\overrightarrow{AB}=\overrightarrow{OB}-\overrightarrow{OA}=(7-4,1-0,3-5)=(3,1,-2)$ 得

$$|\boldsymbol{a}|=\sqrt{3^2+1^2+(-2)^2}=\sqrt{14},$$

故 $\boldsymbol{e}_a=\frac{1}{|\boldsymbol{a}|}\boldsymbol{a}=\left(\frac{3}{\sqrt{14}},\frac{1}{\sqrt{14}},\frac{-2}{\sqrt{14}}\right)$.

8.1.3 向量的方向角、投影

1. 方向角与方向余弦

非零向量 $\boldsymbol{a}$ 与 x 轴、y 轴、z 轴的正向的夹角 α,β,γ 称为 $\boldsymbol{a}$ 的方向角，方向角的余弦 $\cos\alpha,\cos\beta,\cos\gamma$ 称为 $\boldsymbol{a}$ 的方向余弦.

如图 8.9 所示，作 $\overrightarrow{OM}=\boldsymbol{a}=(a_x,a_y,a_z)$. 由于 $a_x=|\overrightarrow{OP}|$，$a_y=|\overrightarrow{OQ}|$，$a_z=|\overrightarrow{OR}|$，且 $MP\perp OP$，$MQ\perp OQ$，$MR\perp OR$，故

$$\cos\alpha=\frac{a_x}{|\boldsymbol{a}|},\quad \cos\beta=\frac{a_y}{|\boldsymbol{a}|},\quad \cos\gamma=\frac{a_z}{|\boldsymbol{a}|} \tag{8.5}$$

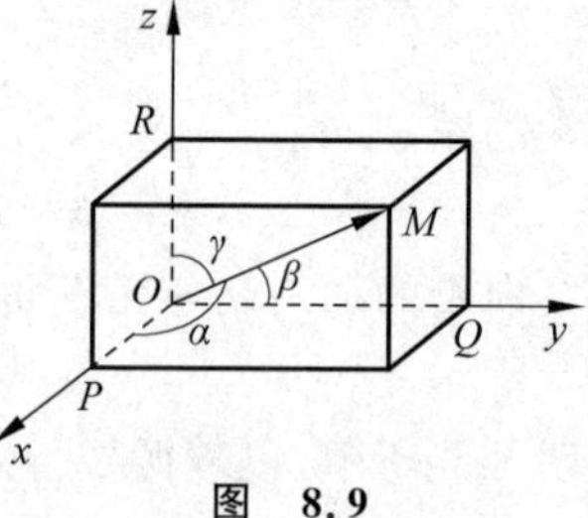

图 8.9

易知

$$(\cos\alpha,\cos\beta,\cos\gamma)=\frac{1}{|\boldsymbol{a}|}\boldsymbol{a}=\boldsymbol{e}_a,$$

且

$$\cos^2\alpha+\cos^2\beta+\cos^2\gamma=1. \tag{8.6}$$

例 4 已知向量 $\boldsymbol{a}$ 的起点为 $A(3,-1,3)$，终点为 $B(-1,2,15)$，求 $\boldsymbol{a}$ 的坐标表达式及它的模与方向角.

解 $\boldsymbol{a}=(-1-3,2-(-1),15-3)=(-4,3,12)$，

$$|\boldsymbol{a}|=\sqrt{(-4)^2+3^2+12^2}=13,$$

$$\cos\alpha=\frac{a_x}{|\boldsymbol{a}|}=\frac{-4}{13},\quad \cos\beta=\frac{a_y}{|\boldsymbol{a}|}=\frac{3}{13},\quad \cos\gamma=\frac{a_z}{|\boldsymbol{a}|}=\frac{12}{13},$$

即方向角为 $\alpha=\arccos\left(\frac{-4}{13}\right)$，$\beta=\arccos\left(\frac{3}{13}\right)$，$\gamma=\arccos\left(\frac{12}{13}\right)$.

2. 投影

设向量 $\boldsymbol{a}=\overrightarrow{OM}$，$\boldsymbol{b}=\overrightarrow{ON}$，$\boldsymbol{a}\neq\boldsymbol{0}$，且向量 $\boldsymbol{a}$ 与 $\boldsymbol{b}$ 的夹角为 φ(图 8.10). 过 N 作平面与 OM 所在直线交于点 N'，则称 $\overrightarrow{ON'}$ 为向量 $\boldsymbol{b}$ 在向量 $\boldsymbol{a}$ 上的投影向量，易知

$$\overrightarrow{ON'}=(|\overrightarrow{ON}|\cos\varphi)\boldsymbol{e}_a=(|\boldsymbol{b}|\cos\varphi)\boldsymbol{e}_a,$$

图 8.10

称上式中的数 $|\boldsymbol{b}|\cos\varphi$ 为向量 $\boldsymbol{b}$ 在向量 $\boldsymbol{a}$ 上的投影，并记作 $\mathrm{Prj}_{\boldsymbol{a}}\boldsymbol{b}$，即

$$\mathrm{Prj}_{\boldsymbol{a}}\boldsymbol{b}=|\boldsymbol{b}|\cos(\widehat{\boldsymbol{a},\boldsymbol{b}}).$$

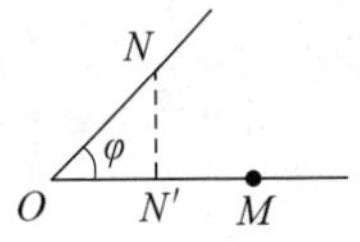

性质 1 $\mathrm{Prj}_{\boldsymbol{a}}(\boldsymbol{b}_1+\boldsymbol{b}_2)=\mathrm{Prj}_{\boldsymbol{a}}\boldsymbol{b}_1+\mathrm{Prj}_{\boldsymbol{a}}\boldsymbol{b}_2$；

性质 2 $\mathrm{Prj}_{\boldsymbol{a}}\lambda\boldsymbol{b}=\lambda\mathrm{Prj}_{\boldsymbol{a}}\boldsymbol{b}$.

向量 $\boldsymbol{a}$ 在 $\boldsymbol{i},\boldsymbol{j},\boldsymbol{k}$ 上的投影也称为向量 $\boldsymbol{a}$ 在 x 轴、y 轴、z 轴上的投影，分别记为

$$a_x=\mathrm{Prj}_x\boldsymbol{a},\quad a_y=\mathrm{Prj}_y\boldsymbol{a},\quad a_z=\mathrm{Prj}_z\boldsymbol{a},$$

或记为

$$a_x=(\boldsymbol{a})_x,\quad a_y=(\boldsymbol{a})_y,\quad a_z=(\boldsymbol{a})_z.$$

习题 8.1

1. 指出下列各点所在的坐标轴、坐标面或卦限：
(1) $A(0,-7,0)$；(2) $B(0,-1,2)$；(3) $C(-1,0,3)$；(4) $D(2,-3,-5)$.

2. 设向量的方向余弦分别满足：(1)$\cos\gamma=0$；(2)$\cos\alpha=1$；(3)$\cos\alpha=\cos\gamma=0$，说明这些向量与坐标轴或坐标面的关系如何？

3. 已知两点 $M_1(4,0,1)$ 和 $M_2(3,\sqrt{2},2)$，计算向量 $\overrightarrow{M_1M_2}$ 的模、方向余弦、方向角以及平行于 $\overrightarrow{M_1M_2}$ 的单位向量.

4. 已知 $A(1,-3,2)$，求点 $B(x,-3,-4)$，使 A,B 的距离为 6.

5. 在 z 轴上求与点 $A(3,-1,1)$ 和点 $B(0,1,2)$ 等距离的点.

8.2 向量的数量积、向量积、混合积

8.2.1 向量的数量积

定义 1 向量 $\boldsymbol{a},\boldsymbol{b}$ 的模与其夹角余弦的乘积，即

$$\boldsymbol{a}\cdot\boldsymbol{b}=|\boldsymbol{a}||\boldsymbol{b}|\cos(\widehat{\boldsymbol{a},\boldsymbol{b}})\tag{8.7}$$

称为向量 $\boldsymbol{a},\boldsymbol{b}$ 的**数量积**，也称为**点积**或**内积**. 特别地，

$$\boldsymbol{a}\cdot\boldsymbol{a}=|\boldsymbol{a}||\boldsymbol{a}|\cos(\widehat{\boldsymbol{a},\boldsymbol{a}})=|\boldsymbol{a}|^2.$$

当$\boldsymbol{a}\neq\boldsymbol{0}$时，式(8.7)中的因子$|\boldsymbol{b}|\cos\theta$就是向量$\boldsymbol{b}$在向量$\boldsymbol{a}$上的投影$\mathrm{Prj}_{\boldsymbol{a}}\boldsymbol{b}$，故$\boldsymbol{a}\cdot\boldsymbol{b}=|\boldsymbol{a}|\mathrm{Prj}_{\boldsymbol{a}}\boldsymbol{b}$或$\mathrm{Prj}_{\boldsymbol{a}}\boldsymbol{b}=\dfrac{\boldsymbol{a}\cdot\boldsymbol{b}}{|\boldsymbol{a}|}$.

当$\boldsymbol{b}\neq\boldsymbol{0}$时，有$\boldsymbol{a}\cdot\boldsymbol{b}=|\boldsymbol{b}|\mathrm{Prj}_{\boldsymbol{b}}\boldsymbol{a}$或$\mathrm{Prj}_{\boldsymbol{b}}\boldsymbol{a}=\dfrac{\boldsymbol{a}\cdot\boldsymbol{b}}{|\boldsymbol{b}|}$.

数量积满足以下规律：

(1) 交换律　$\boldsymbol{a}\cdot\boldsymbol{b}=\boldsymbol{b}\cdot\boldsymbol{a}$；

(2) 分配律　$(\boldsymbol{a}+\boldsymbol{b})\cdot\boldsymbol{c}=\boldsymbol{a}\cdot\boldsymbol{c}+\boldsymbol{b}\cdot\boldsymbol{c}$；

(3) 数乘结合律　$\lambda(\boldsymbol{a}\cdot\boldsymbol{b})=(\lambda\boldsymbol{a})\cdot\boldsymbol{b}=\boldsymbol{a}\cdot(\lambda\boldsymbol{b})$.

定理1　$\boldsymbol{a}\perp\boldsymbol{b}\Leftrightarrow\boldsymbol{a}\cdot\boldsymbol{b}=0$.

证　当$\boldsymbol{a}$与$\boldsymbol{b}$有一个为$\boldsymbol{0}$时，结论显然成立.

当$\boldsymbol{a}\neq\boldsymbol{0},\boldsymbol{b}\neq\boldsymbol{0}$时，由$\boldsymbol{a}\perp\boldsymbol{b}$有$\cos(\widehat{\boldsymbol{a},\boldsymbol{b}})=0$，故$\boldsymbol{a}\cdot\boldsymbol{b}=|\boldsymbol{a}||\boldsymbol{b}|\cos(\widehat{\boldsymbol{a},\boldsymbol{b}})=0$. 必要性得证.

由$\boldsymbol{a}\cdot\boldsymbol{b}=|\boldsymbol{a}||\boldsymbol{b}|\cos(\widehat{\boldsymbol{a},\boldsymbol{b}})=0$，$\boldsymbol{a}\neq\boldsymbol{0}$且$\boldsymbol{b}\neq\boldsymbol{0}$有，$\cos(\widehat{\boldsymbol{a},\boldsymbol{b}})=0$，故$\boldsymbol{a}\perp\boldsymbol{b}$. 充分性得证. □

数量积的坐标表示式为：设向量$\boldsymbol{a}=a_x\boldsymbol{i}+a_y\boldsymbol{j}+a_z\boldsymbol{k}$，$\boldsymbol{b}=b_x\boldsymbol{i}+b_y\boldsymbol{j}+b_z\boldsymbol{k}$，向量$\boldsymbol{a}$与$\boldsymbol{b}$的数量积(或内积、点积)

$$\boldsymbol{a}\cdot\boldsymbol{b}=a_xb_x+a_yb_y+a_zb_z. \tag{8.8}$$

下面我们来进行推导式(8.8). 按数量积的运算规律可得

$$\begin{aligned}\boldsymbol{a}\cdot\boldsymbol{b}&=(a_x\boldsymbol{i}+a_y\boldsymbol{j}+a_z\boldsymbol{z})\cdot(b_x\boldsymbol{i}+b_y\boldsymbol{j}+b_z\boldsymbol{z})\\&=a_xb_x\boldsymbol{i}\cdot\boldsymbol{i}+a_xb_y\boldsymbol{i}\cdot\boldsymbol{j}+a_xb_z\boldsymbol{i}\cdot\boldsymbol{k}+a_yb_x\boldsymbol{j}\cdot\boldsymbol{i}+a_yb_y\boldsymbol{j}\cdot\boldsymbol{j}+a_zb_z\boldsymbol{j}\cdot\boldsymbol{k}+\\&\quad a_zb_x\boldsymbol{k}\cdot\boldsymbol{i}+a_zb_y\boldsymbol{k}\cdot\boldsymbol{j}+a_zb_z\boldsymbol{k}\cdot\boldsymbol{k},\end{aligned}$$

因为$\boldsymbol{i},\boldsymbol{j},\boldsymbol{k}$互相垂直，所以$\boldsymbol{i}\cdot\boldsymbol{j}=\boldsymbol{j}\cdot\boldsymbol{k}=\boldsymbol{k}\cdot\boldsymbol{i}=0$，$\boldsymbol{j}\cdot\boldsymbol{i}=\boldsymbol{k}\cdot\boldsymbol{j}=\boldsymbol{i}\cdot\boldsymbol{k}=0$. 又因为$\boldsymbol{i},\boldsymbol{j},\boldsymbol{k}$的模均为1，所以$\boldsymbol{i}\cdot\boldsymbol{i}=\boldsymbol{j}\cdot\boldsymbol{j}=\boldsymbol{k}\cdot\boldsymbol{k}=1$. 因而得$\boldsymbol{a}\cdot\boldsymbol{b}=a_xb_x+a_yb_y+a_zb_z$.

当$\boldsymbol{a}\neq\boldsymbol{0}$且$\boldsymbol{b}\neq\boldsymbol{0}$时，由式(8.7)可知

$$\cos(\widehat{\boldsymbol{a},\boldsymbol{b}})=\frac{\boldsymbol{a}\cdot\boldsymbol{b}}{|\boldsymbol{a}||\boldsymbol{b}|},$$

由此可得

$$(\widehat{\boldsymbol{a},\boldsymbol{b}})=\arccos\frac{\boldsymbol{a}\cdot\boldsymbol{b}}{|\boldsymbol{a}||\boldsymbol{b}|}. \tag{8.9}$$

如果$\boldsymbol{a}=a_x\boldsymbol{i}+a_y\boldsymbol{j}+a_z\boldsymbol{k}$，$\boldsymbol{b}=b_x\boldsymbol{i}+b_y\boldsymbol{j}+b_z\boldsymbol{k}$，则

$$\cos(\widehat{\boldsymbol{a},\boldsymbol{b}})=\frac{a_xb_x+a_yb_y+a_zb_z}{\sqrt{a_x^2+a_y^2+a_z^2}\sqrt{b_x^2+b_y^2+b_z^2}}. \tag{8.10}$$

这就是两向量夹角余弦的坐标表示式.

例1　设$\boldsymbol{a}=(1,-2,3)$，$\boldsymbol{b}=(2,3,-1)$，求$\boldsymbol{a}\cdot\boldsymbol{b}$以及$\boldsymbol{a}$与$\boldsymbol{b}$的夹角$\theta$.

解　由数量积的坐标表示式得

$$\boldsymbol{a}\cdot\boldsymbol{b}=1\times2+(-2)\times3+3\times(-1)=-7,$$

且

$$|\boldsymbol{a}|=\sqrt{1^2+(-2)^2+3^2}=\sqrt{14},\quad |\boldsymbol{b}|=\sqrt{2^2+3^2+(-1)^2}=\sqrt{14},$$

代入两向量夹角余弦的表达式,得

$$\cos\theta=\frac{\boldsymbol{a}\cdot\boldsymbol{b}}{|\boldsymbol{a}||\boldsymbol{b}|}=\frac{-7}{\sqrt{14}\times\sqrt{14}}=-\frac{1}{2},$$

由此得

$$\theta=\frac{2}{3}\pi.$$

8.2.2 向量的向量积

定义 2 设向量 $\boldsymbol{a}$ 与 $\boldsymbol{b}$ 夹角为 θ,定义向量 $\boldsymbol{a}$ 与 $\boldsymbol{b}$ 的向量积(或外积、叉积)$\boldsymbol{a}\times\boldsymbol{b}$ 是这样一个向量,其模

$$|\boldsymbol{a}\times\boldsymbol{b}|=|\boldsymbol{a}||\boldsymbol{b}|\sin\theta, \tag{8.11}$$

方向与 $\boldsymbol{a}$ 和 $\boldsymbol{b}$ 都垂直,且使 $\boldsymbol{a},\boldsymbol{b},\boldsymbol{a}\times\boldsymbol{b}$ 符合右手法则.

定理 2 当 $\boldsymbol{a}\neq\boldsymbol{0},\boldsymbol{b}\neq\boldsymbol{0}$ 时,$\boldsymbol{a}/\!/\boldsymbol{b}\Leftrightarrow\boldsymbol{a}\times\boldsymbol{b}=\boldsymbol{0}\Leftrightarrow\boldsymbol{b}=k\boldsymbol{a}$.

证 用循环证法证明.

若 $\boldsymbol{a}/\!/\boldsymbol{b}$,有 $\sin(\widehat{\boldsymbol{a},\boldsymbol{b}})=0$,从而 $|\boldsymbol{a}\times\boldsymbol{b}|=|\boldsymbol{a}||\boldsymbol{b}|\sin(\widehat{\boldsymbol{a},\boldsymbol{b}})=0$,故 $\boldsymbol{a}\times\boldsymbol{b}=\boldsymbol{0}$.

若 $\boldsymbol{a}\times\boldsymbol{b}=\boldsymbol{0}$,有 $|\boldsymbol{a}\times\boldsymbol{b}|=|\boldsymbol{a}||\boldsymbol{b}|\sin(\widehat{\boldsymbol{a},\boldsymbol{b}})=0$,由 $\boldsymbol{a}\neq\boldsymbol{0},\boldsymbol{b}\neq\boldsymbol{0}$ 有,$\sin(\widehat{\boldsymbol{a},\boldsymbol{b}})=0$,故 $\boldsymbol{b}=k\boldsymbol{a}$.

若 $\boldsymbol{b}=k\boldsymbol{a}$,有 $\boldsymbol{a},\boldsymbol{b}$ 同向或反向,故 $\boldsymbol{a}/\!/\boldsymbol{b}$. □

向量积满足以下规律:

(1) **反交换律** $\boldsymbol{a}\times\boldsymbol{b}=-\boldsymbol{b}\times\boldsymbol{a}$;

(2) **分配律** $(\boldsymbol{a}+\boldsymbol{b})\times\boldsymbol{c}=\boldsymbol{a}\times\boldsymbol{c}+\boldsymbol{b}\times\boldsymbol{c}$;

(3) **数乘结合律** $\lambda(\boldsymbol{a}\times\boldsymbol{b})=(\lambda\boldsymbol{a})\times\boldsymbol{b}=\boldsymbol{a}\times(\lambda\boldsymbol{b})$.

由向量积的定义可得

$$\begin{aligned}&\boldsymbol{i}\times\boldsymbol{i}=\boldsymbol{0},\quad \boldsymbol{j}\times\boldsymbol{j}=\boldsymbol{0},\quad \boldsymbol{k}\times\boldsymbol{k}=\boldsymbol{0},\\&\boldsymbol{i}\times\boldsymbol{j}=\boldsymbol{k},\quad \boldsymbol{j}\times\boldsymbol{k}=\boldsymbol{i},\quad \boldsymbol{k}\times\boldsymbol{i}=\boldsymbol{j},\\&\boldsymbol{j}\times\boldsymbol{i}=-\boldsymbol{k},\quad \boldsymbol{k}\times\boldsymbol{j}=-\boldsymbol{i},\quad \boldsymbol{i}\times\boldsymbol{k}=-\boldsymbol{j}.\end{aligned}$$

再利用向量积的运算规律可以推出,若 $\boldsymbol{a}=(x_1,y_1,z_1),\boldsymbol{b}=(x_2,y_2,z_2)$,则向量积的坐标表达式为

$$\begin{aligned}\boldsymbol{a}\times\boldsymbol{b}&=(x_1\boldsymbol{i}+y_1\boldsymbol{j}+z_1\boldsymbol{k})\times(x_2\boldsymbol{i}+y_2\boldsymbol{j}+z_2\boldsymbol{k})\\&=(y_1z_2-z_1y_2)\boldsymbol{i}+(z_1x_2-x_1z_2)\boldsymbol{j}+(x_1y_2-y_1x_2)\boldsymbol{k},\end{aligned}$$

也可以写成

$$\boldsymbol{a}\times\boldsymbol{b}=\begin{vmatrix}\boldsymbol{i}&\boldsymbol{j}&\boldsymbol{k}\\x_1&y_1&z_1\\x_2&y_2&z_2\end{vmatrix}. \tag{8.12}$$

例 2 设 $\boldsymbol{a}=(2,3,4),\boldsymbol{b}=(1,-3,-2)$,计算 $\boldsymbol{a}\times\boldsymbol{b}$.

解 $\boldsymbol{a}\times\boldsymbol{b}=\begin{vmatrix}\boldsymbol{i}&\boldsymbol{j}&\boldsymbol{k}\\2&3&4\\1&-3&-2\end{vmatrix}=6\boldsymbol{i}+8\boldsymbol{j}-9\boldsymbol{k}.$

8.2.3 向量的混合积

定义3 设向量$\boldsymbol{a},\boldsymbol{b},\boldsymbol{c}$是三个向量，先作向量积$\boldsymbol{a}\times\boldsymbol{b}$，所得向量$\boldsymbol{a}\times\boldsymbol{b}$再与$\boldsymbol{c}$作数量积，得到的数$(\boldsymbol{a}\times\boldsymbol{b})\cdot\boldsymbol{c}$称为向量$\boldsymbol{a},\boldsymbol{b},\boldsymbol{c}$的混合积，记作$[\boldsymbol{a}\ \boldsymbol{b}\ \boldsymbol{c}]$.

下面推导混合积的坐标计算式.

设$\boldsymbol{a}=(a_x,a_y,a_z)$，$\boldsymbol{b}=(b_x,b_y,b_z)$，$\boldsymbol{c}=(c_x,c_y,c_z)$，则

$$\boldsymbol{a}\times\boldsymbol{b}=\begin{vmatrix} a_y & a_z \\ b_y & b_z \end{vmatrix}\boldsymbol{i}-\begin{vmatrix} a_x & a_z \\ b_x & b_z \end{vmatrix}\boldsymbol{j}+\begin{vmatrix} a_x & a_y \\ b_x & b_y \end{vmatrix}\boldsymbol{k},$$

所以

$$(\boldsymbol{a}\times\boldsymbol{b})\cdot\boldsymbol{c}=\begin{vmatrix} a_y & a_z \\ b_y & b_z \end{vmatrix}c_x-\begin{vmatrix} a_x & a_z \\ b_x & b_z \end{vmatrix}c_y+\begin{vmatrix} a_x & a_y \\ b_x & b_y \end{vmatrix}c_z.$$

利用三阶行列式，可得到混合积的便于记忆的坐标计算式：

$$(\boldsymbol{a}\times\boldsymbol{b})\cdot\boldsymbol{c}=\begin{vmatrix} a_x & a_y & a_z \\ b_x & b_y & b_z \\ c_x & c_y & c_z \end{vmatrix} \tag{8.13}$$

混合积的几何意义

如果向量$\boldsymbol{a},\boldsymbol{b},\boldsymbol{c}$不共面，则它们可看作一个平行六面体的相邻三棱(图8.11)，该平行六面体的底面积为$|\boldsymbol{a}\times\boldsymbol{b}|$，且$\boldsymbol{a}\times\boldsymbol{b}$垂直于$\boldsymbol{a},\boldsymbol{b}$所在的底面.

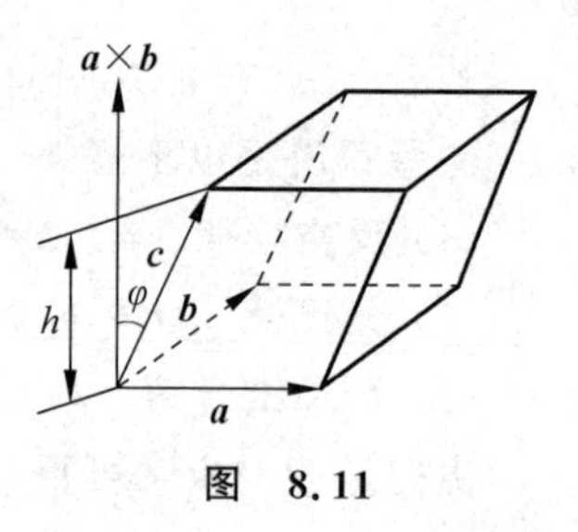

图 8.11

若记向量$\boldsymbol{a}\times\boldsymbol{b}$与$\boldsymbol{c}$的夹角为$\varphi$，则当$0\leqslant\varphi<\frac{\pi}{2}$时，$|\boldsymbol{c}|\cos\varphi$就是该平行六面体的高$h$，于是

$$(\boldsymbol{a}\times\boldsymbol{b})\cdot\boldsymbol{c}=|\boldsymbol{a}\times\boldsymbol{b}||\boldsymbol{c}|\cos\varphi=|\boldsymbol{a}\times\boldsymbol{b}|h,$$

即$[\boldsymbol{a}\ \boldsymbol{b}\ \boldsymbol{c}]$为该平行六面体的体积$V$. 当$\frac{\pi}{2}<\varphi\leqslant\pi$时，该平行六面体的高为$h=-|c|\cos\varphi$，故$[\boldsymbol{a}\ \boldsymbol{b}\ \boldsymbol{c}]=-V$.

如果向量$\boldsymbol{a},\boldsymbol{b},\boldsymbol{c}$共面，显然$[\boldsymbol{a}\ \boldsymbol{b}\ \boldsymbol{c}]=0$.

由此可见，**混合积$[\boldsymbol{a}\ \boldsymbol{b}\ \boldsymbol{c}]$的绝对值是以$\boldsymbol{a},\boldsymbol{b},\boldsymbol{c}$为相邻三棱的平行六面体的体积，且三向量$\boldsymbol{a},\boldsymbol{b},\boldsymbol{c}$共面的充分必要条件是$[\boldsymbol{a}\ \boldsymbol{b}\ \boldsymbol{c}]=0$.**

习题 8.2

1. 设向量$\boldsymbol{a}=(1,-3,2)$，$\boldsymbol{b}=(2,0,1)$，计算：(1)向量$\boldsymbol{a},\boldsymbol{b}$夹角的余弦；(2)$(4\boldsymbol{a})\cdot(-2\boldsymbol{b})$；(3)$3\boldsymbol{a}\times2\boldsymbol{b}$.

2. 设$\boldsymbol{a}=2\boldsymbol{i}-3\boldsymbol{j}+\boldsymbol{k}$，$\boldsymbol{b}=\boldsymbol{i}-\boldsymbol{j}+2\boldsymbol{k}$，求：(1)$\boldsymbol{a}\cdot\boldsymbol{b}$；(2)$\boldsymbol{a}\times\boldsymbol{b}$；(3)$(\boldsymbol{a}+\boldsymbol{b})\times(5\boldsymbol{b})$；(4)$\mathrm{Prj}_{\boldsymbol{b}}\boldsymbol{a}$.

3. 设$\boldsymbol{a}=3\boldsymbol{i}-\boldsymbol{j}-4\boldsymbol{k}$，$\boldsymbol{b}=\boldsymbol{i}+3\boldsymbol{j}-\boldsymbol{k}$，$\boldsymbol{c}=\boldsymbol{i}-2\boldsymbol{j}$，求：(1)$(\boldsymbol{a}+\boldsymbol{b})\times(\boldsymbol{b}+\boldsymbol{c})$；(2)$(\boldsymbol{a}\times\boldsymbol{b})\cdot\boldsymbol{c}$.

4. 已知$A(1,-1,2)$，$B(5,-6,2)$，$C(1,3,-1)$，求与$\overrightarrow{AB}$，$\overrightarrow{AC}$同时垂直的单位向量.

5. 设向量$\boldsymbol{a}=(3,5,-2)$，$\boldsymbol{b}=(2,1,4)$，问λ与μ有怎样的关系，能使得$\lambda\boldsymbol{a}+\mu\boldsymbol{b}$与$z$轴垂直?

8.3 曲面及其方程

8.3.1 曲面方程

在空间直角坐标系中，若曲面 S 上任一点的坐标都满足方程 $F(x,y,z)=0$，而不在曲面 S 上的任何点的坐标都不满足该方程，则方程 $F(x,y,z)=0$ 称为曲面 S 的方程，而曲面 S 就称为方程 $F(x,y,z)=0$ 的图形.

空间曲面研究的两个基本问题分别为：

(1) 已知曲面上的点所满足的几何条件，建立曲面的方程；

(2) 已知曲面方程，研究曲面的几何形状.

例 1 求空间一动点 $M(x,y,z)$ 到一定点 $M_0(x_0,y_0,z_0)$ 的距离等于定长 R 的点的轨迹方程.

解 因为

$$|MM_0|=R(\text{定长}),$$

所以，由距离公式(8.1)得

$$\sqrt{(x-x_0)^2+(y-y_0)^2+(z-z_0)^2}=R,$$

即

$$(x-x_0)^2+(y-y_0)^2+(z-z_0)^2=R^2.$$

这就是半径为 R，球心在 (x_0,y_0,z_0) 的**球面方程**，它是三元二次方程.

特别地，半径为 R，球心在原点的球面方程是

$$x^2+y^2+z^2=R^2.$$

下面简要介绍常用空间曲面的定义及其特性.

8.3.2 旋转曲面

以一条平面曲线绕其平面上的一条直线旋转一周所围成的曲面称为旋转曲面，这条平面曲线称为母线，这条定直线称为轴.

设坐标平面 yOz 内有一条曲线 C，其方程为 $f(y,z)=0$，将这条曲线绕 z 轴旋转一周，就得到一个以 z 轴为轴的旋转曲面，如图 8.12 所示. 下面建立旋转曲面的方程.

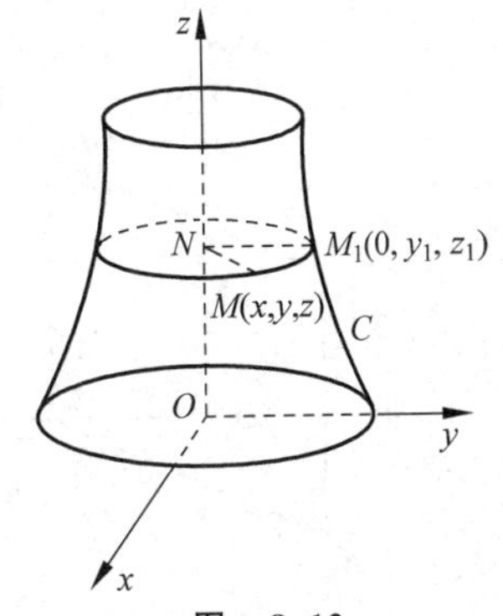

图 8.12

设 $M_1(0,y_1,z_1)$ 是曲线 C 上的任一点，则 M_1 的坐标必满足曲线 C 的方程，即有 $f(y_1,z_1)=0$.

点 M_1 绕 z 轴旋转到另一点 $M(x,y,z)$，旋转过程中有两个“不变”：①竖坐标不变；②到 z 轴的距离不变.

由①得 $z_1=z$.

由于点 $M_1(0,y_1,z_1)$ 到 z 轴的距离为 $|y_1|$，点 $M(x,y,z)$ 到 z 轴的距离为 $\sqrt{x^2+y^2}$，由②得 $|y_1|=\sqrt{x^2+y^2}$.

将 $z_1=z, y_1=\pm\sqrt{x^2+y^2}$ 替换方程 $f(y_1,z_1)=0$ 中的 y_1,z_1，得

$$f(\pm\sqrt{x^2+y^2},z)=0,$$

这就是旋转曲面的方程.

由此可知，在曲线 C 的方程 $f(y,z)=0$ 中，将 y 改成 $\pm\sqrt{x^2+y^2}$ 即可得到曲线 C 绕 z 轴旋转所成的旋转曲面的方程.

利用相同的方法得到曲线 C 绕 y 轴旋转一周所得的旋转曲面的方程为

$$f(y,\pm\sqrt{x^2+z^2})=0.$$

曲线 C 绕 x 轴旋转一周所得的旋转曲面的方程为

$$f(x,\pm\sqrt{y^2+z^2})=0.$$

例2　直线 L 绕另一条与 L 相交的直线旋转一周，所得旋转曲面为圆锥面. 将平面 yOz 内的直线 $L: z=y\cot\alpha$ 绕 z 轴旋转一周得到一个圆锥面，如图8.13所示. 写出该圆锥面的方程.

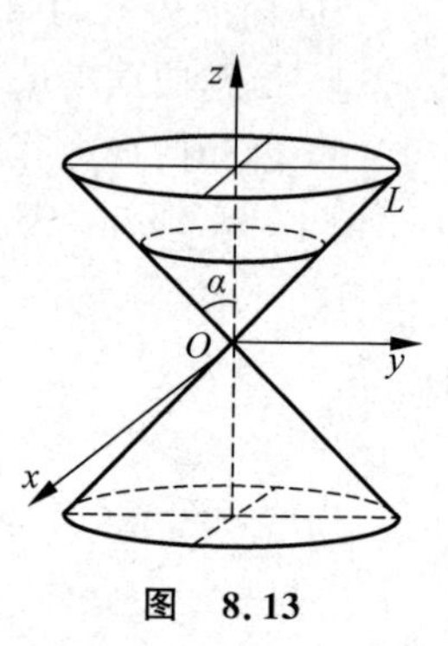

图　8.13

解　直线 $L: z=y\cot\alpha$ 绕 z 轴旋转，用 $\pm\sqrt{x^2+y^2}$ 代替 y，得到圆锥面的方程为 $z=\pm\sqrt{x^2+y^2}\cot\alpha$.

令 $a=\pm\cot\alpha$，则 $z^2=a^2(x^2+y^2)$.

8.3.3　柱面

一般地，平行于定直线并沿定曲线 C 移动的直线 L 形成的轨迹称为柱面，定曲线 C 称为柱面的准线，动直线 L 称为柱面的母线. 一般地，方程

$$F(x,y)=0$$

在空间表示平行于 z 轴的直线(母线)沿 xOy 面上曲线 $\begin{cases}F(x,y)=0,\\ z=0\end{cases}$ (准线)移动生成的**柱面**.

类似地，$F(y,z)=0$、$F(z,x)=0$ 分别表示母线平行于 x、y 轴的柱面.

常用柱面有平行于 z 轴的平面 $x+y=a$、椭圆柱面 $\frac{x^2}{a^2}+\frac{y^2}{b^2}=1$、抛物柱面 $y=\frac{x^2}{a^2}$ 等，分别如图8.14～图8.16所示.

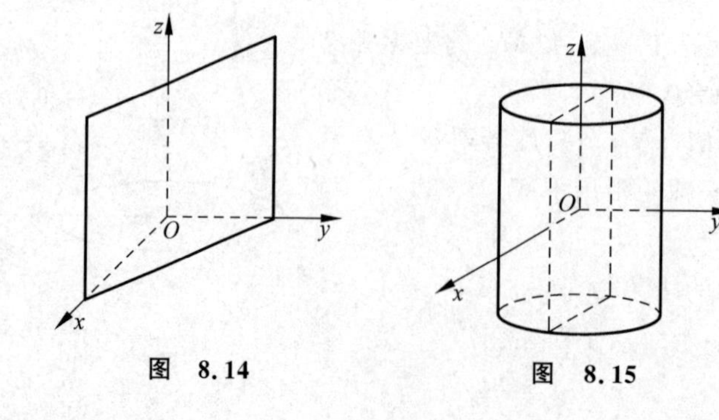

图　8.14　　图　8.15

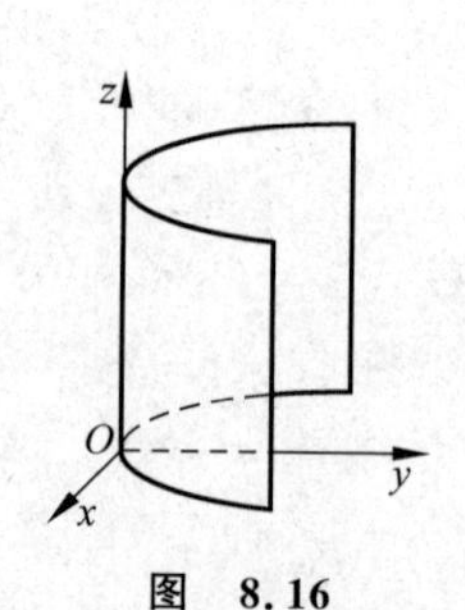

图　8.16

8.3.4 二次曲面

三元二次方程 $Ax^2+By^2+Cz^2+Dxy+Eyz+Fzx+Gx+Hy+Iz+K=0$ 表示的曲面称为二次曲面.可用坐标面或平行于坐标面的平面与曲面相截,通过截痕来绘制二次曲面的图形.

(1) 椭球面 $\frac{x^2}{a^2}+\frac{y^2}{b^2}+\frac{z^2}{c^2}=1(a,b,c>0)$

椭球面如图 8.17 所示,在三个坐标面上的截痕都是椭圆.

(2) 单叶双曲面 $\frac{x^2}{a^2}+\frac{y^2}{b^2}-\frac{z^2}{c^2}=1(a,b,c>0)$

单叶双曲面如图 8.18 所示,在 xOz、yOz 面截痕为双曲线,在 xOy 面截痕为椭圆.

(3) 双叶双曲面 $-\frac{x^2}{a^2}-\frac{y^2}{b^2}+\frac{z^2}{c^2}=1(a,b,c>0)$

双叶双曲面如图 8.19 所示,在 xOz、yOz 面截痕为双曲线,在 xOy 面截痕为椭圆.

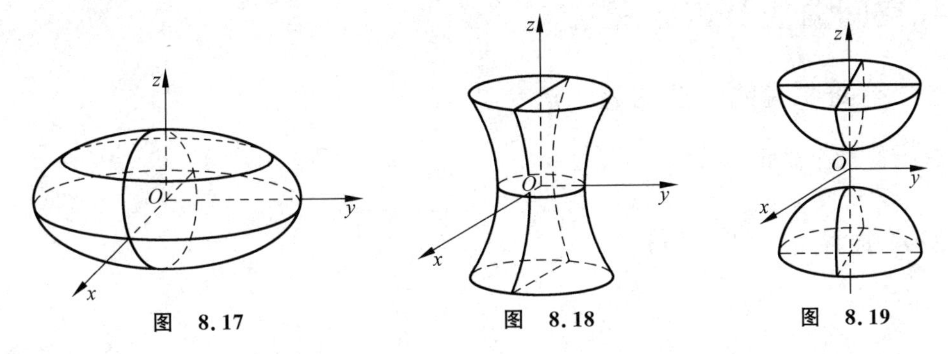

图 8.17　　图 8.18　　图 8.19

(4) 椭圆抛物面 $\frac{x^2}{a^2}+\frac{y^2}{b^2}=z(a,b>0)$

椭圆抛物面如图 8.20 所示,在 xOz、yOz 面截痕为抛物线,在 $xOy(z>0)$面截痕为椭圆.

(5) 双曲抛物面 $-\frac{x^2}{a^2}+\frac{y^2}{b^2}=z(a,b>0)$

双曲抛物面如图 8.21 所示,在 xOz、yOz 面截痕为抛物线,在 xOy 面截痕为双曲线.图形如马鞍形,也称为马鞍面.

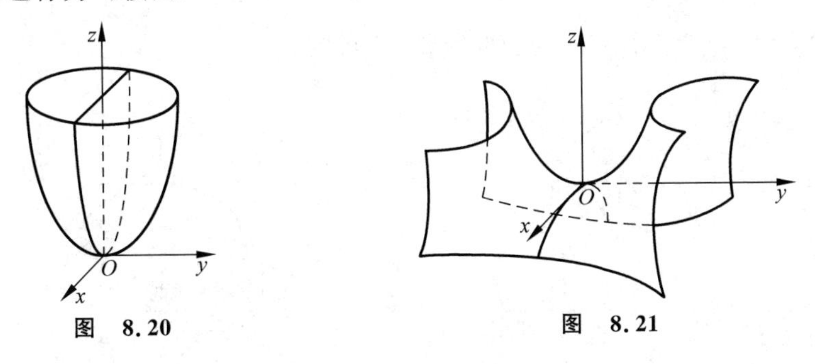

图 8.20　　图 8.21

习题 8.3

1. 指出下列方程所表示什么图形:

(1) $\frac{x^2}{4}+\frac{z^2}{9}=1$;(2) $x^2-4y^2=4$;(3) $x^2+y^2+z^2-2x+4y=0$;

(4) $y=2x+1$；(5) $4x^2+y^2-z^2=4$；(6) $\frac{z}{2}=\frac{x^2}{4}+\frac{y^2}{9}$.

2. 写出满足下列条件的旋转曲面方程，指出曲面名称并作出草图：

(1) yOz 面上椭圆 $y^2+2z^2=5$ 分别绕 y 轴、z 轴旋转一周；

(2) xOz 面上双曲线 $3x^2-2z^2=6$ 分别绕 x 轴、z 轴旋转一周；

(3) xOy 面上直线 $y=2x$ 分别绕 x 轴、y 轴旋转一周.

3. 指出下列方程所表示的曲面哪些是旋转曲面，这些旋转曲面是怎样形成的：

(1) $x+y^2+z^2=1$；(2) $x^2+y+z=1$；(3) $x^2-y^2+z^2=1$.

4. 分别按下列条件求动点的轨迹方程，并指出它们各表示什么曲面：

(1) 动点到坐标原点的距离等于它到平面 $z+5=0$ 的距离；

(2) 动点到点(0,0,1)的距离等于它到 x 轴的距离.

8.4 空间曲线及其方程

8.4.1 空间曲线的一般方程

一般地，两个曲面

$$F(x,y,z)=0 \text{ 与 } G(x,y,z)=0$$

相交就得一曲线. 因此，联立方程

$$\begin{cases} F(x,y,z)=0, \\ G(x,y,z)=0 \end{cases} \tag{8.14}$$

就表示这条空间曲线 C，如图 8.22 所示，该方程组称为空间曲线的一般方程.

例 1 方程组 $\begin{cases} z=\sqrt{1-x^2-y^2}, \\ x^2+y^2=x \end{cases}$ 表示怎样的曲线？

解 方程组中第一个方程表示球心在原点，半径为 1 的上半球面. 第二个方程配方得到 $\left(x-\frac{1}{2}\right)^2+y^2=\left(\frac{1}{2}\right)^2$，它表示母线平行于 z 轴，准线是 xOy 面上以点 $\left(\frac{1}{2},0\right)$ 为中心，半径为 $\frac{1}{2}$ 的圆柱面，方程组表示这两个曲面的交线(图 8.23).

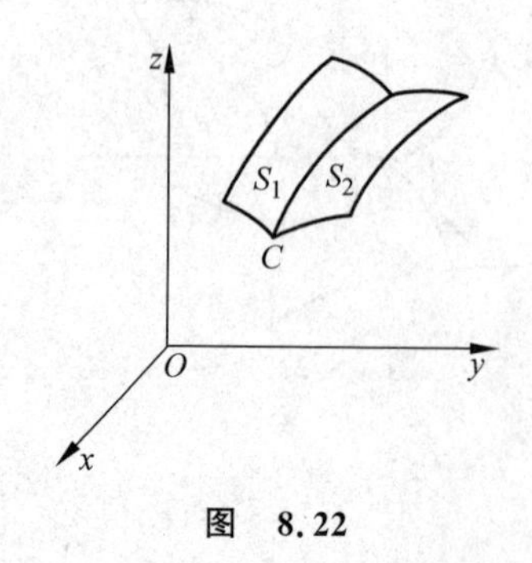

图 8.22

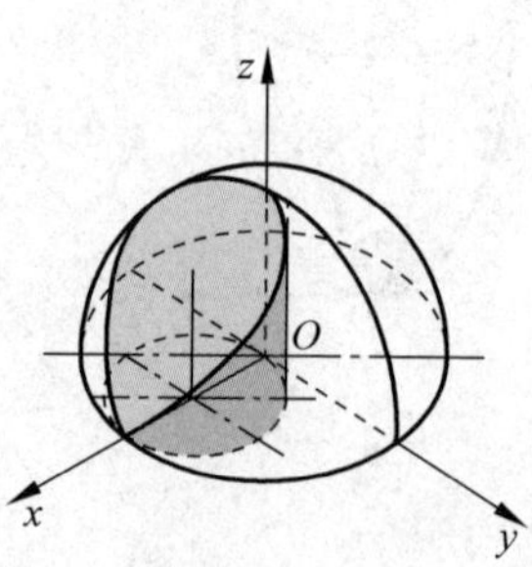

图 8.23

8.4.2 空间曲线的参数方程

空间曲线也可以用参数方程来表示，只需将曲线上动点的坐标 x,y,z 分别表示成参数 t 的函数：

$$\begin{cases} x=x(t), \\ y=y(t), \\ z=z(t). \end{cases} \tag{8.15}$$

当给定 $t=t_1$ 时，由式(8.15)可知曲线上一点$(x(t_1),y(t_1),z(t_1))$，随着 t 的变动，可得曲线上的全部点. 方程组(8.15)称为空间曲线的**参数方程**.

例 2 如果空间一点 M 的圆柱面 $x^2+y^2=a^2$ 上以角速度 ω 绕 z 轴旋转，同时又以线速度 v 沿平行于 z 轴的正方向上升(其中 ω,v 都是常数)，那么点 M 的轨迹曲线称为螺旋线，试建立其参数方程.

解 取时间 t 为参数. 设当 $t=0$ 时，动点位于点 $A(a,0,0)$处，经过时间 t，动点运动到 $M(x,y,z)$(图 8.24). 记 M 在 xOy 面上的投影为 M'，则 M'的坐标为$(x,y,0)$，由于动点在圆柱面上以角速度 ω 绕 z 轴旋转，故经过时间 t，$\angle AOM'=\omega t$. 从而

$$x=|OM'|\cos\angle AOM'=a\cos\omega t,$$

$$y=|OM'|\sin\angle AOM'=a\sin\omega t.$$

又因为动点同时以线速度 v 沿平行于 z 轴的正方向上升，故 $z=M'M=vt$.

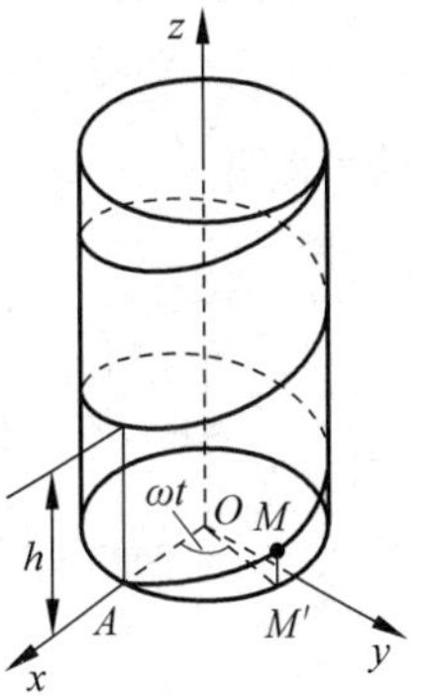

图 8.24

因此螺旋线的参数方程为

$$\begin{cases} x=a\cos\omega t, \\ y=a\sin\omega t, \\ z=vt. \end{cases}$$

螺旋线是一种常见的曲线，比如机用螺丝的外缘曲线通常就是螺旋线. 容易知道，动点沿螺旋线绕 z 轴旋转一周上升的高度为常数 $h=\dfrac{2\pi v}{\omega}$，这一数值在工程技术上称为螺距.

8.4.3 空间曲线在坐标面上的投影

由方程组(8.14)消去变量 z 后得

$$H(x,y)=0. \tag{8.16}$$

它表示一个以 C 为准线，母线平行于 z 轴的柱面(记为 S)，S 垂直于 xOy 面. 称 S 为空间曲线 C 关于 xOy 面上的**投影柱面**.

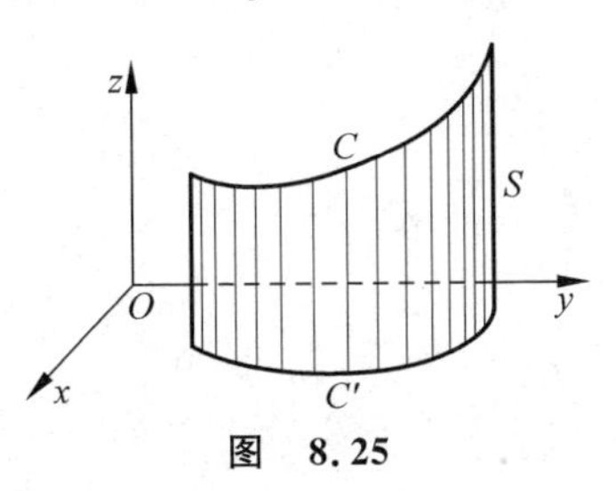

图 8.25

S 与 xOy 面的交线 C'：

$$\begin{cases} H(x,y)=0, \\ z=0 \end{cases} \tag{8.17}$$

称为空间曲线 C 在 xOy 面上的**投影曲线**(简称**投影**)，如图 8.25 所示.

类似地，从方程组(8.14)中用消去变量 x 或变量 y 后，

可得投影柱面

$$I(y,z)=0 \quad \text{（母线平行于 } x \text{ 轴的柱面）}$$

或

$$T(x,z)=0 \quad \text{（母线平行于 } y \text{ 轴的柱面），}$$

以及相应坐标面上的投影曲线方程：

$$\begin{cases} I(y,z)=0, \\ x=0, \end{cases} \quad \text{或} \quad \begin{cases} T(x,z)=0, \\ y=0. \end{cases}$$

例3　试求圆锥面 $z=x^2+y^2$ 与平面 $z=3$ 的交线在 xOy 面上的投影.

解　将 $z=3$ 代入 $z=x^2+y^2$ 得投影柱面方程 $x^2+y^2=3$. 于是圆锥面 $z=x^2+y^2$ 与平面 $z=3$ 的交线在 xOy 面上的投影方程为

$$\begin{cases} x^2+y^2=3, \\ z=0. \end{cases}$$

习题 8.4

1. 方程组 $\begin{cases} x^2+y^2+z^2=9, \\ z=1 \end{cases}$ 表示怎样的曲线.

2. 试把曲线方程 $\begin{cases} 2x^2+y^2+z^2=4, \\ x^2-y^2+z^2=0 \end{cases}$ 转换成母线平行于坐标轴的柱面的交线方程.

3. 试求曲线 C：$\begin{cases} z=2x^2+y^2, \\ z=-x^2-2y^2+5 \end{cases}$ 在 xOy 面上的投影柱面和投影曲线.

4. 试求曲线 C：$\begin{cases} x^2+y^2+z^2=1, \\ y+z=1 \end{cases}$ 在 xOy 面上的投影曲线方程.

5. 将曲线的一般方程 $\begin{cases} x^2+y^2+z^2=4, \\ x+y=0 \end{cases}$ 化为参数方程.

8.5　空间平面及其方程

8.5.1　平面的点法式方程

已知 $M_0=(x_0,y_0,z_0)$为空间平面 π 上的一点，$\boldsymbol{n}=(A,B,C)$为垂直平面 π 的向量，称为平面 π 的法向量. 当平面 π 上的点 M_0 与法向量 $\boldsymbol{n}$ 已知时，平面 π 的位置就完全确定了. 下面我们来建立平面 π 的方程.

设 $M(x,y,z)$为平面 π 上任意一点，则向量

$$\overrightarrow{M_0M}=(x-x_0,y-y_0,z-z_0)$$

与 $\boldsymbol{n}$ 垂直，由 8.2.1 节定理 1 知

$$\boldsymbol{n}\cdot\overrightarrow{M_0M}=0,$$

即

$$A(x-x_0)+B(y-y_0)+C(z-z_0)=0. \tag{8.18}$$

而当点 $M(x,y,z)$ 不在平面 π 上时，向量 $\overrightarrow{M_0M}$ 不垂直于 $\boldsymbol{n}$，因此 M 的坐标 x,y,z 不满足方程(8.18). 所以式(8.18)就是平面 π 的方程. 方程(8.18)称为平面的**点法式方程**.

例 1 求过点 $(3,0,-2)$ 且以 $\boldsymbol{n}=(1,-3,2)$ 为法向量的平面的方程.

解 由平面的点法式方程得所求平面的方程为

$$(x-3)-3(y-0)+2(z+2)=0,$$

即

$$x-3y+2z+1=0.$$

例 2 一平面过点 $(0,1,-1)$ 且平行于向量 $\boldsymbol{n}_1=(2,1,1)$ 和 $\boldsymbol{n}_2=(1,-1,0)$，试求该平面的方程.

解 该平面的法向量 $\boldsymbol{n}$ 与向量 $\boldsymbol{n}_1,\boldsymbol{n}_2$ 都垂直，为此取向量 $\boldsymbol{n}_1$ 与 $\boldsymbol{n}_2$ 的向量积作为该平面的法向量. 于是

$$\boldsymbol{n}=\boldsymbol{n}_1\times\boldsymbol{n}_2=\begin{vmatrix}\boldsymbol{i} & \boldsymbol{j} & \boldsymbol{k}\\ 2 & 1 & 1\\ 1 & -1 & 0\end{vmatrix}=\boldsymbol{i}+\boldsymbol{j}-3\boldsymbol{k}.$$

又已知该平面过点 $(0,1,-1)$，由平面的点法式方程得该平面的方程为

$$1\cdot(x-0)+1\cdot(y-1)+(-3)\cdot(z+1)=0,$$

即

$$x+y-3z-4=0.$$

8.5.2 平面的一般方程

令

$$D=-(Ax_0+By_0+Cz_0),$$

则平面的点法式方程可以写成

$$Ax+By+Cz+D=0. \tag{8.19}$$

上述方程称为平面的**一般方程**，其中 A,B,C,D 为常数，且 A,B,C 不全为零.

当 $D=0$ 时，平面 $Ax+By+Cz=0$ 过原点；当 $A=0$ 时，平面 $By+Cz+D=0$ 平行于 x 轴；当 $B=0$ 时，平面 $Ax+Cz+D=0$ 平行于 y 轴；当 $C=0$ 时，平面 $Ax+By+D=0$ 平行于 z 轴. 当 $B=C=0$ 时，平面 $Ax+D=0$ 平行于 yOz 坐标平面；当 $A=B=0$ 时，平面 $Cz+D=0$ 平行于 xOy 坐标平面；当 $A=C=0$ 时，平面 $By+D=0$ 平行于 xOz 坐标平面.

特别地，xOy 坐标平面的方程为 $z=0$，yOz 坐标平面的方程为 $x=0$，xOz 坐标平面的方程为 $y=0$.

例 3 求过 x 轴和点 $M_0(4,3,-1)$ 的平面方程.

解 由于所求平面过 x 轴，即该平面平行于 x 轴且过原点，故式(8.19)中 $A=D=0$. 因此可设平面的方程为 $By+Cz=0$.

又因平面过点 $M_0(4,3,-1)$，得 $3B-C=0$，即 $C=3B$，将其代入方程 $By+Cz=0$ 中并消去 B，便得所求平面的方程为

$$y+3z=0.$$

8.5.3 平面的截距式方程

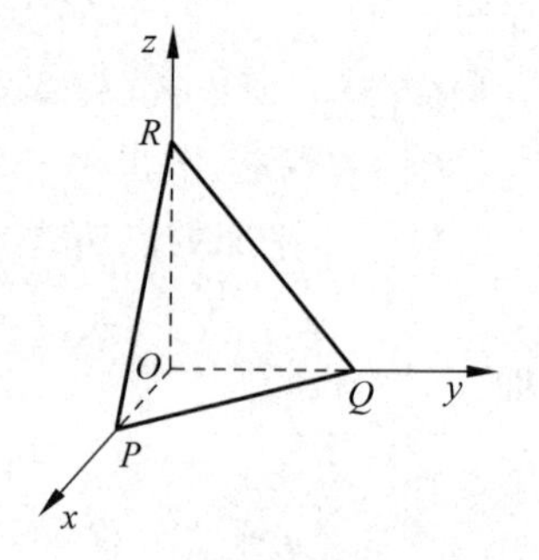

图 8.26

若平面与 x,y,z 轴的交点分别为 $P(a,0,0)$,$Q(0,b,0)$,$R(0,0,c)$,其中 $a\neq 0,b\neq 0,c\neq 0$,如图 8.26 所示,则由 P,Q,R 这三点所决定的平面 $Ax+By+Cz+D=0$ 可写成如下形式:

$$\frac{x}{a}+\frac{y}{b}+\frac{z}{c}=1, \tag{8.20}$$

式(8.20)称为**平面的截距式方程**. a,b,c 分别称为平面在 x,y,z 轴上的截距.

8.5.4 两平面的夹角

平面 π_1 和平面 π_2 分别以 $\boldsymbol{n}_1=(a_1,b_1,c_1)$ 和 $\boldsymbol{n}_2=(a_2,b_2,c_2)$ 为其法向量,随着选取的法向量的方向不同,两平面的法向量会形成两个不同的角.

规定两平面的法向量夹角(通常指锐角或直角)为两平面的夹角. 据此规定,平面 π_1 和平面 π_2 的夹角 θ 应是 $(\widehat{\boldsymbol{n}_1,\boldsymbol{n}_2})$ 和 $(\widehat{-\boldsymbol{n}_1,\boldsymbol{n}_2})=\pi-(\widehat{\boldsymbol{n}_1,\boldsymbol{n}_2})$ 中的锐角. 因此,如图 8.27 所示,无论是哪种情况,总有 $\cos\theta=|\cos(\widehat{\boldsymbol{n}_1,\boldsymbol{n}_2})|$.

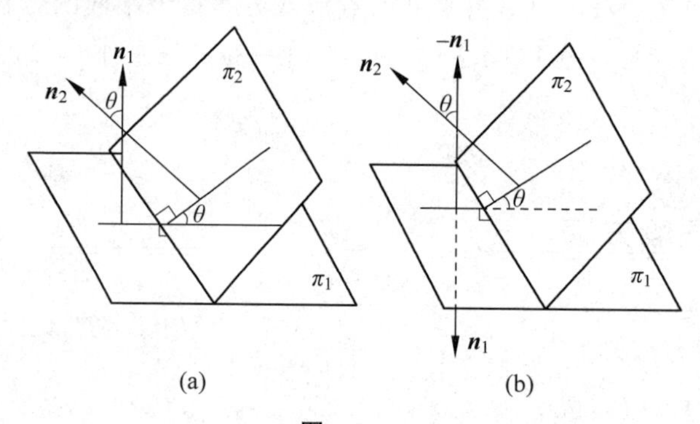

图 8.27

由两向量夹角余弦的计算公式有

$$\cos\theta=\frac{|a_1a_2+b_1b_2+c_1c_2|}{\sqrt{a_1^2+b_1^2+c_1^2}\sqrt{a_2^2+b_2^2+c_2^2}} \tag{8.21}$$

平面 π_1 和平面 π_2 互相垂直当且仅当 $a_1a_2+b_1b_2+c_1c_2=0$.

平面 π_1 和平面 π_2 互相平行当且仅当 $\frac{a_1}{a_2}=\frac{b_1}{b_2}=\frac{c_1}{c_2}$.

例 4 求平面 $x-2y+2z+5=0$ 与各坐标平面夹角的余弦.

解 平面 xOy 的法向量取作 $(0,0,1)$,平面 $x-2y+2z+5=0$ 的法向量为 $(1,-2,2)$. 利用式(8.21),得该平面与平面 xOy 的夹角 γ 的余弦为

$$\cos\gamma=\frac{|1\times 0-2\times 0+2\times 1|}{\sqrt{1^2+(-2)^2+2^2}\times\sqrt{0^2+0^2+1^2}}=\frac{2}{3}.$$

同理该平面与平面 yOz 的夹角的 α 的余弦为

$$\cos\alpha=\frac{|1\times1-2\times0+2\times0|}{\sqrt{1^2+(-2)^2+2^2}\times\sqrt{1^2+0^2+0^2}}=\frac{1}{3}.$$

该平面与平面 xOz 的夹角的 β 的余弦为

$$\cos\beta=\frac{|1\times0-2\times1+2\times0|}{\sqrt{1^2+(-2)^2+2^2}\times\sqrt{0^2+1^2+0^2}}=\frac{2}{3}.$$

8.5.5 点到平面的距离

设点 $P_0(x_0,y_0,z_0)$是平面 $Ax+By+Cz+D=0$ 外一点，则 P_0 到这个平面的距离为

$$d=\frac{|Ax_0+By_0+Cz_0+D|}{\sqrt{A^2+B^2+C^2}} \tag{8.22}$$

证 在平面上任取一点 $P_1(x_1,y_1,z_1)$，并过点 P_0 作平面一法向量 $\boldsymbol{n}$，如图 8.28 所示，并考虑到 $\overrightarrow{P_1P_0}$ 与 $\boldsymbol{n}$ 的夹角 θ 也可能是钝角，得所求的距离

$$d=|\overrightarrow{P_1P_0}||\cos\theta|=\frac{|\overrightarrow{P_1P_0}\cdot\boldsymbol{n}|}{|\boldsymbol{n}|}.$$

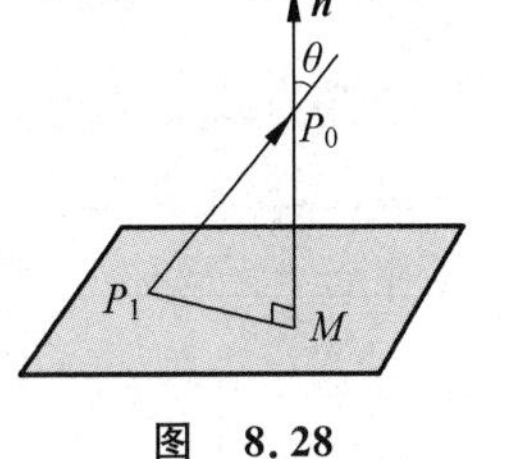

图 8.28

而

$$\boldsymbol{n}=(A,B,C),\quad \overrightarrow{P_1P_0}=(x_0-x_1,y_0-y_1,z_0-z_1),$$

得

$$\frac{\overrightarrow{P_1P_0}\cdot\boldsymbol{n}}{|\boldsymbol{n}|}=\frac{A(x_0-x_1)+B(y_0-y_1)+C(z_0-z_1)}{\sqrt{A^2+B^2+C^2}}$$
$$=\frac{Ax_0+By_0+Cz_0-(Ax_1+By_1+Cz_1)}{\sqrt{A^2+B^2+C^2}}.$$

因为 $Ax_1+By_1+Cz_1+D=0$，所以

$$\frac{\overrightarrow{P_1P_0}\cdot\boldsymbol{n}}{|\boldsymbol{n}|}=\frac{Ax_0+By_0+Cz_0+D}{\sqrt{A^2+B^2+C^2}}.$$

由此得点 $P_0(x_0,y_0,z_0)$ 到平面 $Ax+By+Cz+D=0$ 的距离公式为 $d=\dfrac{|Ax_0+By_0+Cz_0+D|}{\sqrt{A^2+B^2+C^2}}$. □

习题 8.5

1. 一平面过点 $M(2,1,0)$且平行于 $\boldsymbol{a}=(1,2,1)$和 $\boldsymbol{b}=(2,-1,0)$，试求该平面方程.
2. 一平面过点 $M(1,0,-1)$且平行于平面 $2x-5y+6z=3$，试求该平面方程.
3. 求过三点 $M_1(1,3,0)$，$M_2(1,1,-1)$，$M_3(3,0,-1)$的平面方程.
4. 求平面 $2x+y+z+1=0$ 与平面 $x+y-3z+6=0$ 的夹角.
5. 求点 $M(-2,3,-4)$到平面 $2x-2y+z+5=0$ 的距离.

8.6 空间直线及其方程

8.6.1 空间直线的一般方程

直线 L 可以看作两个平面的交线，如果这两个相交的平面为 $\pi_1: A_1x+B_1y+C_1z+D_1=0$ 与 $\pi_2: A_2x+B_2y+C_2z+D_2=0$，则空间任一点 $M(x,y,z)$ 在直线 L 上，当且仅当点 M 同时满足 π_1 与 π_2 的方程，由此得下列形式的直线方程：

$$\begin{cases} A_1x+B_1y+C_1z+D_1=0, \\ A_2x+B_2y+C_2z+D_2=0. \end{cases} \tag{8.23}$$

上式称为**直线的一般方程**.

8.6.2 空间直线的对称式方程与参数方程

已知直线 L 过点 $M_0=(x_0,y_0,z_0)$，直线 L 的方向向量(平行于该直线的非零向量)为 $\boldsymbol{s}=(m,n,p)$. 设 $M(x,y,z)$ 为直线 L 上任意一点，则向量 $\overrightarrow{M_0M}=(x-x_0,y-y_0,z-z_0)$ 与 $\boldsymbol{s}$ 平行，于是有

$$\frac{x-x_0}{m}=\frac{y-y_0}{n}=\frac{z-z_0}{p}, \tag{8.24}$$

这就是直线的**点向式方程**(或称为**对称式方程**).

设 $\dfrac{x-x_0}{m}=\dfrac{y-y_0}{n}=\dfrac{z-z_0}{p}=t$，

则

$$\begin{cases} x=x_0+mt, \\ y=y_0+nt, \\ z=z_0+pt. \end{cases} \tag{8.25}$$

该方程组(8.25)称为**直线的参数方程**.

由于 $\boldsymbol{s}=(m,n,p)$ 为非零向量，因此 m,n,p 不全为零. 在直线的点向式方程中，如果分母中有一个或两个为零，我们可以理解为相应的分子也为零. 如 $m=0$，则该直线的方程为

$$\begin{cases} x=x_0, \\ \dfrac{y-y_0}{n}=\dfrac{z-z_0}{p}. \end{cases}$$

例 1 用点向式方程即参数方程表示直线 $\begin{cases} x+y+z+1=0, \\ x+2y+3z+2=0. \end{cases}$

解 先找到这直线上一点 (x_0,y_0,z_0). 例如，可取 $x_0=1$，代入直线方程得 $\begin{cases} y+z=-2, \\ 2y+3z=-3. \end{cases}$ 解这个二元一次方程组，得 $y_0=-3, z_0=1$. 即 $(1,-3,1)$ 是这直线上一点.

下面再找出这直线的方向向量 $\boldsymbol{s}$. 由于两平面的交线与这两平面的法向量 $\boldsymbol{n}_1=(1,1,1)$，$\boldsymbol{n}_2=(1,2,3)$ 都垂直，所以可取

$$s=n_1\times n_2=\begin{vmatrix} i & j & k \\ 1 & 1 & 1 \\ 1 & 2 & 3 \end{vmatrix}=i-2j+k.$$

因此,所给直线的对称式方程为

$$\frac{x-1}{1}=\frac{y+3}{-2}=\frac{z-1}{1},$$

令 $x-1=\frac{y+3}{-2}=z-1=t$,得所给直线的参数方程为

$$\begin{cases} x=1+t, \\ y=-3-2t, \\ z=1+t. \end{cases}$$

8.6.3 两直线的夹角

两直线的方向向量的夹角(通常指锐角)称为两直线的夹角.

设直线 L_1 和 L_2 的方向向量依次为 $s_1=(m_1,n_1,p_1)$,$s_2=(m_2,n_2,p_2)$,按照定义,L_1 和 L_2 的夹角 φ 应是 $(\widehat{s_1,s_2})$ 和 $(-\widehat{s_1,s_2})=\pi-(\widehat{s_1,s_2})$ 两者中的锐角,因此 $\cos\varphi=|\cos(\widehat{s_1,s_2})|$. 利用两向量夹角的余弦公式,得

$$\cos\varphi=\frac{|m_1m_2+n_1n_2+p_1p_2|}{\sqrt{m_1^2+n_1^2+p_1^2}\sqrt{m_2^2+n_2^2+p_2^2}}.$$

两直线 L_1 和 L_2 互相垂直 $\Leftrightarrow m_1m_2+n_1n_2+p_1p_2=0$.

两直线 L_1 和 L_2 互相平行 $\Leftrightarrow \frac{m_1}{m_2}=\frac{n_1}{n_2}=\frac{p_1}{p_2}$.

例 2 求直线 $L_1:\frac{x+1}{1}=\frac{y-1}{-4}=\frac{z}{1}$ 和 $L_2:\frac{x-2}{2}=\frac{y+6}{-2}=\frac{z-3}{-1}$ 的夹角.

解 夹角 φ 的余弦

$$\cos\varphi=\frac{|1\times2+(-4)\times(-2)+1\times(-1)|}{\sqrt{1^2+(-4)^2+1^2}\sqrt{2^2+(-2)^2+(-1)^2}}=\frac{1}{\sqrt{2}},$$

故 $\varphi=\frac{\pi}{4}$.

8.6.4 直线与平面的夹角

设直线 L 与平面 π 不垂直,过直线 L 且与平面 π 垂直的平面与平面 π 的交线称为直线 L 在平面 π 上的投影直线,如图 8.29 所示. 直线 L 和它的平面上的投影直线的夹角 $\varphi\left(0\leqslant\varphi<\frac{\pi}{2}\right)$ 称为直线与平面的夹角. 当直线与平面垂直时,规定它们的夹角是 $\frac{\pi}{2}$.

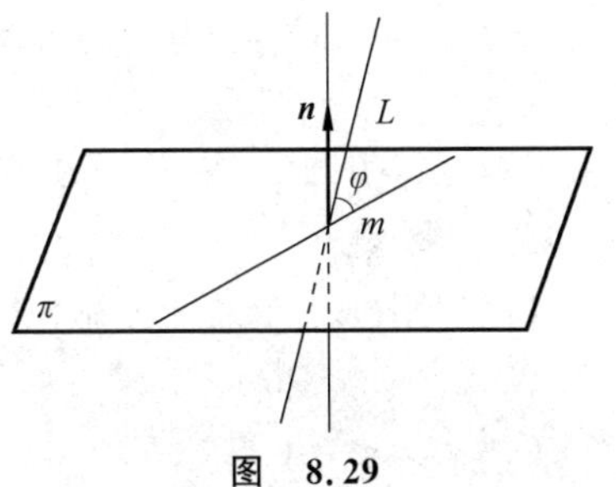

图 8.29

设直线 L 的方向向量为 $s=(m,n,p)$,平面 π 的法

向量为 $\boldsymbol{n}=(A,B,C)$，那么它们之间的夹角 $\varphi=\left|\dfrac{\pi}{2}-(\widehat{\boldsymbol{s},\boldsymbol{n}})\right|$，因此 $\sin\varphi=|\cos(\widehat{\boldsymbol{s},\boldsymbol{n}})|$，于是

$$\sin\varphi=\frac{|mA+nB+pC|}{\sqrt{m^2+n^2+p^2}\sqrt{A^2+B^2+C^2}}.$$

直线 L 与平面 π 垂直 $\Leftrightarrow \dfrac{A}{m}=\dfrac{B}{n}=\dfrac{C}{p}$.

直线 L 与平面 π 平行 $\Leftrightarrow Am+Bn+Cp=0$.

例 3 求直线 L：$\dfrac{x+7}{-1}=\dfrac{y-3}{4}=\dfrac{z-5}{-1}$ 与平面 π：$-2x+2y+z+5=0$ 之间的夹角.

解 $\sin\varphi=\dfrac{|(-1)\times(-2)+4\times2+(-1)\times1|}{\sqrt{(-1)^2+4^2+(-1)^2}\sqrt{(-2)^2+2^2+1^2}}=\dfrac{1}{\sqrt{2}}$,

故直线与平面的夹角是 $\dfrac{\pi}{4}$.

习题 8.6

1. 求过点 $M(3,1,-2)$ 且垂直于平面 $x+2y-z=7$ 的直线方程.

2. 求过点 $M(1,2,4)$ 且平行于直线 $\begin{cases}x-2y+3z-6=0,\\3x+5y-z+2=0\end{cases}$ 的直线方程.

3. 求过点 $M(1,-1,5)$ 且垂直于 xOy 面的方程.

4. 将直线 $\begin{cases}2x+3y+z=4,\\x-y+6z=1\end{cases}$ 改写为点向式方程及参数方程.

5. 求直线 $\begin{cases}5x-3y+3z-9=0,\\3x-2y+z-1=0\end{cases}$ 与 $\begin{cases}2x+2y-z+1=0,\\x-2y-2z-3=0\end{cases}$ 的夹角余弦.

6. 求直线 $\begin{cases}x+y+3z=1,\\x-y-z=3\end{cases}$ 与平面 $x-y+2z=0$ 的夹角及交点.

总 习 题 8

1. 填空题

(1) 平行于向量 $\boldsymbol{a}=(1,2,-2)$ 的单位向量是________.

(2) 已知向量 $\boldsymbol{a}=3\boldsymbol{i}-6\boldsymbol{j}+5\boldsymbol{k}$，$\boldsymbol{b}=\boldsymbol{i}-\boldsymbol{j}+7\boldsymbol{k}$，$\boldsymbol{c}=2\boldsymbol{i}-\boldsymbol{j}+3\boldsymbol{k}$，则 $(\boldsymbol{a}-\boldsymbol{b})\times(\boldsymbol{b}+\boldsymbol{c})=$ ________.

(3) 在空间中，$x^2-y^2=1$ 表示的图形是________.

2. 选择题

(1) 将 xOz 坐标面上的抛物线 $z^2=6x$ 绕 x 轴旋转一周，得到的旋转曲面的方程为(　　).

A. $z^2=6x+6y$； B. $z^2=6x-6y$；

C. $z^2+y^2=6x$； D. $z^2-y^2=6x$.

(2) 两平面 $x-y+2z-6=0$ 与 $2x+3y+z-7=0$ 的位置关系是(　　).

A. 互相平行；　　B. 互相垂直；

C. 既不平行又不垂直；　　D. 无法确定.

(3) 直线 $L_1:\dfrac{x-2}{2}=\dfrac{y}{-8}=\dfrac{z-6}{2}$ 和 $L_2:\dfrac{x}{1}=\dfrac{y+2}{-1}=\dfrac{z}{-1}$ 的夹角为(　　).

A. $\arccos\dfrac{2\sqrt{6}}{9}$；　　B. $-\arccos\dfrac{2\sqrt{6}}{9}$；

C. $\pi-\arccos\dfrac{2\sqrt{6}}{9}$；　　D. $\pi+\arccos\dfrac{2\sqrt{6}}{9}$.

3. 设长方体的各棱与坐标轴平行，已知长方体的两个顶点的坐标如下，试写出余下六个顶点的坐标.

(1) $(1,1,2)$，$(2,3,4)$；　　(2) $(4,0,3)$，$(1,6,-4)$.

4. 求直线 $L:\begin{cases}x+y+3z=0,\\x-y-z=0\end{cases}$ 与平面 $\pi:x-y-z+1=0$ 的夹角.

5. 求旋转抛物面 $z=3x^2+3y^2(0\leqslant z\leqslant 9)$ 在三坐标面上的投影.

多元函数微分学及其应用

前面我们所讨论的函数都是只有一个自变量,称为一元函数.但在许多实际问题中,往往要考虑多个变量之间的关系,反映到数学上,就是一个变量依赖多个变量的情形.由此引入了多元函数以及多元函数的微积分问题.本章将在一元函数微分学的基础上讨论多元函数的微分学及应用.讨论中以二元函数为主,这是由于一元函数中已学过的概念、理论、方法推广到二元函数时,会产生一些新的问题,而从二元函数推广到二元以上的多元函数则可以类推.

9.1 多元函数的极限与连续

9.1.1 平面点集与 n 维空间

在讨论一元函数时,一些概念、理论、方法都基于$\mathbb{R}^1$中的点集概念,如邻域、开区间、闭区间等.要讨论多元函数,首先需要将上述一些概念加以推广.为此,先将有关概念从$\mathbb{R}^1$推广到$\mathbb{R}^2$中,然后引入 n 维空间,以便推广到一般的$\mathbb{R}^n$中.

1. 平面点集

在平面解析几何中,平面上建立了直角坐标系后,即建立了平面上的点 P 与有序实数组(x,y)间的一一对应,而所有有序实数组(x,y)构成的集合称为$\mathbb{R}^2$空间,即$\mathbb{R}^2=\{(x,y)|x,y\in\mathbb{R}\}$.

在$\mathbb{R}^2$上,满足某条件 T 的点的集合,称为平面点集,记作 $E=\{(x,y)|(x,y)$满足条件 $T\}$.

例如,平面上以原点为圆心的单位圆内所有点的集合是

$$E_1=\{(x,y)|x^2+y^2<1\}.$$

现在我们来引入$\mathbb{R}^2$中邻域的概念.

设 $P_0(x_0,y_0)$是 xOy 平面上的一个点,δ 是某一正数.与点 P_0 的距离小于 δ 的点 $P(x,y)$的全体,称为点 P_0 的 δ 邻域,记作 $U(P_0,\delta)$,即

$$U(P_0,\delta)=\{P||PP_0|<\delta\}$$

或

$$U(P_0,\delta)=\{(x,y)|\sqrt{(x-x_0)^2+(y-y_0)^2}<\delta\}.$$

从几何上看,$U(P_0,\delta)$就是 xOy 平面上以 $P_0(x_0,y_0)$为中心、以正数 δ 为半径的圆内

部的点 $P(x,y)$ 的全体. 在不强调半径 δ 时,可简记为 $U(P_0)$.

点 P_0 的去心 δ 邻域,记作 $\mathring{U}(P_0,\delta)$,即

$$\mathring{U}(P_0,\delta)=\{P\mid 0<|PP_0|<\delta\},$$

在不强调半径 δ 时,可简记为 $\mathring{U}(P_0)$.

下面利用邻域来描述平面上点和点集之间的关系.

$\mathbb{R}^2$ 上的点 P 与平面点集 E 之间有如下三种关系.

(1) 内点：如果存在点 P 的某个邻域 $U(P)$,使得 $U(P)\subset E$,则称点 P 为 E 的内点(如图 9.1 中,P_1 为 E 的内点);

(2) 外点：如果存在点 P 的某个邻域 $U(P)$,使得 $U(P)\cap E=\varnothing$,则称点 P 为 E 的外点(如图 9.1 中,P_2 为 E 的外点);

(3) 边界点：如果点 P 的任一邻域内既含有属于 E 的点,又含有不属于 E 的点,则称点 P 为 E 的边界点(如图 9.1 中,P_3 为 E 的边界点).

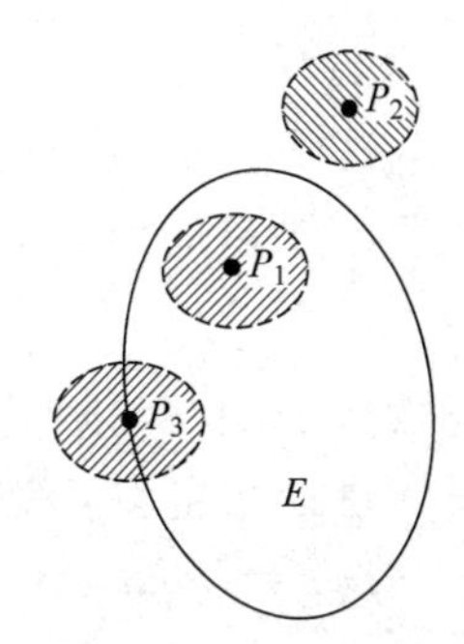

图 9.1

E 的边界点的全体,称为 E 的边界,记作 ∂E.

E 的内点必属于 E; E 的外点必定不属于 E; 而 E 的边界点可能属于 E,也可能不属于 E.

例如,设点集

$$E=\{(x,y)\mid 1\leqslant x^2+y^2<4\},$$

则满足 $1<x^2+y^2<4$ 的一切点 (x,y) 都是 E 的内点; 满足 $x^2+y^2=1$ 的一切点 (x,y) 都是 E 的边界点,它们都属于 E; 满足 $x^2+y^2=4$ 的一切点 (x,y) 也是 E 的边界点,但它们不属于 E.

如果点集 E 中的点都是 E 的内点,则称 E 为开集.

如果点集 E 的余集 E^c 为开集,则称 E 为闭集.

如果点集 E 中的任意两点都可以用折线连接起来,并且该折线上的点都属于 E,则称 E 为连通集.

例如,集合 $\{(x,y)\mid 1<x^2+y^2<4\}$ 是开集,集合 $\{(x,y)\mid 1\leqslant x^2+y^2\leqslant 4\}$ 是闭集,集合 $\{(x,y)\mid 1\leqslant x^2+y^2<4\}$ 既非开集也非闭集,它们都是连通集.

连通的开集称为区域或开区域.

开区域连同它的边界一起构成的点集称为闭区域.

对于点集 E,如果存在某一正数 r,使得 $E\subset U(O,r)$,则称 E 为有界集,其中 O 为坐标原点; 否则,称 E 为无界集.

例如,集合 $\{(x,y)\mid 1\leqslant x^2+y^2\leqslant 4\}$ 是有界闭区域,集合 $\{(x,y)\mid x+y>1\}$ 是无界开区域,集合 $\{(x,y)\mid x+y\geqslant 1\}$ 是无界闭区域.

2. *n* 维空间

设 n 为取定的一个正整数,n 元有序实数组 $(x_1,x_2,\cdots,x_n)$ 的全体所组成的集合,记作 $\mathbb{R}^n$,即

$$\mathbb{R}^n=\mathbb{R}\times\mathbb{R}\times\cdots\times\mathbb{R}=\{(x_1,x_2,\cdots,x_n)\mid x_i\in\mathbb{R},i=1,2,\cdots,n\},$$

$\mathbb{R}^n$ 中的元素 $(x_1,x_2,\cdots,x_n)$ 常用字母 $\boldsymbol{x}$ 表示,即 $\boldsymbol{x}=(x_1,x_2,\cdots,x_n)$. $\mathbb{R}^n$ 中的元素 $\boldsymbol{x}=(x_1,$

$x_2,\cdots,x_n$)也称为$\mathbb{R}^n$中的一个点或一个n维向量,x_i称为点$\boldsymbol{x}$的第i个坐标或n维向量$\boldsymbol{x}$的第i个分量. 当所有的$x_i(i=1,2,\cdots,n)$都为零时,则称该元素为$\mathbb{R}^n$中的零元素,记为$\mathbf{0}$或$\boldsymbol{O}$. $\mathbb{R}^n$中的零元素称为$\mathbb{R}^n$中的坐标原点或n维零向量. 在$\mathbb{R}^n$中定义线性运算如下.

设$\boldsymbol{x}=(x_1,x_2,\cdots,x_n)$,$\boldsymbol{y}=(y_1,y_2,\cdots,y_n)$为$\mathbb{R}^n$中任意两个元素,$\lambda\in\mathbb{R}$,规定:

$$\boldsymbol{x}+\boldsymbol{y}=(x_1+y_1,x_2+y_2,\cdots,x_n+y_n),$$

$$\lambda\boldsymbol{x}=(\lambda x_1,\lambda x_2,\cdots,\lambda x_n).$$

这样定义的线性运算的集合$\mathbb{R}^n$称为n维空间.

$\mathbb{R}^n$中点$\boldsymbol{x}=(x_1,x_2,\cdots,x_n)$和点$\boldsymbol{y}=(y_1,y_2,\cdots,y_n)$间的距离,记作$\rho(\boldsymbol{x},\boldsymbol{y})$,定义

$$\rho(\boldsymbol{x},\boldsymbol{y})=\sqrt{(x_1-y_1)^2+(x_2-y_2)^2+\cdots+(x_n-y_n)^2}.$$

显然当$n=1,2,3$时,上述定义与数轴上、直角坐标系下平面及空间中两点间的距离一致.

在$\mathbb{R}^n$中定义了线性运算和距离,就可以定义$\mathbb{R}^n$中邻域的概念.

设$\boldsymbol{a}=(a_1,a_2,\cdots,a_n)\in\mathbb{R}^n$,$\delta$是某一正数,则

$$U(\boldsymbol{a},\delta)=\{\boldsymbol{x}\mid\boldsymbol{x}\in\mathbb{R}^n,\rho(\boldsymbol{x},\boldsymbol{a})<\delta\}$$

就定义为$\mathbb{R}^n$中点$\boldsymbol{a}$的δ邻域. 从邻域概念出发,可以把前面讨论过的有关平面点集的一系列概念,如内点、边界点、区域等推广到n维空间.

9.1.2 多元函数的概念

在许多实际问题中常遇到一个变量依赖多个变量的情形,举例如下.

例1 扇形的面积S和它的半径R、圆心角α之间具有如下关系:

$$S=\frac{1}{2}R^2\alpha.$$

当R,α在集合$\{(R,\alpha)\mid R>0,\alpha>0\}$内取定一对值$(R,\alpha)$时,$S$的值就随之确定.

例2 设两质点的质量分别为m_1,m_2,它们之间的距离为r,那么两质点之间的引力为

$$F=\frac{km_1m_2}{r^2},$$

其中k为常数. 当m_1,m_2,r在集合$\{(m_1,m_2,r)\mid m_1>0,m_2>0,r>0\}$内取到值$(m_1,m_2,r)$时,$F$的值就随之确定.

下面给出二元函数的定义.

定义1 设D为$\mathbb{R}^2$的一个非空子集,如果对于D内的任一点(x,y),按照某种法则f,都有唯一确定的实数z与之对应,则称f为定义在D上的二元函数,记为$z=f(x,y)$,$(x,y)\in D$或$z=f(P)$,$P\in D$,其中x,y称为自变量,z称为因变量. D称为函数f的定义域,$R=\{z\mid z=f(x,y),(x,y)\in D\}$称为函数$f$的值域. 称点集$R=\{(x,y,z)\mid z=f(x,y),(x,y)\in D\}$为二元函数$z=f(x,y)$的图形.

类似地可以定义三元及三元以上的函数. 一般地,对$n(n\geqslant 2)$维空间$\mathbb{R}^n$内的点集E,函数$u=f(x_1,x_2,\cdots,x_n)$,$(x_1,x_2,\cdots,x_n)\in E$,称为多元函数,或记为$u=f(P)$,$P\in E$.

关于多元函数的定义域,作如下约定:如果一个用算式表示的多元函数$u=f(x_1,x_2,\cdots,x_n)$没有明确指出定义域,则该函数的定义域理解为使算式有意义的所有点$(x_1,x_2,\cdots,x_n)$所构成的集合,并称之为自然定义域.

例 3　求 $z=\arcsin\left(\frac{x^2+y^2}{2}\right)+\sqrt{x^2+y^2-1}$ 的定义域.

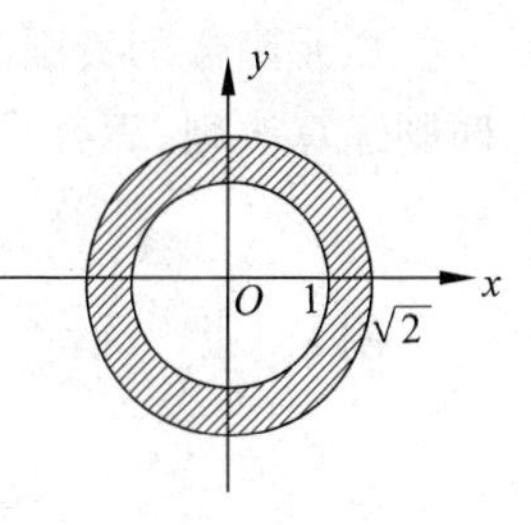

图 9.2

解　要使表达式有意义,必须 $\frac{x^2+y^2}{2}\leqslant 1$ 且 $x^2+y^2-1\geqslant 0$,即 $1\leqslant x^2+y^2\leqslant 2$,故所求定义域(图 9.2)为

$$D=\{(x,y)\mid 1\leqslant x^2+y^2\leqslant 2\}.$$

9.1.3　多元函数的极限

首先讨论二元函数 $z=f(x,y)$ 当 $(x,y)\to(x_0,y_0)$ 的极限问题. 与一元函数的极限概念类似,如果当 $P(x,y)\to P_0(x_0,y_0)$,即当

$$|PP_0|=\sqrt{(x-x_0)^2+(y-y_0)^2}\to 0$$

时,对应的函数值 $f(x,y)$ 无限接近于一个确定的常数 A,我们就说 A 是函数 $z=f(x,y)$ 当 $(x,y)\to(x_0,y_0)$ 时的极限. 下面用 ε-δ 语言描述这个极限概念.

定义 2　设函数 $f(P)=f(x,y)$ 在 $P_0(x_0,y_0)$ 的某去心邻域 $\mathring{U}(P_0,\delta)$ 内有定义,如果存在常数 A,对于任意给定的 $\varepsilon>0$,总存在正数 δ,使得当 $0<|PP_0|<\delta$ 时,都有 $|f(P)-A|=|f(x,y)-A|<\varepsilon$,则称 A 为函数 $f(x,y)$ 当 $(x,y)\to(x_0,y_0)$ 时的极限,记作

$$\lim_{(x,y)\to(x_0,y_0)} f(x,y)=A,\text{或}\lim_{\substack{x\to x_0\\ y\to y_0}} f(x,y)=A,\text{或}\ f(x,y)\to A((x,y)\to(x_0,y_0)),$$

也记作

$$\lim_{P\to P_0} f(P)=A\ \text{或}\ f(P)\to A\quad(P\to P_0).$$

为了区别一元函数的极限,我们称二元函数的极限为二重极限.

值得注意的是,二重极限存在,是指 $P(x,y)$ 以任何方式趋于 $P_0(x_0,y_0)$ 时,函数 $f(x,y)$ 都趋于 A. 如果 $P(x,y)$ 以某种特殊方式趋于 $P_0(x_0,y_0)$ 时,$f(x,y)$ 趋于 A,那么还不能断定 $f(x,y)$ 的极限存在. 相反,如果当 $P(x,y)$ 以不同方式趋于 $P_0(x_0,y_0)$ 时,$f(x,y)$ 趋于不同的值,则可以断定 $f(x,y)$ 的极限不存在.

例 4　证明 $\lim\limits_{(x,y)\to(0,0)}\sin\sqrt{x^2+y^2}=0$.

证　对 $\forall\varepsilon>0$,有

$$\left|\sin\sqrt{x^2+y^2}-0\right|\leqslant\sqrt{x^2+y^2},$$

取 $\delta=\varepsilon$,则当 $0<\sqrt{(x-0)^2+(y-0)^2}<\delta$ 时,总有 $\left|\sin\sqrt{x^2+y^2}-0\right|<\varepsilon$ 成立,从而有

$$\lim_{(x,y)\to(0,0)}\sin\sqrt{x^2+y^2}=0.$$

□

例 5　证明 $\lim\limits_{(x,y)\to(0,0)}\frac{xy}{x^2+y^2}$ 不存在.

证　当点 $P(x,y)$ 沿直线 $y=kx(k\neq 0)$ 趋于原点 $(0,0)$ 时,有

$$\lim_{(x,y)\to(0,0)}\frac{xy}{x^2+y^2}=\lim_{\substack{x\to 0\\ y=kx}}\frac{x\cdot kx}{x^2+(kx)^2}=\frac{k}{1+k^2},$$

这个极限值随 k 而变,所以 $\lim\limits_{(x,y)\to(0,0)}\frac{xy}{x^2+y^2}$ 不存在.

□

二元函数的极限与一元函数的极限有类似的性质和运算法则. 例如,一元函数极限的四则运算法则、无穷小的性质、两个重要极限、夹逼准则等结论在二元函数极限运算中仍成立.

例6 求 $\lim\limits_{(x,y)\to(2,0)}\dfrac{\tan(xy)}{y}$.

解 $\lim\limits_{(x,y)\to(2,0)}\dfrac{\tan(xy)}{y}=\lim\limits_{(x,y)\to(2,0)}\left[\dfrac{\tan(xy)}{xy}\cdot x\right]=\lim\limits_{xy\to0}\dfrac{\tan(xy)}{xy}\cdot\lim\limits_{x\to2}x=1\times2=2.$

9.1.4 多元函数的连续

有了二元函数极限的概念,就不难定义二元函数的连续性了.

定义3 设二元函数 $f(P)=f(x,y)$ 在点 $P_0(x_0,y_0)$ 的某邻域 $U(P_0,\delta)$ 内有定义,如果 $\lim\limits_{(x,y)\to(x_0,y_0)}f(x,y)=f(x_0,y_0)$,则称函数 $f(x,y)$ 在点 $P_0(x_0,y_0)$ 处连续. 否则,称 $P_0(x_0,y_0)$ 是 $f(x,y)$ 的间断点或不连续点.

例如,$f(x,y)=\begin{cases}\dfrac{xy}{x^2+y^2}, & x^2+y^2\neq0,\\ 0, & x^2+y^2=0,\end{cases}$ 由例5可知 $\lim\limits_{(x,y)\to(0,0)}\dfrac{xy}{x^2+y^2}$ 不存在,因此,$f(x,y)$ 在点 $(0,0)$ 处不连续,即点 $(0,0)$ 为 $f(x,y)$ 的间断点.

如果函数 $z=f(x,y)$ 在区域 D 上每一点都连续,则称该函数在区域 D 上连续或称 $f(x,y)$ 是 D 上的连续函数.

以上关于二元函数连续性的定义,可推广到多元函数上去.

与一元函数类似,由极限运算法则知,如果两函数 $f(x,y)$,$g(x,y)$ 都在点 $P_0(x_0,y_0)$ 处连续,则 $f(x,y)\pm g(x,y)$,$f(x,y)g(x,y)$,$\dfrac{f(x,y)}{g(x,y)}(g(x_0,y_0)\neq0)$ 也在点 $P_0(x_0,y_0)$ 处连续. 不仅如此,多元连续函数的复合函数仍为连续函数.

多元初等函数是指由具有不同自变量的一元基本初等函数经有限次的四则运算与有限次的复合运算而得到的由一个表达式表达的函数. 例如,$\dfrac{xy}{1+x^2+y^2}$,$\sin\dfrac{1}{1-x^2-y^2}$,e^{x+y+z} 等都是多元初等函数.

多元初等函数在它们的定义区域内是连续的.

由多元初等函数的连续性可进一步求其定义区域内某一点处的极限,即 $\lim\limits_{(x,y)\to(x_0,y_0)}f(x,y)=f(x_0,y_0)$.

例7 求 $\lim\limits_{(x,y)\to(0,1)}\dfrac{1-xy}{x^2+y^2}$.

解 由于 $f(x,y)=\dfrac{1-xy}{x^2+y^2}$ 在其定义域 $D=\mathbb{R}^2\setminus\{(0,0)\}$ 内连续,而 $P_0(0,1)$ 为 D 的内点,故 $f(x,y)$ 在 $P_0(0,1)$ 处连续,因此

$$\lim_{(x,y)\to(0,1)}\frac{1-xy}{x^2+y^2}=f(0,1)=\frac{1-0\times1}{0^2+1^2}=1.$$

习题 9.1

1. 求下列函数的定义域：

(1) $z=\ln(y^2-2x+1)$；　　(2) $z=\sqrt{\sin(x^2+y^2)}$；

(3) $z=\sqrt{x-\sqrt{y}}$；　　(4) $z=\dfrac{1}{\sqrt{x+y}}+\dfrac{1}{\sqrt{x-y}}$；

(5) $z=\sqrt{R^2-x^2-y^2}+\dfrac{1}{\sqrt{x^2+y^2-r^2}}(0<r<R)$；

(6) $z=\arcsin(x-y^2)+\ln\ln(10-x^2-4y^2)$.

2. 若 $f(x,y)=\dfrac{2xy}{x^2+y^2}$，求 $f\left(1,\dfrac{y}{x}\right)$.

3. 设 $f\left(x+y,\dfrac{y}{x}\right)=x^2-y^2$，求 $f(x,y)$.

4. 指出下列函数的间断点(如果存在)：

(1) $z=\dfrac{y^2+2x}{y^2-2x}$；　　(2) $z=\dfrac{xy^2}{x+y}$；

(3) $z=\ln(a^2-x^2-y^2)$；　　(4) $z=\dfrac{1}{\sin x\cdot\sin y}$.

5. 求下列函数的极限：

(1) $\lim\limits_{(x,y)\to(2,0)}\dfrac{\tan(xy)}{y}$；　　(2) $\lim\limits_{(x,y)\to(0,0)}\dfrac{1-\cos(x^2+y^2)}{(x^2+y^2)e^{x^2y^2}}$；

(3) $\lim\limits_{(x,y)\to(0,1)}\dfrac{2+y}{x^2+y^2}$；　　(4) $\lim\limits_{(x,y)\to(0,0)}\dfrac{xy}{\sqrt{xy+1}-1}$.

6. 设 $f(x,y)=\begin{cases}\dfrac{x^2-y^2}{x^2+y^2}, & (x,y)\neq(0,0),\\ 0, & (x,y)=(0,0),\end{cases}$ 证明 $\lim\limits_{(x,y)\to(0,0)}f(x,y)$ 不存在.

9.2 偏导数

1. 偏导数的概念

在一元函数中，我们曾讨论了一元函数 $y=f(x)$ 关于 x 的变化率，即 $y=f(x)$ 关于 x 的导数. 对多元函数同样也需要讨论变化率的问题，由于多元函数的自变量不止一个，所以因变量与自变量的关系要比一元函数复杂得多. 但是我们可以考虑函数对于其中一个自变量的变化率. 例如，我们可以将函数 $u=f(x,y,z)$ 中的自变量 y 与 z 固定为 y_0 与 z_0，而只考虑函数对自变量 x 的变化率. 这时，函数 $f(x,y_0,z_0)$ 就相当于一个一元函数. 为了区别于一元函数的导数概念，我们称多元函数对于一个自变量的变化率为偏导数. 下面以二元函数为例，引入偏导数的定义.

定义 1 设函数 $z=f(x,y)$ 在点 (x_0,y_0) 的某邻域内有定义，当 y 固定在 y_0 而 x 在 x_0 处取得增量 Δx 时，函数相应地取得增量

$$f(x_0+\Delta x,y_0)-f(x_0,y_0),$$

如果极限

$$\lim_{\Delta x\to 0}\frac{f(x_0+\Delta x,y_0)-f(x_0,y_0)}{\Delta x}$$

存在,则称此极限为函数 $z=f(x,y)$ 在点 (x_0,y_0) 处**关于 x 的偏导数**. 记作

$$f_x(x_0,y_0),\left.\frac{\partial f}{\partial x}\right|_{\substack{x=x_0\\y=y_0}},\left.z_x\right|_{\substack{x=x_0\\y=y_0}} \text{或} \left.\frac{\partial z}{\partial x}\right|_{\substack{x=x_0\\y=y_0}},$$

即

$$f_x(x_0,y_0)=\lim_{\Delta x\to 0}\frac{f(x_0+\Delta x,y_0)-f(x_0,y_0)}{\Delta x}.$$

类似地,如果极限

$$\lim_{\Delta y\to 0}\frac{f(x_0,y_0+\Delta y)-f(x_0,y_0)}{\Delta y}$$

存在,则称此极限为函数 $z=f(x,y)$ 在点 (x_0,y_0) 处**关于 y 的偏导数**. 记作

$$f_y(x_0,y_0),\left.\frac{\partial f}{\partial y}\right|_{\substack{x=x_0\\y=y_0}},\left.z_y\right|_{\substack{x=x_0\\y=y_0}} \text{或} \left.\frac{\partial z}{\partial y}\right|_{\substack{x=x_0\\y=y_0}},$$

即

$$f_y(x_0,y_0)=\lim_{\Delta y\to 0}\frac{f(x_0,y_0+\Delta y)-f(x_0,y_0)}{\Delta y}.$$

如果函数 $z=f(x,y)$ 在区域 D 内每一点 (x,y) 处对 x 的偏导数都存在,则这个偏导数就是 x,y 的函数,我们称它为函数 $z=f(x,y)$ **对自变量 x 的偏导函数**,记作

$$f_x(x,y),\frac{\partial f}{\partial x},z_x \text{或} \frac{\partial z}{\partial x}.$$

类似地,可以定义函数 $z=f(x,y)$ **对自变量 y 的偏导函数**,即

$$f_y(x,y),\frac{\partial f}{\partial y},z_y \text{或} \frac{\partial z}{\partial y}.$$

由此看出,函数 $f(x,y)$ 在点 (x_0,y_0) 处对 x 的偏导数 $f_x(x_0,y_0)$ 及对 y 的偏导数 $f_y(x_0,y_0)$ 就分别是偏导函数 $f_x(x,y)$ 及 $f_y(x,y)$ 在点 (x_0,y_0) 处的值. 以后在不至于发生混淆的地方也把偏导函数简称为偏导数.

偏导数的概念也可推广到更多元的函数. 例如, $u=f(x,y,z)$ 在点 (x,y,z) 处关于 x 的偏导数定义为

$$f_x(x,y,z)=\lim_{\Delta x\to 0}\frac{f(x+\Delta x,y,z)-f(x,y,z)}{\Delta x}.$$

2. 偏导数的计算

从偏导数的定义可以看出,计算多元函数的偏导数,无须重新建立求导法则,以二元函数 $z=f(x,y)$ 为例,要求 $\frac{\partial f}{\partial x}$,只需将函数 $f(x,y)$ 中的 y 视为常数,对函数 $f(x,y)$ 求关于 x 的一元函数的导数即可; 同样,要求 $\frac{\partial f}{\partial y}$,只需将函数 $f(x,y)$ 中的 x 视为常数,对函数

$f(x,y)$求关于 y 的一元函数的导数. 因此,在一元函数中的所有求导法则、求导公式在这里仍然适用.

例 1 求 $z=x^2y+y^2$ 在点(2,3)处的偏导数.

解 把 y 看作常量,对 x 求导,得

$$\frac{\partial z}{\partial x}=2xy;$$

把 x 看作常量,对 y 求导,得

$$\frac{\partial z}{\partial y}=x^2+2y.$$

将点(2,3)代入上面的结果,就得

$$\left.\frac{\partial z}{\partial x}\right|_{\substack{x=2\\y=3}}=2\times2\times3=12,\quad \left.\frac{\partial z}{\partial y}\right|_{\substack{x=2\\y=3}}=2^2+2\times3=10.$$

例 2 求 $z=x^4+xy^2-x^2y+\ln(x^2+y^2)$的偏导数.

解 把 y 看作常量,得

$$\frac{\partial z}{\partial x}=4x^3+y^2-2xy+\frac{2x}{x^2+y^2};$$

把 x 看作常量,得

$$\frac{\partial z}{\partial y}=2xy-x^2+\frac{2y}{x^2+y^2}.$$

例 3 设 $z=x^y(x>0,x\neq1)$,试证明:

$$\frac{x}{y}\cdot\frac{\partial z}{\partial x}+\frac{1}{\ln x}\cdot\frac{\partial z}{\partial y}=2z.$$

证 因为

$$\frac{\partial z}{\partial x}=yx^{y-1},\quad \frac{\partial z}{\partial y}=x^y\ln x,$$

所以

$$\frac{x}{y}\cdot\frac{\partial z}{\partial x}+\frac{1}{\ln x}\cdot\frac{\partial z}{\partial y}=\frac{x}{y}\cdot yx^{y-1}+\frac{1}{\ln x}\cdot x^y\ln x=x^y+x^y=2z.$$ □

例 4 设 $f(x,y)=\begin{cases}\dfrac{2y^3}{x^2+y^2}, & (x,y)\neq(0,0),\\ 0, & (x,y)=(0,0),\end{cases}$ 求 $f_x(0,0),f_y(0,0)$.

解 因为 $f(x,0)=0,f(0,y)=2y$,所以

$$f_x(0,0)=\lim_{\Delta x\to0}\frac{f(\Delta x,0)-f(0,0)}{\Delta x}=0,\quad f_y(0,0)=\lim_{\Delta y\to0}\frac{f(0,\Delta y)-f(0,0)}{\Delta y}=2.$$

注意 在一元函数中函数在某点可导,则它在该点必连续;但对多元函数,即使在某点处其偏导数都存在,它在该点也未必连续.

例如,函数 $f(x,y)=\begin{cases}\dfrac{xy}{x^2+y^2}, & (x,y)\neq(0,0),\\ 0, & (x,y)=(0,0)\end{cases}$ 在点(0,0)对 x 的偏导数为

$$f_x(0,0)=\lim_{\Delta x\to0}\frac{f(0+\Delta x,0)-f(0,0)}{\Delta x}=\lim_{\Delta x\to0}0=0,$$

同样有

$$f_y(0,0)=\lim_{\Delta y\to 0}\frac{f(0,0+\Delta y)-f(0,0)}{\Delta y}=\lim_{\Delta y\to 0}0=0.$$

但该函数在点(0,0)不连续.

3. 高阶偏导数

设函数 $z=f(x,y)$在区域 D 内具有偏导数$\frac{\partial z}{\partial x}=f_x(x,y)$和$\frac{\partial z}{\partial y}=f_y(x,y)$，$f_x(x,y)$与$f_y(x,y)$仍然是 x,y 的函数. 如果这两个函数的偏导数也存在，则称它们为函数 $z=f(x,y)$的二阶偏导数. 按照对变量求导次序的不同，有下列四个二阶偏导数，分别记作

$$\frac{\partial}{\partial x}\left(\frac{\partial z}{\partial x}\right)=\frac{\partial^2 z}{\partial x^2}=z_{xx}(x,y)=f_{xx}(x,y),$$

$$\frac{\partial}{\partial y}\left(\frac{\partial z}{\partial x}\right)=\frac{\partial^2 z}{\partial x\partial y}=z_{xy}(x,y)=f_{xy}(x,y),$$

$$\frac{\partial}{\partial x}\left(\frac{\partial z}{\partial y}\right)=\frac{\partial^2 z}{\partial y\partial x}=z_{yx}(x,y)=f_{yx}(x,y),$$

$$\frac{\partial}{\partial y}\left(\frac{\partial z}{\partial y}\right)=\frac{\partial^2 z}{\partial y^2}=z_{yy}(x,y)=f_{yy}(x,y).$$

其中，偏导数$\frac{\partial^2 z}{\partial x\partial y}$和$\frac{\partial^2 z}{\partial y\partial x}$称为函数 $z=f(x,y)$的二阶混合偏导数. 仿此可定义多元函数的三阶、四阶以及更高阶的偏导数，并可仿此引入相应的记号. 二阶以及二阶以上的偏导数统称为高阶偏导数.

例 5 求函数 $z=x^3y^2-x^2y^3+xy$ 的二阶偏导数.

解

$$\frac{\partial z}{\partial x}=3x^2y^2-2xy^3+y,\quad \frac{\partial z}{\partial y}=2x^3y-3x^2y^2+x,$$

$$\frac{\partial^2 z}{\partial x^2}=6xy^2-2y^3,\quad \frac{\partial^2 z}{\partial x\partial y}=6x^2y-6xy^2+1,$$

$$\frac{\partial^2 z}{\partial y\partial x}=6x^2y-6xy^2+1,\quad \frac{\partial^2 z}{\partial y^2}=2x^3-6x^2y.$$

从这个例子可以看出，两个二阶混合偏导数相等，即$\frac{\partial^2 z}{\partial x\partial y}=\frac{\partial^2 z}{\partial y\partial x}$，这不是偶然的，事实上，有如下定理.

定理 1 如果二元函数 $z=f(x,y)$的两个二阶混合偏导数$\frac{\partial^2 z}{\partial x\partial y}$，$\frac{\partial^2 z}{\partial y\partial x}$在区域 D 内连续，则在该区域内必有

$$\frac{\partial^2 z}{\partial x\partial y}=\frac{\partial^2 z}{\partial y\partial x}.$$

也就是说，二阶混合偏导数在连续的条件下与求导次序无关.

证明略.

例 6 证明：函数 $u=\frac{1}{\sqrt{x^2+y^2+z^2}}$满足拉普拉斯(Laplace)方程

$$\frac{\partial^2 u}{\partial x^2}+\frac{\partial^2 u}{\partial y^2}+\frac{\partial^2 u}{\partial z^2}=0,$$

即此函数是拉普拉斯方程的一个解.

证 $$\frac{\partial u}{\partial x}=\frac{-\dfrac{2x}{2\sqrt{x^2+y^2+z^2}}}{x^2+y^2+z^2}=-\frac{x}{(x^2+y^2+z^2)^{\frac{3}{2}}},$$

$$\frac{\partial^2 u}{\partial x^2}=-\frac{(x^2+y^2+z^2)^{\frac{3}{2}}-x\cdot\dfrac{3}{2}(x^2+y^2+z^2)^{\frac{1}{2}}\cdot 2x}{(x^2+y^2+z^2)^3}=\frac{2x^2-y^2-z^2}{(x^2+y^2+z^2)^{\frac{5}{2}}}.$$

由于函数关于自变量具有对称性,所以有

$$\frac{\partial^2 u}{\partial y^2}=\frac{2y^2-x^2-z^2}{(x^2+y^2+z^2)^{\frac{5}{2}}},$$

$$\frac{\partial^2 u}{\partial z^2}=\frac{2z^2-x^2-y^2}{(x^2+y^2+z^2)^{\frac{5}{2}}}.$$

因此

$$\frac{\partial^2 u}{\partial x^2}+\frac{\partial^2 u}{\partial y^2}+\frac{\partial^2 u}{\partial z^2}=\frac{2(x^2+y^2+z^2)-2x^2-2y^2-2z^2}{(x^2+y^2+z^2)^{\frac{5}{2}}}=0.$$ □

习题 9.2

1. 求下列函数的偏导数:

(1) $z=ax^2y+axy^2$; (2) $z=\tan^2(x^2+y^2)$;

(3) $z=\dfrac{x}{y}+\dfrac{y}{x}$; (4) $z=\arctan\dfrac{x}{y^2}$;

(5) $z=\ln(x+\sqrt{x^2-y^2})$; (6) $u=\ln(x+2^{yz})$;

(7) $z=(1+xy)^y$; (8) $z=\mathrm{e}^{\tan\frac{x}{y}}$.

2. 求下列函数在指定点处的一阶偏导数:

(1) $f(x,y)=x+(y-1)\arcsin\sqrt{\dfrac{x}{y}}$ 在点$(x,1)$对 x 的偏导数 $f_x(x,1)$;

(2) $f(x,y)=x^2\mathrm{e}^y+(x-1)\arctan\sqrt{\dfrac{y}{x}}$ 在点$(1,0)$的两个偏导数 $f_x(1,0)$与 $f_y(1,0)$.

3. 求下列函数的所有二阶偏导数:

(1) $z=\cos^2(ax-by)$; (2) $z=\mathrm{e}^{-\alpha x}\sin\beta y$;

(3) $z=x\mathrm{e}^{-xy}$; (4) $z=y^x$.

4. 求下列函数的指定的高阶偏导数:

(1) $z=x\ln(xy)$, z_{xxy}, z_{xyy};

(2) $u=x^ay^bz^c$, $\dfrac{\partial^6 u}{\partial x\partial y^2\partial z^3}$;

(3) $f(x,y,z)=xy^2+yz^2+zx^2$, $f_{xx}(0,0,1)$, $f_{yz}(0,-1,0)$及$f_{zzx}(2,0,1)$.

5. 验证:

(1) $y=e^{-\ln^2 t}\sin nx$ 满足$\dfrac{\partial y}{\partial t}=k\,\dfrac{\partial^2 y}{\partial x^2}$;

(2) $z=\varphi(x)\varphi(y)$满足 $z\cdot\dfrac{\partial^2 z}{\partial x\partial y}=\dfrac{\partial z}{\partial x}\cdot\dfrac{\partial z}{\partial y}$;

(3) $u=\sin(x-at)+\ln(x+at)$满足 $u_{tt}=a^2u_{xx}$.

9.3 全微分及其应用

9.3.1 全微分的定义

对于一元函数 $y=f(x)$,我们曾研究它关于 x 的微分,微分 $dy=a\Delta x$ 具有下列两个性质:①它与自变量 x 在点 x_0 的改变量 Δx 成正比,为 Δx 的线性函数;②当 $\Delta x\to 0$ 时,它与函数增量 Δy 相差一个比 Δx 高阶的无穷小. 对于多元函数我们也希望引进一个具有类似性质的量. 以二元函数为例,当 $z=f(x,y)$中两个自变量 x,y 都有相应的增量 $\Delta x,\Delta y$ 时,相应的函数的增量 $\Delta z=f(x+\Delta x,y+\Delta y)-f(x,y)$称为函数 $z=f(x,y)$在点 $P(x,y)$处的全增量.

一般来说,计算全增量 Δz 比较复杂. 与一元函数的情形一样,我们希望用自变量的增量 $\Delta x,\Delta y$ 的线性函数来近似地代替函数的全增量 Δz,从而引入如下定义.

定义 1 设函数 $z=f(x,y)$在点(x,y)的某邻域内有定义,如果函数在点(x,y)的全增量

$$\Delta z=f(x+\Delta x,y+\Delta y)-f(x,y)$$

可表示为

$$\Delta z=A\Delta x+B\Delta y+o(\rho),$$

其中,A,B 与 $\Delta x,\Delta y$ 无关而仅与 x,y 有关;$\rho=\sqrt{(\Delta x)^2+(\Delta y)^2}$,则称函数 $z=f(x,y)$在点(x,y)处可微,而 $A\Delta x+B\Delta y$ 称为函数 $z=f(x,y)$在点(x,y)的全微分,记作 dz,即

$$dz=A\Delta x+B\Delta y.$$

如果函数 $z=f(x,y)$在区域 D 内的每一点都可微,我们就说它在 D 内可微.

在 9.2.1 节中曾指出,多元函数在某点的偏导数存在,并不能保证函数在该点连续. 但是,从全微分定义不难看出:若函数在某点可微,则必在该点连续.

事实上,由可微定义即得 $\lim\limits_{\substack{\Delta x\to 0\\ \Delta y\to 0}}\Delta z=\lim\limits_{\rho\to 0}\Delta z=\lim\limits_{\rho\to 0}[A\Delta x+B\Delta y+o(\rho)]=0$,故 $z=f(x,y)$在点(x,y)处连续.

根据可微定义,不能直接知道全微分形式中的 A,B 的形式是什么,通过研究全微分与偏导之间的关系,这些问题将得以解决.

定理 1(必要条件) 如果函数 $z=f(x,y)$在点(x,y)处可微,则该函数在点(x,y)的偏导数$\dfrac{\partial z}{\partial x},\dfrac{\partial z}{\partial y}$必定存在,且函数 $z=f(x,y)$在点(x,y)的全微分为

$$dz=\frac{\partial z}{\partial x}\Delta x+\frac{\partial z}{\partial y}\Delta y.$$

证 由于$z=f(x,y)$在点(x,y)处可微,所以

$$\Delta z=f(x+\Delta x,y+\Delta y)-f(x,y)=A\Delta x+B\Delta y+o(\rho).$$

特别地,取$\Delta y=0$,有$\Delta_x z=f(x+\Delta x,y)-f(x,y)=A\Delta x+o(|\Delta x|)$,上式两边各除以$\Delta x$,再令$\Delta x\to 0$而取极限,就得

$$\lim_{\Delta x\to 0}\frac{f(x+\Delta x,y)-f(x,y)}{\Delta x}=A,$$

从而偏导数$\frac{\partial z}{\partial x}$存在,且等于$A$. 同样可证$\frac{\partial z}{\partial y}=B$.

因此,函数$z=f(x,y)$在点(x,y)处的全微分可表示为$\mathrm{d}z=\frac{\partial z}{\partial x}\Delta x+\frac{\partial z}{\partial y}\Delta y$. □

我们知道,一元函数在某点可导是在该点可微的充分必要条件,但对于多元函数则不然. 定理1的结论表明,二元函数的各偏导数存在只是全微分存在的必要条件而不是充分条件.

例如,对二元函数$f(x,y)=\begin{cases}\dfrac{xy}{\sqrt{x^2+y^2}}, & x^2+y^2\neq 0,\\ 0, & x^2+y^2=0,\end{cases}$ 可用定义求得$f_x(0,0)=f_y(0,0)=0$,即$f(x,y)$在点$(0,0)$处的两个偏导数存在且相等,而

$$\Delta z-[f_x(0,0)\cdot\Delta x+f_y(0,0)\cdot\Delta y]=\frac{\Delta x\cdot\Delta y}{\sqrt{(\Delta x)^2+(\Delta y)^2}}.$$

若令点$P'(\Delta x,\Delta y)$沿着直线$y=x$趋于点$(0,0)$,则有

$$\frac{\dfrac{\Delta x\cdot\Delta y}{\sqrt{(\Delta x)^2+(\Delta y)^2}}}{\rho}=\frac{\Delta x\cdot\Delta y}{(\Delta x)^2+(\Delta y)^2}=\frac{1}{2},$$

它不随着$\rho\to 0$而趋于0,即

$$\Delta z-[f_x(0,0)\cdot\Delta x+f_y(0,0)\cdot\Delta y]$$

不是关于ρ的高阶无穷小. 故函数$f(x,y)$在点$(0,0)$处是不可微的.

由此可见,对于多元函数而言,偏导数存在并不一定可微. 因为函数的偏导数仅描述了函数在一点处沿坐标轴的变化率,而全微分描述了函数沿各个方向的变化情况. 但如果对偏导数再加些条件,就可以保证函数的可微性. 一般地,有如下定理.

定理2(充分条件) 如果函数$z=f(x,y)$的偏导数$\frac{\partial z}{\partial x},\frac{\partial z}{\partial y}$在点$(x,y)$连续,则函数在该点可微.

证 函数的全增量

$$\begin{aligned}\Delta z&=f(x+\Delta x,y+\Delta y)-f(x,y)\\&=[f(x+\Delta x,y+\Delta y)-f(x,y+\Delta y)]+[f(x,y+\Delta y)-f(x,y)],\end{aligned}$$

对上面两个中括号内的表达式分别应用拉格朗日中值定理,有

$$\Delta z=f_x(x+\theta_1\Delta x,y+\Delta y)\Delta x+f_y(x,y+\theta_2\Delta y)\Delta y,$$

其中,$0<\theta_1,\theta_2<1$. 根据题设条件,$f_x(x,y)$在点(x,y)处连续,故

$$\lim_{\substack{\Delta x\to 0\\ \Delta y\to 0}}f_x(x+\theta_1\Delta x,y+\Delta y)=f_x(x,y),$$

从而有

$$f_x(x+\theta_1\Delta x, y+\Delta y)\Delta x = f_x(x,y)\Delta x + \varepsilon_1\Delta x,$$

其中，ε_1 为 $\Delta x,\Delta y$ 的函数，且当 $\Delta x\to 0,\Delta y\to 0$ 时，$\varepsilon_1\to 0$. 同理有

$$f_y(x, y+\theta_2\Delta y)\Delta y = f_y(x,y)\Delta y + \varepsilon_2\Delta y,$$

其中，ε_2 为 $\Delta x,\Delta y$ 的函数，且当 $\Delta x\to 0,\Delta y\to 0$ 时，$\varepsilon_2\to 0$. 于是有

$$\Delta z = f_x(x,y)\Delta x + \varepsilon_1\Delta x + f_y(x,y)\Delta y + \varepsilon_2\Delta y,$$

而

$$\lim_{\substack{\Delta x\to 0\\ \Delta y\to 0}}\frac{\varepsilon_1\Delta x+\varepsilon_2\Delta y}{\rho}=\lim_{\substack{\Delta x\to 0\\ \Delta y\to 0}}\left(\varepsilon_1\frac{\Delta x}{\rho}+\varepsilon_2\frac{\Delta y}{\rho}\right)=0,$$

其中，$\rho=\sqrt{(\Delta x)^2+(\Delta y)^2}$. 所以，由可微的定义知，函数 $z=f(x,y)$ 在点 (x,y) 处可微. □

习惯上，常将自变量的增量 $\Delta x,\Delta y$ 分别记为 $\mathrm{d}x,\mathrm{d}y$，并分别称为自变量的微分. 这样，函数 $z=f(x,y)$ 的全微分就表为

$$\mathrm{d}z=\frac{\partial z}{\partial x}\mathrm{d}x+\frac{\partial z}{\partial y}\mathrm{d}y.$$

上述关于二元函数全微分的必要条件和充分条件，可以完全类似地推广到三元以及三元以上的多元函数中去. 例如，三元函数 $u=f(x,y,z)$ 的全微分可表为

$$\mathrm{d}u=\frac{\partial u}{\partial x}\mathrm{d}x+\frac{\partial u}{\partial y}\mathrm{d}y+\frac{\partial u}{\partial z}\mathrm{d}z.$$

例 1 求函数 $z=4xy^3+5x^2y^6$ 的全微分.

解 因为 $\frac{\partial z}{\partial x}=4y^3+10xy^6$，$\frac{\partial z}{\partial y}=12xy^2+30x^2y^5$，所以

$$\mathrm{d}z=(4y^3+10xy^6)\mathrm{d}x+(12xy^2+30x^2y^5)\mathrm{d}y.$$

例 2 求函数 $z=\mathrm{e}^{xy}$ 在点 $(2,1)$ 处的全微分.

解 因为 $\frac{\partial z}{\partial x}=y\mathrm{e}^{xy}$，$\frac{\partial z}{\partial y}=x\mathrm{e}^{xy}$. 所以

$$\left.\frac{\partial z}{\partial x}\right|_{\substack{x=2\\ y=1}}=\mathrm{e}^2,\left.\frac{\partial z}{\partial y}\right|_{\substack{x=2\\ y=1}}=2\mathrm{e}^2.$$

故

$$\left.\mathrm{d}z\right|_{\substack{x=2\\ y=1}}=\mathrm{e}^2\mathrm{d}x+2\mathrm{e}^2\mathrm{d}y.$$

例 3 求三元函数 $u=\mathrm{e}^{x+z}\sin(x+y)$ 的全微分.

解 因为

$$\frac{\partial u}{\partial x}=\mathrm{e}^{x+z}\sin(x+y)+\mathrm{e}^{x+z}\cos(x+y),\quad \frac{\partial u}{\partial y}=\mathrm{e}^{x+z}\cos(x+y),\quad \frac{\partial u}{\partial z}=\mathrm{e}^{x+z}\sin(x+y).$$

所以

$$\begin{aligned}\mathrm{d}u&=\frac{\partial u}{\partial x}\mathrm{d}x+\frac{\partial u}{\partial y}\mathrm{d}y+\frac{\partial u}{\partial z}\mathrm{d}z\\ &=\mathrm{e}^{x+z}[\sin(x+y)+\cos(x+y)]\mathrm{d}x+\mathrm{e}^{x+z}\cos(x+y)\mathrm{d}y+\mathrm{e}^{x+z}\sin(x+y)\mathrm{d}z.\end{aligned}$$

*9.3.2 全微分在近似计算中的应用

由二元函数的全微分的定义及关于全微分存在的充分条件可知，当二元函数 $z=f(x,y)$ 在点 $P(x,y)$ 处的两个偏导数 $f_x(x,y)$，$f_y(x,y)$ 连续，并且 $|\Delta x|$，$|\Delta y|$ 都较小时，就有近似等式

$$\Delta z \approx dz = f_x(x,y)\Delta x + f_y(x,y)\Delta y.$$

上式也可以写成

$$f(x+\Delta x, y+\Delta y) \approx f(x,y) + f_x(x,y)\Delta x + f_y(x,y)\Delta y.$$

与一元函数的情形相类似，可以利用上式对二元函数作近似计算和误差估计.

例 4 计算 $(1.04)^{2.02}$ 的近似值.

解 设函数 $f(x,y)=x^y$，则要计算的近似值就是该函数在 $x=1.04$，$y=2.02$ 时的函数的近似值. 令 $x_0=1$，$y_0=2$，由

$$f_x(x,y)=yx^{y-1}, \quad f_y(x,y)=x^y\ln x,$$

$$f(1,2)=1, \quad f_x(1,2)=2, \quad f_y(1,2)=0$$

可得

$$(1.04)^{2.02}=(1+0.04)^{2+0.02}\approx 1+2\times 0.04=1.08.$$

对二元函数 $z=f(x,y)$，如果自变量 x，y 的绝对误差分别为 δ_x，δ_y，即

$$|\Delta x|<\delta_x, \ |\Delta y|<\delta_y,$$

则因变量的误差为

$$\Delta z \approx dz = \left|\frac{\partial z}{\partial x}\Delta x + \frac{\partial z}{\partial y}\Delta y\right| \leqslant \left|\frac{\partial z}{\partial x}\right||\Delta x| + \left|\frac{\partial z}{\partial y}\right||\Delta y| \leqslant \left|\frac{\partial z}{\partial x}\right|\delta_x + \left|\frac{\partial z}{\partial y}\right|\delta_y,$$

从而因变量 z 的绝对误差约为

$$\delta_z = \left|\frac{\partial z}{\partial x}\right|\delta_x + \left|\frac{\partial z}{\partial y}\right|\delta_y,$$

因变量 z 的相对误差约为 $\dfrac{\delta_z}{|z|}$.

例 5 测得矩形盒的各边长分别为 75cm，60cm 及 40cm，且可能的最大测量误差为 0.2cm. 试用全微分估计利用这些测量值计算盒子体积时可能带来的最大误差.

解 以 x，y，z 为边长的矩形盒的体积 $V=xyz$，所以

$$dV = \frac{\partial V}{\partial x}dx + \frac{\partial V}{\partial y}dy + \frac{\partial V}{\partial z}dz = yz\,dx + xz\,dy + xy\,dz.$$

由于已知 $|\Delta x|\leqslant 0.2$，$|\Delta y|\leqslant 0.2$，$|\Delta z|\leqslant 0.2$，为了求体积的最大误差，取 $dx=dy=dz=0.2$，再结合 $x=75$，$y=60$，$z=40$，得

$$\Delta V \approx dV = 60\times 40\times 0.2 + 75\times 40\times 0.2 + 75\times 60\times 0.2 = 1980,$$

即每边仅 0.2cm 的误差可以导致体积的计算误差达到 1980cm^3.

习题 9.3

1. 求下列函数的全微分：

(1) $z=6xy^2+\dfrac{x}{y}$；

(2) $z=\sin(x\cos y)$；

(3) $z=\dfrac{x}{\sqrt{x^2+y^2}}$；　　　　　　　(4) $u=x^{yz}$.

2. 求函数 $z=\ln(2+x^2+y^2)$ 在 $x=2,y=1$ 时的全微分.

3. 求函数 $z=e^{xy}$ 在 $x=1,y=1,\Delta x=0.1,\Delta y=-0.2$ 时的全增量和全微分.

4. 计算 $\sqrt{(1.02)^3+(0.97)^3}$ 的近似值.

5. 计算 $(1.008)^{2.98}$ 的近似值.

6. 已知边长为 $x=6\text{m}$ 与 $y=8\text{m}$ 的矩形，如果 x 边增加 2cm，y 边减少 5cm. 问这个矩形的对角线变化的近似值是多少？

7. 测得一块三角形土地的两边边长分别为 $(63\pm0.1)\text{m}$ 和 $(78\pm0.1)\text{m}$，这两边的夹角为 $60°\pm1°$. 试求三角形面积的近似值，并求其绝对误差和相对误差.

8. 根据欧姆定律，电流 I、电压 V 及电阻 R 之间的关系为 $R=\dfrac{V}{I}$. 若测得 $V=110\text{V}$，测量的最大绝对误差为 2V；测得 $I=20\text{A}$，测量的最大绝对误差为 0.5A. 问由此计算所得到的 R 的最大绝对误差和最大相对误差是多少？

9.4　多元复合函数的求导

与一元函数类似，多元函数也常以复合函数的形式出现. 在一元函数的复合求导中，有所谓的链式法则，这一法则可以推广到多元复合函数的情形.

链式法则在不同的复合情形下有不同的表达形式，为了便于掌握，将之归纳为三种情形加以讨论.

1. 复合函数的中间变量均为一元函数的情形

定理 1　如果函数 $u=\varphi(t)$ 及 $v=\psi(t)$ 都是可导函数，函数 $z=f(u,v)$ 在对应点 (u,v) 具有连续偏导数，则复合函数 $z=f[\varphi(t),\psi(t)]$ 在点 t 可导，且有

$$\frac{\mathrm{d}z}{\mathrm{d}t}=\frac{\partial z}{\partial u}\cdot\frac{\mathrm{d}u}{\mathrm{d}t}+\frac{\partial z}{\partial v}\cdot\frac{\mathrm{d}v}{\mathrm{d}t}. \tag{9.1}$$

证　设 t 获得增量 Δt，相应地使函数 $u=\varphi(t),v=\psi(t)$ 获得增量 $\Delta u,\Delta v$，从而函数 $z=f(u,v)$ 获得增量 Δz. 由假定知，函数 $z=f(u,v)$ 在点 (u,v) 具有连续偏导数，从而在点 (u,v) 可微，于是有

$$\Delta z=\frac{\partial z}{\partial u}\Delta u+\frac{\partial z}{\partial v}\Delta v+\alpha\Delta u+\beta\Delta v,$$

这里，当 $\Delta u\to0,\Delta v\to0$ 时，$\alpha\to0,\beta\to0$.

将上式两边同时除以 Δt，得

$$\frac{\Delta z}{\Delta t}=\frac{\partial z}{\partial u}\cdot\frac{\Delta u}{\Delta t}+\frac{\partial z}{\partial v}\cdot\frac{\Delta v}{\Delta t}+\alpha\frac{\Delta u}{\Delta t}+\beta\frac{\Delta v}{\Delta t}.$$

由于 $u=\varphi(t)$ 及 $v=\psi(t)$ 都在点 t 可导，所以当 $\Delta t\to0$ 时，$\dfrac{\Delta u}{\Delta t}\to\dfrac{\mathrm{d}u}{\mathrm{d}t},\dfrac{\Delta v}{\Delta t}\to\dfrac{\mathrm{d}v}{\mathrm{d}t}$. 又由于 $\Delta t\to0$ 时，$\Delta u\to0,\Delta v\to0$，于是 $\alpha\dfrac{\Delta u}{\Delta t}+\beta\dfrac{\Delta u}{\Delta t}\to0$，从而得

$$\lim_{\Delta t \to 0} \frac{\Delta z}{\Delta t} = \frac{\partial z}{\partial u} \cdot \frac{\mathrm{d}u}{\mathrm{d}t} + \frac{\partial z}{\partial v} \cdot \frac{\mathrm{d}v}{\mathrm{d}t}.$$

这就证明了复合函数 $z=f[\varphi(t),\psi(t)]$在点 t 可导,且其导数可用式(9.1)计算. □

式(9.1)可以推广到中间变量为 3 个或 3 个以上的函数中去. 例如,由 $z=f(u,v,w)$, $u=\varphi(t)$, $v=\psi(t)$, $w=\omega(t)$复合而成的复合函数

$$z=f[\varphi(t),\psi(t),\omega(t)].$$

在与定理 1 相似的条件下,该函数在点 t 可导,且其导数可用下面的公式计算:

$$\frac{\mathrm{d}z}{\mathrm{d}t} = \frac{\partial z}{\partial u} \cdot \frac{\mathrm{d}u}{\mathrm{d}t} + \frac{\partial z}{\partial v} \cdot \frac{\mathrm{d}v}{\mathrm{d}t} + \frac{\partial z}{\partial \omega} \frac{\mathrm{d}\omega}{\mathrm{d}t}. \tag{9.2}$$

式(9.1)及式(9.2)中的导数$\frac{\mathrm{d}z}{\mathrm{d}t}$称为**全导数**.

例 1 设 $z=\mathrm{e}^{2u-v}$,其中 $u=x^2$, $v=\sin x$. 求$\frac{\mathrm{d}z}{\mathrm{d}x}$.

解 由于$\frac{\partial z}{\partial u}=2\mathrm{e}^{2u-v}$, $\frac{\partial z}{\partial v}=-\mathrm{e}^{2u-v}$, $\frac{\mathrm{d}u}{\mathrm{d}x}=2x$, $\frac{\mathrm{d}v}{\mathrm{d}x}=\cos x$,所以

$$\begin{aligned}\frac{\mathrm{d}z}{\mathrm{d}x} &= \frac{\partial z}{\partial u} \cdot \frac{\mathrm{d}u}{\mathrm{d}x} + \frac{\partial z}{\partial v} \cdot \frac{\mathrm{d}v}{\mathrm{d}x} = 2\mathrm{e}^{2u-v} \cdot 2x - \mathrm{e}^{2u-v}\cos x \\ &= \mathrm{e}^{2u-v}(4x-\cos x) = \mathrm{e}^{2x^2-\sin x}(4x-\cos x).\end{aligned}$$

例 2 设 $z=uv+\sin t$,其中 $u=\mathrm{e}^t$, $v=\cos t$. 求$\frac{\mathrm{d}z}{\mathrm{d}t}$.

解

$$\begin{aligned}\frac{\mathrm{d}z}{\mathrm{d}t} &= \frac{\partial z}{\partial u} \cdot \frac{\mathrm{d}u}{\mathrm{d}t} + \frac{\partial z}{\partial v} \cdot \frac{\mathrm{d}v}{\mathrm{d}t} + \frac{\partial z}{\partial t} = v\mathrm{e}^t - u\sin t + \cos t \\ &= \mathrm{e}^t\cos t - \mathrm{e}^t\sin t + \cos t = \mathrm{e}^t(\cos t - \sin t) + \cos t.\end{aligned}$$

2. 复合函数的中间变量均为多元函数的情形

定理 2 如果函数 $u=u(x,y)$及 $v=v(x,y)$都在点(x,y)具有对 x 及对 y 的偏导数,函数 $z=f(u,v)$在对应点(u,v)具有连续偏导数,则复合函数 $z=f[u(x,y),v(x,y)]$在点(x,y)的两个偏导数都存在,且有

$$\frac{\partial z}{\partial x} = \frac{\partial z}{\partial u} \cdot \frac{\partial u}{\partial x} + \frac{\partial z}{\partial v} \cdot \frac{\partial v}{\partial x}, \tag{9.3}$$

$$\frac{\partial z}{\partial y} = \frac{\partial z}{\partial u} \cdot \frac{\partial u}{\partial y} + \frac{\partial z}{\partial v} \cdot \frac{\partial v}{\partial y}. \tag{9.4}$$

事实上,由于求$\frac{\partial z}{\partial x}$时将 y 看作常量,因此中间变量 u 及 v 仍可看作一元函数而应用定理 1. 只不过由于 $z=f[u(x,y),v(x,y)]$, $u=u(x,y)$及 $v=v(x,y)$都是 x,y 的二元函数,所以应将式(9.1)中的 d 改为∂,并将其中的 t 换成 x 或 y,这样就得到了式(9.3)和式(9.4).

定理 2 可以推广到中间变量为三元或三元以上的函数的复合函数中去.

例 3 设 $z=f(xy,x^2-y^2)$,且 f 可微,求$\dfrac{\partial z}{\partial x},\dfrac{\partial z}{\partial y}$.

解 令 $u=xy,v=x^2-y^2$,则

$$\frac{\partial z}{\partial x}=\frac{\partial z}{\partial u}\cdot\frac{\partial u}{\partial x}+\frac{\partial z}{\partial v}\cdot\frac{\partial v}{\partial x}=y\frac{\partial f}{\partial u}+2x\frac{\partial f}{\partial v},$$

$$\frac{\partial z}{\partial y}=\frac{\partial z}{\partial u}\cdot\frac{\partial u}{\partial y}+\frac{\partial z}{\partial v}\cdot\frac{\partial v}{\partial y}=x\frac{\partial f}{\partial u}-2y\frac{\partial f}{\partial v}.$$

例 4 设 $w=f(x+y+z,xyz)$,且 f 具有二阶连续偏导数,求$\dfrac{\partial w}{\partial x}$及$\dfrac{\partial^2 w}{\partial x\partial z}$.

解 令 $u=x+y+z,v=xyz$,则 $w=f(u,v)$.

为表达简便起见,引入以下记号:

$$f_1'=\frac{\partial f(u,v)}{\partial u},\quad f_{12}''=\frac{\partial^2 f(u,v)}{\partial u\partial v},$$

这里,下标 1 表示对第一个变量 u 求偏导数;下标 2 表示对第二个变量求偏导数. 同理有 f_2',f_{11}'',f_{22}'' 等.

因所给函数由 $w=f(u,v),u=x+y+z$ 及 $v=xyz$ 复合而成,根据复合函数求导法则,有

$$\frac{\partial w}{\partial x}=\frac{\partial f}{\partial u}\cdot\frac{\partial u}{\partial x}+\frac{\partial f}{\partial v}\cdot\frac{\partial v}{\partial x}=f_1'+yzf_2',$$

$$\frac{\partial^2 w}{\partial z\partial x}=\frac{\partial}{\partial z}(f_1'+yzf_2')=\frac{\partial f_1'}{\partial z}+yf_2'+yz\frac{\partial f_2'}{\partial z}.$$

求$\dfrac{\partial f_1'}{\partial z}$及$\dfrac{\partial f_2'}{\partial z}$时,应注意 f_1' 与 f_2' 仍旧是复合函数,因此有

$$\frac{\partial f_1'}{\partial z}=\frac{\partial f_1'}{\partial u}\cdot\frac{\partial u}{\partial z}+\frac{\partial f_1'}{\partial v}\cdot\frac{\partial v}{\partial z}=f_{11}''+xyf_{12}'',$$

$$\frac{\partial f_2'}{\partial z}=\frac{\partial f_2'}{\partial u}\cdot\frac{\partial u}{\partial z}+\frac{\partial f_2'}{\partial v}\cdot\frac{\partial v}{\partial z}=f_{21}''+xyf_{22}'',$$

于是

$$\begin{aligned}\frac{\partial^2 w}{\partial x\partial z}&=f_{11}''+xyf_{12}''+yf_2'+yzf_{21}''+xy^2zf_{22}''\\&=f_{11}''+y(x+z)f_{12}''+yf_2'+xy^2zf_{22}''.\end{aligned}$$

3. 复合函数的中间变量既有一元函数又有多元函数的情形

定理 3 如果函数 $u=\varphi(x,y)$在点(x,y)具有对 x 及对 y 的偏导数,函数 $v=\psi(y)$在点 y 可导,函数 $z=f(u,v)$在对应点(u,v)具有连续偏导数,则复合函数 $z=f[\varphi(x,y),\psi(y)]$在点$(x,y)$的两个偏导数存在,且有

$$\frac{\partial z}{\partial x}=\frac{\partial z}{\partial u}\cdot\frac{\partial u}{\partial x},\tag{9.5}$$

$$\frac{\partial z}{\partial y}=\frac{\partial z}{\partial u}\cdot\frac{\partial u}{\partial y}+\frac{\partial z}{\partial v}\cdot\frac{\mathrm{d}v}{\mathrm{d}y}.\tag{9.6}$$

情形 3 实际上是情形 2 的一种特例，即在情形 2 中，如果变量 v 与 x 无关，则 $\frac{\partial v}{\partial x}=0$，在求 v 对 y 的导数时，由于 v 是 y 的一元函数，故将 $\frac{\partial v}{\partial y}$ 写为 $\frac{\mathrm{d}v}{\mathrm{d}y}$，便得到上述结果.

在情形 3 中常常会出现某些变量"一身兼两职"的情况，即该变量既是中间变量又是自变量的情形. 例如，设 $z=f(u,x,y)$ 具有连续偏导数，而 $u=\varphi(x,y)$ 具有偏导数，则复合函数 $z=f[\varphi(x,y),x,y]$ 具有对 x 和 y 的偏导数. 按照式(9.5)和式(9.6)可得其计算公式为

$$\frac{\partial z}{\partial x}=\frac{\partial f}{\partial u}\cdot\frac{\partial u}{\partial x}+\frac{\partial f}{\partial x},$$

$$\frac{\partial z}{\partial y}=\frac{\partial f}{\partial u}\cdot\frac{\partial u}{\partial y}+\frac{\partial f}{\partial y}.$$

注意 这里等式两端的 $\frac{\partial z}{\partial x}$ 与 $\frac{\partial f}{\partial x}$ 是不同的. 左端的 $\frac{\partial z}{\partial x}$ 是把复合函数 $z=f[\varphi(x,y),x,y]$ 中的自变量 y 都看作常数而对自变量 x 的偏导数，右端的 $\frac{\partial f}{\partial x}$ 是把未经复合的函数 $z=f[u,x,y]$ 中的中间变量 u 和 y 都看作常数而对中间变量 x 的偏导数. $\frac{\partial z}{\partial y}$ 与 $\frac{\partial f}{\partial y}$ 也有类似的区别. 这里，变量 x 和 y 既是中间变量，又是自变量.

例 5 设 $u=xf\left(y,\frac{y}{x}\right)$，$f$ 具有二阶连续偏导数，求 $\frac{\partial^2 u}{\partial x\partial y}$.

解 这里的变量 x 和 y 既是复合函数的自变量，又是中间变量，所以有

$$\frac{\partial u}{\partial x}=f\left(y,\frac{y}{x}\right)+xf_2'\cdot\left(-\frac{y}{x^2}\right)=f-\frac{y}{x}f_2',$$

$$\begin{aligned}\frac{\partial^2 u}{\partial x\partial y}&=\frac{\partial f}{\partial y}-\frac{1}{x}f_2'-\frac{y}{x}\frac{\partial f_2'}{\partial y}=f_1'+f_2'\cdot\frac{1}{x}-\frac{1}{x}\cdot f_2'-\frac{y}{x}\left(f_{21}''+f_{22}''\cdot\frac{1}{x}\right)\\&=f_1'-\frac{y}{x^2}(xf_{21}''+f_{22}'').\end{aligned}$$

在 9.3 节中引进的全微分也称为一阶全微分. 我们知道，一元函数具有一阶全微分的形式不变性，对于多元函数来说，一阶全微分也具有这个性质. 下面介绍一阶全微分形式的不变性.

对于可微函数 $z=f(u,v)$，不管 u,v 是中间变量还是自变量，总有

$$\mathrm{d}z=\frac{\partial z}{\partial u}\mathrm{d}u+\frac{\partial z}{\partial v}\mathrm{d}v. \tag{9.7}$$

事实上，当 u,v 是自变量时，式(9.7)显然是成立的. 现在假设 u,v 是 x,y 的函数 $u=\varphi(x,y)$，$v=\psi(x,y)$，且这两个函数具有连续偏导数，则复合函数

$$z=f[\varphi(x,y),\psi(x,y)]$$

的全微分为

$$\mathrm{d}z=\frac{\partial z}{\partial x}\mathrm{d}x+\frac{\partial z}{\partial y}\mathrm{d}y.$$

但根据复合函数的链式求导法则，有

$$\frac{\partial z}{\partial x}=\frac{\partial z}{\partial u}\cdot\frac{\partial u}{\partial x}+\frac{\partial z}{\partial v}\cdot\frac{\partial v}{\partial x},\quad \frac{\partial z}{\partial y}=\frac{\partial z}{\partial u}\cdot\frac{\partial u}{\partial y}+\frac{\partial z}{\partial v}\cdot\frac{\partial v}{\partial y},$$

代入上式得

$$\begin{aligned}dz&=\left(\frac{\partial z}{\partial u}\cdot\frac{\partial u}{\partial x}+\frac{\partial z}{\partial v}\cdot\frac{\partial v}{\partial x}\right)dx+\left(\frac{\partial z}{\partial u}\cdot\frac{\partial u}{\partial y}+\frac{\partial z}{\partial v}\cdot\frac{\partial v}{\partial y}\right)dy\\&=\frac{\partial z}{\partial u}\left(\frac{\partial u}{\partial x}dx+\frac{\partial u}{\partial y}dy\right)+\frac{\partial z}{\partial v}\left(\frac{\partial v}{\partial x}dx+\frac{\partial v}{\partial y}dy\right)\\&=\frac{\partial z}{\partial u}du+\frac{\partial z}{\partial v}dv.\end{aligned}$$

例6 设 $z=f(x^y,y+3)$，且 f 具有二阶连续偏导数，求$\frac{\partial^2 z}{\partial x\partial y}$.

解 设 $u=x^y,v=y+3$，则

$$\frac{\partial z}{\partial x}=\frac{\partial f}{\partial u}\cdot\frac{\partial u}{\partial x}+\frac{\partial f}{\partial v}\cdot\frac{\partial v}{\partial x}=f_1'\cdot y\cdot x^{y-1}+f_2'\cdot 0=yx^{y-1}f_1',$$

所以

$$\begin{aligned}\frac{\partial^2 z}{\partial x\partial y}&=(yx^{y-1}f_1')_y'=x^{y-1}f_1'+yx^{y-1}\ln x f_1'+\left(\frac{\partial f_1'}{\partial u}\frac{\partial u}{\partial y}+\frac{\partial f_1'}{\partial v}\frac{\partial v}{\partial y}\right)yx^{y-1}\\&=x^{y-1}f_1'+yx^{y-1}\ln x f_1'+yx^{y-1}(f_{11}''x^y\ln x+f_{12}'').\end{aligned}$$

例7 设 $u=e^{x^2+y^2+z^2}$，$z=x^2\sin y$，求$\frac{\partial u}{\partial x},\frac{\partial u}{\partial y}$.

解 根据一阶全微分的形式不变性，得

$$\begin{aligned}du&=e^{x^2+y^2+z^2}d(x^2+y^2+z^2)=e^{x^2+y^2+z^2}(2x\,dx+2y\,dy+2z\,dz)\\&=e^{x^2+y^2+z^2}[2x\,dx+2y\,dy+2z(2x\sin y\,dx+x^2\cos y\,dy)]\\&=e^{x^2+y^2+z^2}[(2x+4xz\sin y)dx+(2y+2x^2z\cos y)dy],\end{aligned}$$

故

$$\frac{\partial u}{\partial x}=e^{x^2+y^2+z^2}(2x+4xz\sin y),$$

$$\frac{\partial u}{\partial y}=e^{x^2+y^2+z^2}(2y+2x^2z\cos y).$$

习题 9.4

1. 求下列函数的一阶偏导数：

(1) 设 $z=u^2+v^2$，其中 $u=x+y,v=x-y$；(2) 设 $z=u^2\ln v$，其中 $u=\frac{x}{y},v=3x-2y$；

(3) 设 $z=e^{x-2y}$，其中 $x=\sin t,y=t^3$；　　(4) 设 $z=\arctan(xy)$，而 $y=e^x$.

2. 设 $z=\sin(u+v),u=xy,v=x^2+y^2$，求$\frac{\partial z}{\partial x},\frac{\partial z}{\partial y}$.

3. 设 $z=\ln(x^2+y^2+1),x=2\sin t,y=3t$，求$\frac{dz}{dt}$.

4. 设 $z=u^v,u=\ln\sqrt{x^2+y^2},u=\arctan\frac{y}{x}$，求 dz.

5. 设 $z=\arctan\frac{x}{y}$，而 $x=u+v,y=u-v$，验证：

$$\frac{\partial z}{\partial u}+\frac{\partial z}{\partial v}=\frac{u-v}{u^2+v^2}.$$

6. 求下列函数的一阶偏导数(其中 f 具有一阶连续偏导数)：

(1) $u=f(x^2-y^2,\mathrm{e}^{xy})$；　　(2) $u=f\left(\frac{x}{y},\frac{y}{x}\right)$；

(3) $u=f(x,xy,xyz)$.

9.5 隐函数的求导

9.5.1 一个方程的情形

在一元函数微分法中一元隐函数求导法解决了由 $F(x,y)=0$ 确定隐函数 $y=f(x)$ 的导数的问题,现在我们由多元函数的复合函数的求导法给出了隐函数的导数公式.

定理 1(隐函数存在定理 1) 设函数 $F(x,y)$ 在点 (x_0,y_0) 的某邻域内具有连续偏导数,且 $F(x_0,y_0)=0$, $F_y(x_0,y_0)\neq 0$,则方程 $F(x,y)=0$ 在点 (x_0,y_0) 的某邻域内能唯一确定一个具有连续导数的函数 $y=f(x)$,它满足条件 $y_0=f(x_0)$,且有

$$\frac{\mathrm{d}y}{\mathrm{d}x}=-\frac{F_x}{F_y}. \tag{9.8}$$

本书对这个定理不加证明,而就式(9.8)作如下推导.

根据定理前半部分的结论,设方程 $F(x,y)=0$ 在点 (x_0,y_0) 的某邻域内确定了一个具有连续导数的隐函数 $y=f(x)$,则对于 $f(x)$ 定义域中的所有 x,有

$$F[x,f(x)]\equiv 0,$$

其左端可以看作一个 x 的复合函数,求这个函数的全导数. 恒等式两端求导后仍然相等,即得

$$\frac{\partial F}{\partial x}+\frac{\partial F}{\partial y}\cdot\frac{\mathrm{d}y}{\mathrm{d}x}=0.$$

由于 F_y 连续,且 $F_y(x_0,y_0)\neq 0$,所以存在点 (x_0,y_0) 的某个邻域,在这个邻域内 $F_y(x,y)\neq 0$,于是得

$$\frac{\mathrm{d}y}{\mathrm{d}x}=-\frac{F_x}{F_y}.$$

如果 $F(x,y)$ 的二阶偏导数也都连续,注意到 $-\frac{F_x}{F_y}$ 中的 y 仍然是 x 的函数,因而可得到二阶导数公式：

$$\begin{aligned}\frac{\mathrm{d}^2y}{\mathrm{d}x^2}&=\frac{\partial}{\partial x}\left(-\frac{F_x}{F_y}\right)+\frac{\partial}{\partial y}\left(-\frac{F_x}{F_y}\right)\cdot\frac{\mathrm{d}y}{\mathrm{d}x}\\&=-\frac{F_{xx}F_y-F_xF_{yx}}{F_y^2}-\frac{F_{xy}F_y-F_xF_{yy}}{F_y^2}\cdot\left(-\frac{F_x}{F_y}\right)\\&=-\frac{F_{xx}F_y^2-2F_{xy}F_xF_y+F_{yy}F_x^2}{F_y^3}.\end{aligned}$$

例1 验证开普勒(Kepler)方程 $y-x-\varepsilon\sin y=0(0<\varepsilon<1)$在点$(0,0)$的某邻域内能唯一确定一个具有连续导数且当 $x=0$ 时 $y=0$ 的隐函数 $y=f(x)$，并求 $f'(0)$和 $f''(0)$的值.

解 设 $F(x,y)=y-x-\varepsilon\sin y$，则 $F_x=-1, F_y=1-\varepsilon\cos y, F(0,0)=0, F_y(0,0)=1-\varepsilon\neq0$. 因此由定理1可知，方程 $y-x-\varepsilon\sin y=0$ 在点$(0,0)$的某邻域内能唯一确定一个具有连续导数且当 $x=0$ 时 $y=0$ 的函数 $y=f(x)$.

下面求这个函数的一阶及二阶导数.

$$\frac{\mathrm{d}y}{\mathrm{d}x}=-\frac{F_x}{F_y}=\frac{1}{1-\varepsilon\cos y},$$

$$\frac{\mathrm{d}^2y}{\mathrm{d}x^2}=\frac{\mathrm{d}}{\mathrm{d}x}\left(\frac{1}{1-\varepsilon\cos y}\right)=\frac{-\varepsilon\sin y\cdot y'}{(1-\varepsilon\cos y)^2}=\frac{-\varepsilon\sin y}{(1-\varepsilon\cos y)^3},$$

所以 $f'(0)=\dfrac{1}{1-\varepsilon}, f''(0)=0$.

在一定条件下，一个二元方程 $F(x,y)=0$ 可以确定一个一元隐函数 $y=f(x)$；那么一个三元方程

$$F(x,y,z)=0$$

就有可能确定一个二元隐函数. 关于这一点，有下面的定理.

定理2(隐函数存在定理2) 设函数 $F(x,y,z)$在点(x_0,y_0,z_0)的某一邻域内具有连续偏导数，且 $F(x_0,y_0,z_0)=0, F_z(x_0,y_0,z_0)\neq0$，则方程 $F(x,y,z)=0$ 在点(x_0,y_0,z_0)的某一邻域内能唯一确定一个具有连续偏导数的函数 $z=f(x,y)$，它满足条件 $z_0=f(x_0,y_0)$，并有

$$\frac{\partial z}{\partial x}=-\frac{F_x}{F_z},\quad \frac{\partial z}{\partial y}=-\frac{F_y}{F_z}. \tag{9.9}$$

本书对这个定理不加证明，而仅就式(9.9)作如下推导.

由于方程 $F(x,y,z)=0$ 确定了具有连续偏导数的二元函数 $z=f(x,y)$，那么在恒等式

$$F[x,y,f(x,y)]\equiv0$$

的两端分别对 x 和 y 求偏导数，由链式法则得

$$\frac{\partial F}{\partial x}+\frac{\partial F}{\partial z}\cdot\frac{\partial z}{\partial x}=0,\quad \frac{\partial F}{\partial y}+\frac{\partial F}{\partial z}\cdot\frac{\partial z}{\partial y}=0.$$

因为 F_z 连续且 $F_z(x_0,y_0,z_0)\neq0$，所以存在点(x_0,y_0,z_0)的某个邻域，在该邻域内 $F_z\neq0$，于是得

$$\frac{\partial z}{\partial x}=-\frac{F_x}{F_z},\quad \frac{\partial z}{\partial y}=-\frac{F_y}{F_z}.$$

例2 设由 $F\left(\dfrac{x}{z},\dfrac{y}{z}\right)=0$ 所确定的隐函数 $z=f(x,y)$，求$\dfrac{\partial z}{\partial x},\dfrac{\partial z}{\partial y}$.

解 因为

$$F_x=F_1'\frac{1}{z}+F_2'\cdot0=\frac{1}{z}\cdot F_1',$$

$$F_y=F_1'\cdot0+F_2'\cdot\frac{1}{z}=\frac{1}{z}\cdot F_2',\quad F_z=F_1'\cdot\frac{-x}{z^2}+F_2'\cdot\frac{-y}{z^2},$$

故

$$\frac{\partial z}{\partial x}=-\frac{F_x}{F_z}=-\frac{\frac{1}{z}\cdot F_1'}{F_1'\cdot\frac{-x}{z^2}+F_2'\cdot\frac{-y}{z^2}}=\frac{zF_1'}{xF_1'+yF_2'},$$

$$\frac{\partial z}{\partial y}=-\frac{F_y}{F_z}=-\frac{\frac{1}{z}\cdot F_2'}{F_1'\cdot\frac{-x}{z^2}+F_2'\cdot\frac{-y}{z^2}}=\frac{zF_2'}{xF_1'+yF_2'}.$$

例 3 设 $z^3-3xyz=1$，求$\frac{\partial z}{\partial x}$，$\frac{\partial z}{\partial y}$及$\frac{\partial^2 z}{\partial x\partial y}$.

解 设 $F(x,y,z)=z^3-3xyz-1$，则

$$F_x=-3yz,\quad F_y=-3xz,\quad F_z=3(z^2-xy),$$

从而，当 $z^2-xy\neq 0$ 时，有

$$\frac{\partial z}{\partial x}=-\frac{F_x}{F_z}=-\frac{-3yz}{3(z^2-xy)}=\frac{yz}{z^2-xy}.$$

同理，得

$$\frac{\partial z}{\partial y}=\frac{xz}{z^2-xy},$$

$$\frac{\partial^2 z}{\partial x\partial y}=\frac{\partial}{\partial y}\left(\frac{yz}{z^2-xy}\right)=\frac{\left(z+y\frac{\partial z}{\partial y}\right)(z^2-xy)-yz\left(2z\frac{\partial z}{\partial y}-x\right)}{(z^2-xy)^2}$$

$$=\frac{\left(z+\frac{xyz}{z^2-xy}\right)(z^2-xy)-yz\left(\frac{2xz^2}{z^2-xy}-x\right)}{(z^2-xy)^2}$$

$$=\frac{z(z^4-2xyz^2-x^2y^2)}{(z^2-xy)^3}.$$

*9.5.2 由方程组确定的隐函数的导数

下面我们将隐函数求导方法推广到方程组的情形. 例如，对方程组

$$\begin{cases}F(x,y,u,v)=0,\\ G(x,y,u,v)=0\end{cases}$$

来说，4 个变量 x,y,u,v 中通常只能有两个变量独立变化，因此方程组就有可能确定两个二元函数，比如 $u=u(x,y)$，$v=v(x,y)$. 关于这样的二元函数是否存在，它们的性质如何，我们有下面的定理.

定理 3(隐函数存在定理 3) 设函数 $F(x,y,u,v)$，$G(x,y,u,v)$在点(x_0,y_0,u_0,v_0)的某邻域内对各个变量具有连续的偏导数，又 $F(x_0,y_0,u_0,v_0)=0$，$G(x_0,y_0,u_0,v_0)=0$，且偏导数所组成的函数行列式(或称雅可比(Jacobi)式)

$$J=\frac{\partial(F,G)}{\partial(u,v)}=\begin{vmatrix}\frac{\partial F}{\partial u} & \frac{\partial F}{\partial v}\\ \frac{\partial G}{\partial u} & \frac{\partial G}{\partial v}\end{vmatrix}$$

在点(x_0,y_0,u_0,v_0)不等于零. 则方程组$\begin{cases}F(x,y,u,v)=0,\\ G(x,y,u,v)=0\end{cases}$在点$(x_0,y_0,u_0,v_0)$的某邻域内能唯一确定一对具有连续偏导数的函数$u=u(x,y)$,$v=v(x,y)$,它们满足条件$u_0=u(x_0,y_0)$,$v_0=v(x_0,y_0)$,并有

$$\begin{cases}\dfrac{\partial u}{\partial x}=-\dfrac{1}{J}\cdot\dfrac{\partial(F,G)}{\partial(x,v)}=-\dfrac{\begin{vmatrix}F_x & F_v\\ G_x & G_v\end{vmatrix}}{\begin{vmatrix}F_u & F_v\\ G_u & G_v\end{vmatrix}},\\ \dfrac{\partial v}{\partial x}=-\dfrac{1}{J}\cdot\dfrac{\partial(F,G)}{\partial(u,x)}=-\dfrac{\begin{vmatrix}F_u & F_x\\ G_u & G_x\end{vmatrix}}{\begin{vmatrix}F_u & F_v\\ G_u & G_v\end{vmatrix}},\\ \dfrac{\partial u}{\partial y}=-\dfrac{1}{J}\cdot\dfrac{\partial(F,G)}{\partial(y,v)}=-\dfrac{\begin{vmatrix}F_y & F_v\\ G_y & G_v\end{vmatrix}}{\begin{vmatrix}F_u & F_v\\ G_u & G_v\end{vmatrix}},\\ \dfrac{\partial v}{\partial y}=-\dfrac{1}{J}\cdot\dfrac{\partial(F,G)}{\partial(u,y)}=-\dfrac{\begin{vmatrix}F_u & F_y\\ G_u & G_y\end{vmatrix}}{\begin{vmatrix}F_u & F_v\\ G_u & G_v\end{vmatrix}}.\end{cases} \tag{9.10}$$

式(9.10)推导如下.

由于

$$\begin{cases}F[x,y,u(x,y),v(x,y)]\equiv 0,\\ G[x,y,u(x,y),v(x,y)]\equiv 0,\end{cases}$$

将恒等式两边分别对x求偏导数,应用复合函数的链式求导法则得到

$$\begin{cases}F_x+F_u\dfrac{\partial u}{\partial x}+F_v\dfrac{\partial v}{\partial x}=0,\\ G_x+G_u\dfrac{\partial u}{\partial x}+G_v\dfrac{\partial v}{\partial x}=0.\end{cases}$$

这是关于$\dfrac{\partial u}{\partial x},\dfrac{\partial v}{\partial x}$的线性方程组,由定理条件知在点$(x_0,y_0,u_0,v_0)$的某邻域内,系数行列式

$$J=\begin{vmatrix}F_u & F_v\\ G_u & G_v\end{vmatrix}\neq 0,$$

从而可解出$\dfrac{\partial u}{\partial x},\dfrac{\partial v}{\partial x}$,得

$$\frac{\partial u}{\partial x}=-\frac{1}{J}\cdot\frac{\partial(F,G)}{\partial(x,v)},\quad \frac{\partial v}{\partial x}=-\frac{1}{J}\cdot\frac{\partial(F,G)}{\partial(u,x)}.$$

同理可得

$$\frac{\partial u}{\partial y}=-\frac{1}{J}\cdot\frac{\partial(F,G)}{\partial(y,v)},\quad \frac{\partial v}{\partial y}=-\frac{1}{J}\cdot\frac{\partial(F,G)}{\partial(u,y)}.$$

例 4 设 $xu-yv=0,yu+xv=1$，求$\frac{\partial u}{\partial x},\frac{\partial u}{\partial y},\frac{\partial v}{\partial x}$和$\frac{\partial v}{\partial y}$.

解 将所给方程的两边对 x 求导并移项，得

$$\begin{cases}x\dfrac{\partial u}{\partial x}-y\dfrac{\partial v}{\partial x}=-u,\\ y\dfrac{\partial u}{\partial x}+x\dfrac{\partial v}{\partial x}=-v.\end{cases}$$

在 $J=\begin{vmatrix}x & -y\\ y & x\end{vmatrix}=x^2+y^2\neq 0$ 的条件下，有

$$\frac{\partial u}{\partial x}=\frac{\begin{vmatrix}-u & -y\\ -v & x\end{vmatrix}}{\begin{vmatrix}x & -y\\ y & x\end{vmatrix}}=-\frac{xu+yv}{x^2+y^2},$$

$$\frac{\partial v}{\partial x}=\frac{\begin{vmatrix}x & -u\\ y & -v\end{vmatrix}}{\begin{vmatrix}x & -y\\ y & x\end{vmatrix}}=\frac{yu-xv}{x^2+y^2}.$$

将所给方程的两边对 y 求导. 用同样的方法在 $J=x^2+y^2\neq 0$ 的条件下可得

$$\frac{\partial u}{\partial y}=\frac{xv-yu}{x^2+y^2},\quad \frac{\partial v}{\partial y}=-\frac{xu+yv}{x^2+y^2}.$$

例 5 设函数 $x=u^2+v^2,y=u^3-v^3$，求$\frac{\partial u}{\partial x},\frac{\partial v}{\partial x},\frac{\partial u}{\partial y}$和$\frac{\partial v}{\partial y}$.

解 将方程组$\begin{cases}x=u^2+v^2,\\ y=u^3-v^3\end{cases}$两边求关于 x 的偏导数（此时 u,v 为 x 的函数，y 为常数），从而

$$\begin{cases}1=2u\dfrac{\partial u}{\partial x}+2v\dfrac{\partial v}{\partial x},\\ 0=3u^2\dfrac{\partial u}{\partial x}-3v^2\dfrac{\partial v}{\partial x}.\end{cases}$$

解得

$$\frac{\partial u}{\partial x}=\frac{v}{2u(u+v)},\quad \frac{\partial v}{\partial x}=\frac{u}{2v(u+v)}.$$

同理可求得

$$\frac{\partial u}{\partial y}=\frac{v}{u(u+v)},\quad \frac{\partial v}{\partial y}=\frac{u}{v(u+v)}.$$

习题 9.5

1. 求下列方程所确定的隐函数 y 的一阶导数与二阶导数：

(1) $\ln\sqrt{x^2+y^2}=\arctan\dfrac{y}{x}$；(2) $2=\arctan\dfrac{y}{x}$.

2. 求下列方程所确定的隐函数 z 的一阶偏导数：

(1) $\dfrac{x}{z}=\ln\dfrac{z}{y}$；(2) $x^2-2y^2+z^2-4x+2z-5=0$.

3. 设 $w=xy^2z^3$，而 x,y,z 又同时满足方程

$$x^2+y^2+z^2-3xyz=0.$$

(1) 设 z 是由上式所确定的隐函数，求 $w_x(1,1,1)$；

(2) 设 y 是由上式所确定的隐函数，求 $w_x(1,1,1)$.

4. 求下列方程组所确定的隐函数的导数：

(1) $\begin{cases}xu+yv=0,\\yu+xv=1,\end{cases}$ 求 $\dfrac{\partial u}{\partial x},\dfrac{\partial v}{\partial y}$；

(2) $\begin{cases}u+v=x+y,\\xu+yv=1=y\end{cases}$ 确定 $u=u(x,y),v=v(x,y)$，求 $\dfrac{\partial u}{\partial x},\dfrac{\partial u}{\partial y},\dfrac{\partial v}{\partial x},\dfrac{\partial v}{\partial y}$.

5. 设函数 $y=y(x)$ 和 $z=z(x)$ 为下列方程组 $\begin{cases}z=xf(x+y),\\F(x,y,z)=0\end{cases}$ 确定的隐函数，其中 f 和 F 分别有连续一阶导数和偏导数，求 $\dfrac{\mathrm{d}z}{\mathrm{d}x}$.

9.6 多元函数微分的几何应用

本节利用多元函数微分理论，讨论曲线的切线和法平面、曲面的切平面和法线.

9.6.1 空间曲线的切线与法平面

情形1 设空间曲线 Γ 的参数方程为

$$x=x(t),\quad y=y(t),\quad z=z(t),$$

其中 $x'(t),y'(t),z'(t)$ 存在且不同时为零.

在曲线 Γ 上取对应 $t=t_0$ 的一点 $P_0(x_0,y_0,z_0)$ 及对应于 $t=t_0+\Delta t$ 的临近一点 $P(x_0+\Delta x,y_0+\Delta y,z_0+\Delta z)$，则曲线的割线 P_0P 的方程为

$$\frac{x-x_0}{\Delta x}=\frac{y-y_0}{\Delta y}=\frac{z-z_0}{\Delta z},$$

用 Δt 去除上式各分母，得

$$\frac{x-x_0}{\frac{\Delta x}{\Delta t}}=\frac{y-y_0}{\frac{\Delta y}{\Delta t}}=\frac{z-z_0}{\frac{\Delta z}{\Delta t}}.$$

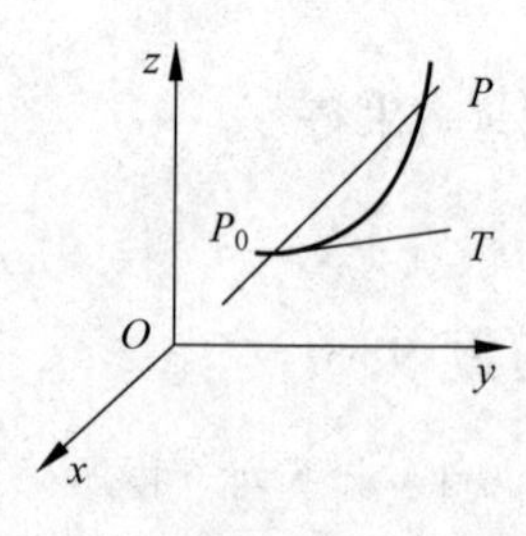

图 9.3

当点 P 沿着曲线 Γ 趋于点 P_0 时，割线 P_0P 的极限位置 P_0T 就是曲线 Γ 在点 P_0 处的切线(图9.3). 令 $P\to P_0$（这时 $\Delta t\to 0$），对上式取极限，就得到曲线 Γ 在点 P_0 处的切线方程为

$$\frac{x-x_0}{x'(t_0)}=\frac{y-y_0}{y'(t_0)}=\frac{z-z_0}{z'(t_0)}. \tag{9.11}$$

这里要求 $x'(t_0),y'(t_0),z'(t_0)$不全为零,如果有个别为零,则应按照空间解析几何中有关直线的对称式方程的说明来理解.

切线的方向向量称为曲线的切向量. 向量 $\boldsymbol{T}=\{x'(t_0),y'(t_0),z'(t_0)\}$就是曲线 Γ 在点 P_0 处的一个切向量.

通过点 P_0 而与切线垂直的平面称为曲线 Γ 在点 P_0 处的**法平面**. 显然它是通过点 $P_0(x_0,y_0,z_0)$且以 $\boldsymbol{T}$ 为法向量的平面,因此这个法平面的方程为

$$x'(t_0)(x-x_0)+y'(t_0)(y-y_0)+z'(t_0)(z-z_0)=0. \tag{9.12}$$

例 1 求曲线 $x=t,y=t^2,z=t^3$ 在点(1,1,1)处的切线及法平面方程.

解 因为 $x_t'=1,y_t'=2t,z_t'=t^3$,而点(1,1,1)所对应的参数 $t=1$,所以

$$\boldsymbol{T}=\{1,2,3\},$$

于是,曲线在点(1,1,1)处的切线方程为

$$\frac{x-1}{1}=\frac{y-1}{2}=\frac{z-1}{3},$$

法平面方程为

$$x-1+2(y-1)+3(z-1)=0,$$

即

$$x+2y+3z=6.$$

情形 2 空间曲线 Γ 的方程由

$$y=y(x),\quad z=z(x)$$

的形式给出,此时可以把它看成以 x 作为参数的参数方程的形式:

$$x=x,\quad y=y(x),\quad z=z(x).$$

设 $y(x),z(x)$在 $x=x_0$ 处可导,则曲线 Γ 在点 $P_0(x_0,y_0,z_0)$处的切向量为

$$\boldsymbol{T}=\{1,y'(x_0),z'(x_0)\},$$

因此曲线 Γ 在点 $P_0(x_0,y_0,z_0)$处的切线方程为

$$\frac{x-x_0}{1}=\frac{y-y_0}{y'(x_0)}=\frac{z-z_0}{z'(x_0)}, \tag{9.13}$$

其中 $y_0=y(x_0),z_0=z(x_0)$. 曲线 Γ 在点 $P_0(x_0,y_0,z_0)$处的法平面方程为

$$(x-x_0)+y'(x_0)(y-y_0)+z'(x_0)(z-z_0)=0. \tag{9.14}$$

情形 3 空间曲线 Γ 的方程由一般形式

$$\begin{cases}F(x,y,z)=0,\\ G(x,y,z)=0\end{cases} \tag{9.15}$$

给出.

设 $P_0(x_0,y_0,z_0)$是曲线 Γ 上一点,F,G 对各变量具有连续的偏导数,且雅可比行列式

$$\left.\frac{\partial(F,G)}{\partial(y,z)}\right|_{(x_0,y_0,z_0)}\neq 0,$$

则根据隐函数存在定理,方程组(9.15)在点 P_0 的某邻域内确定了一组可微函数 $y=y(x)$,$z=z(x)$. 为了求出曲线 Γ 在点 P_0 处的切线方程和法平面方程,只需求出 $y'(x_0),z'(x_0)$. 为此在方程组(9.15)的两边分别对 x 求全导数,注意 y,z 是 x 的函数,得

$$\begin{cases}F_x+F_y\dfrac{\mathrm{d}y}{\mathrm{d}x}+F_z\dfrac{\mathrm{d}z}{\mathrm{d}x}=0,\\G_x+G_y\dfrac{\mathrm{d}y}{\mathrm{d}x}+G_z\dfrac{\mathrm{d}z}{\mathrm{d}x}=0,\end{cases}$$

即
$$\begin{cases}F_y\dfrac{\mathrm{d}y}{\mathrm{d}x}+F_z\dfrac{\mathrm{d}z}{\mathrm{d}x}=-F_x,\\G_y\dfrac{\mathrm{d}y}{\mathrm{d}x}+G_z\dfrac{\mathrm{d}z}{\mathrm{d}x}=-G_x.\end{cases}$$

由假设得，在点 P_0 的某邻域内有 $J=\dfrac{\partial(F,G)}{\partial(y,z)}\neq0$，从而可解出

$$\frac{\mathrm{d}y}{\mathrm{d}x}=\frac{\begin{vmatrix}-F_x & F_z\\-G_x & G_z\end{vmatrix}}{\begin{vmatrix}F_y & F_z\\G_y & G_z\end{vmatrix}}=\frac{\begin{vmatrix}F_z & F_x\\G_z & G_x\end{vmatrix}}{\begin{vmatrix}F_y & F_z\\G_y & G_z\end{vmatrix}}=\frac{1}{J}\frac{\partial(F,G)}{\partial(z,x)},$$

$$\frac{\mathrm{d}z}{\mathrm{d}x}=\frac{\begin{vmatrix}F_y & -F_x\\G_y & -G_x\end{vmatrix}}{\begin{vmatrix}F_y & F_z\\G_y & G_z\end{vmatrix}}=\frac{\begin{vmatrix}F_x & F_y\\G_x & G_y\end{vmatrix}}{\begin{vmatrix}F_y & F_z\\G_y & G_z\end{vmatrix}}=\frac{1}{J}\frac{\partial(F,G)}{\partial(x,y)}.$$

则曲线 Γ 在点 P_0 处的切向量为

$$T=\left\{1,\frac{1}{J}\frac{\partial(F,G)}{\partial(z,x)}\bigg|_{P_0},\frac{1}{J}\frac{\partial(F,G)}{\partial(x,y)}\bigg|_{P_0}\right\}$$

或
$$T=\left\{\frac{\partial(F,G)}{\partial(y,z)}\bigg|_{P_0},\frac{\partial(F,G)}{\partial(z,x)}\bigg|_{P_0},\frac{1}{J}\frac{\partial(F,G)}{\partial(x,y)}\bigg|_{P_0}\right\}.$$

因此，曲线 Γ 在点 $P_0(x_0,y_0,z_0)$ 处的切线方程为

$$\frac{x-x_0}{\dfrac{\partial(F,G)}{\partial(y,z)}\bigg|_{P_0}}=\frac{y-y_0}{\dfrac{\partial(F,G)}{\partial(z,x)}\bigg|_{P_0}}=\frac{z-z_0}{\dfrac{\partial(F,G)}{\partial(x,y)}\bigg|_{P_0}},\tag{9.16}$$

法平面为

$$\frac{\partial(F,G)}{\partial(y,z)}\bigg|_{P_0}(x-x_0)+\frac{\partial(F,G)}{\partial(z,x)}\bigg|_{P_0}(y-y_0)+\frac{\partial(F,G)}{\partial(x,y)}\bigg|_{P_0}(z-z_0)=0.\tag{9.17}$$

例2 求曲线 $x^2+y^2+z^2=6,x+y+z=0$ 在点 $(1,-2,1)$ 处的切线方程及法平面方程.

解 令 $F(x,y,z)=x^2+y^2+z^2-6,G(x,y,z)=x+y+z$，

则
$$\frac{\partial(F,G)}{\partial(y,z)}\bigg|_{(1,-2,1)}=\begin{vmatrix}2y & 2z\\1 & 1\end{vmatrix}_{(1,-2,1)}=2(y-z)\big|_{(1,-2,1)}=-6,$$

$$\frac{\partial(F,G)}{\partial(z,x)}\bigg|_{(1,-2,1)}=\begin{vmatrix}2z & 2x\\1 & 1\end{vmatrix}_{(1,-2,1)}=2(z-x)\big|_{(1,-2,1)}=0,$$

$$\frac{\partial(F,G)}{\partial(x,y)}\bigg|_{(1,-2,1)}=\begin{vmatrix}2x & 2y\\1 & 1\end{vmatrix}_{(1,-2,1)}=2(x-y)\big|_{(1,-2,1)}=6.$$

因此,切线方程为

$$\frac{x-1}{-6}=\frac{y+2}{0}=\frac{z-1}{6},$$

即

$$\begin{cases}x+z-2=0,\\ y=-2;\end{cases}$$

法平面方程为

$$-6(x-1)+0(y+2)+6(z-1)=0,$$

即
$$x-z=0.$$

9.6.2 曲面的切平面与法线

若曲面 Σ 上过点 P_0 的所有曲线在点 P_0 处的切线都在同一平面上,则称此平面为曲面 Σ 在点 P_0 处的**切平面**.

情形1 设曲面 Σ 的方程为 $F(x,y,z)=0$,$P_0(x_0,y_0,z_0)$ 是曲面 Σ 上一点,函数 $F(x,y,z)$ 在点 $P_0(x_0,y_0,z_0)$ 处具有一阶连续偏导数,且 $F_x(x_0,y_0,z_0)$,$F_y(x_0,y_0,z_0)$,$F_z(x_0,y_0,z_0)$ 不同时为零. 在上述假设下我们证明曲面 Σ 在点 P_0 处的切平面存在,并求出切平面方程.

在曲面 Σ 上任取一条过点 P_0 的曲线 Γ,设其参数方程为

$$x=x(t),\quad y=y(t),\quad z=z(t),\tag{9.18}$$

$t=t_0$ 对应于点 $P_0(x_0,y_0,z_0)$,且 $x'(t_0)$,$y'(t_0)$,$z'(t_0)$ 不同时为零,则曲线 Γ 在点 P_0 处的切向量为

$$\boldsymbol{T}=\{x'(t_0),y'(t_0),z'(t_0)\}.$$

另一方面,由于曲线 Γ 在曲面 Σ 上,所以得恒等式

$$F[x(t),y(t),z(t)]\equiv 0.$$

由全导数公式得

$$\left.\frac{\mathrm{d}F}{\mathrm{d}t}\right|_{t=0}=\left.\left(\frac{\partial F}{\partial x}\frac{\mathrm{d}x}{\mathrm{d}t}+\frac{\partial F}{\partial y}\frac{\mathrm{d}y}{\mathrm{d}t}+\frac{\partial F}{\partial z}\frac{\mathrm{d}z}{\mathrm{d}t}\right)\right|_{t=t_0}=0,$$

即
$$F_x(x_0,y_0,z_0)x'(t_0)+F_y(x_0,y_0,z_0)y'(t_0)+F_z(x_0,y_0,z_0)z'(t_0)=0.\tag{9.19}$$

若记向量

$$\boldsymbol{n}=\{F_x(x_0,y_0,z_0),F_y(x_0,y_0,z_0),F_z(x_0,y_0,z_0)\},$$

则式(9.19)可写成 $\boldsymbol{n}\cdot\boldsymbol{T}=0$,即 $\boldsymbol{n}$ 与 $\boldsymbol{T}$ 互相垂直. 因为曲线(9.18)是曲面 Σ 通过点 P_0 的任意一条曲线,它们在点 P_0 处的切线都与同一个向量 $\boldsymbol{n}$ 垂直,所以曲面上通过点 P_0 的一切曲线在点 P_0 的切线都在同一个平面上. 该平面就是曲面 Σ 在点 P_0 处的切平面. 切平面的方程为

$$F_x(x_0,y_0,z_0)(x-x_0)+F_y(x_0,y_0,z_0)(y-y_0)+F_z(x_0,y_0,z_0)(z-z_0)=0.\tag{9.20}$$

过点 P_0 且与切平面垂直的直线称为曲面在该点的法线. 由解析几何知法线的方程为

$$\frac{x-x_0}{F_x(x_0,y_0,z_0)}=\frac{y-y_0}{F_y(x_0,y_0,z_0)}=\frac{z-z_0}{F_z(x_0,y_0,z_0)}.\tag{9.21}$$

曲面 Σ 在 P_0 点的切平面的法向量也称为曲面 Σ 在 P_0 点的法向量. 向量

$$\boldsymbol{n}=\{F_x(x_0,y_0,z_0),F_y(x_0,y_0,z_0),F_z(x_0,y_0,z_0)\}$$

就是曲面 Σ 在 P_0 点处的一个法向量.

情形 2 如果曲面 Σ 的方程由 $z=f(x,y)$ 的形式给出,则令

$$F(x,y,z)=f(x,y)-z,$$

这时有

$$F_x(x,y,z)=f_x(x,y),\quad F_y(x,y,z)=f_y(x,y),\quad F_y(x,y,z)=-1.$$

于是,当函数 $f(x,y)$ 的偏导数 $f_x(x,y),f_y(x,y)$ 在点 (x_0,y_0) 处连续时,曲面 Σ 在点 $P_0(x_0,y_0,z_0)$ 的切平面方程为

$$z-z_0=f_x(x_0,y_0)(x-x_0)+f_y(x_0,y_0)(y-y_0),\tag{9.22}$$

法线方程为

$$\frac{x-x_0}{f_x(x_0,y_0)}=\frac{y-y_0}{f_y(x_0,y_0)}=\frac{z-z_0}{-1},\tag{9.23}$$

曲面 Σ 在 $P_0(x_0,y_0,z_0)$ 处的一个法向量为

$$\boldsymbol{n}=\{-f_x(x_0,y_0),-f_y(x_0,y_0),1\}.$$

如果用 α,β,γ 表示曲面的法向量的方向角,并假设法向量与 z 轴正向夹角 γ 为锐角(即法向量的方向是向上的),则法向量的方向余弦为

$$\cos\alpha=\frac{-f_x(x_0,y_0)}{\sqrt{1+f_x^2(x_0,y_0)+f_y^2(x_0,y_0)}},$$

$$\cos\beta=\frac{-f_y(x_0,y_0)}{\sqrt{1+f_x^2(x_0,y_0)+f_y^2(x_0,y_0)}},$$

$$\cos\gamma=\frac{1}{\sqrt{1+f_x^2(x_0,y_0)+f_y^2(x_0,y_0)}}.$$

情形 3 曲面 Σ 的方程为参数形式:

$$x=x(u,v),\quad y=y(u,v),\quad z=z(u,v).$$

如果 $x=x(u,v),y=y(u,v)$ 决定了两个函数:

$$u=u(x,y),\quad v=v(x,y).$$

则可以将 z 看作 x,y 的函数,即 $z=z(u(x,y),v(x,y))$. 这样就转化为情形 2 了,我们只需要求出 $\frac{\partial z}{\partial x},\frac{\partial z}{\partial y}$.

将 $z=z(u,v)$ 分别对 u,v 求导,并注意到 z 为 x,y 的函数,按隐函数求导法则有

$$\begin{cases}\dfrac{\partial z}{\partial u}=\dfrac{\partial z}{\partial x}\dfrac{\partial x}{\partial u}+\dfrac{\partial z}{\partial y}\dfrac{\partial y}{\partial u},\\[2ex]\dfrac{\partial z}{\partial v}=\dfrac{\partial z}{\partial x}\dfrac{\partial x}{\partial v}+\dfrac{\partial z}{\partial y}\dfrac{\partial y}{\partial v},\end{cases}$$

解方程可得

$$\frac{\partial z}{\partial x}=-\frac{\dfrac{\partial(y,z)}{\partial(u,v)}}{\dfrac{\partial(x,y)}{\partial(u,v)}},\quad \frac{\partial z}{\partial y}=-\frac{\dfrac{\partial(z,x)}{\partial(u,v)}}{\dfrac{\partial(x,y)}{\partial(u,v)}},$$

于是得切平面的法向量为

$$\left\{\frac{\partial(y,z)}{\partial(u,v)},\frac{\partial(z,x)}{\partial(u,v)},\frac{\partial(x,y)}{\partial(u,v)}\right\}.$$

则曲面 Σ 在点 $P_0(x_0,y_0,z_0)$ 的切平面方程为

$$\left.\frac{\partial(y,z)}{\partial(u,v)}\right|_{P_0}(x-x_0)+\left.\frac{\partial(z,x)}{\partial(u,v)}\right|_{P_0}(y-y_0)+\left.\frac{\partial(x,y)}{\partial(u,v)}\right|_{P_0}(z-z_0)=0, \tag{9.24}$$

法线方程为

$$\frac{x-x_0}{\left.\frac{\partial(y,z)}{\partial(u,v)}\right|_{P_0}}=\frac{y-y_0}{\left.\frac{\partial(z,x)}{\partial(u,v)}\right|_{P_0}}=\frac{z-z_0}{\left.\frac{\partial(x,y)}{\partial(u,v)}\right|_{P_0}}. \tag{9.25}$$

例 3 求旋转抛物面 $z=x^2+y^2$ 在点(1,2,5)的切平面与法线方程.

解 记

$$F(x,y,z)=x^2+y^2-z,$$

则

$$\boldsymbol{n}=(F'_x(1,2,5),F'_y(1,2,5),F'_z(1,2,5))=(2,4,-1),$$

于是曲面在点(1,2,5)的切平面方程为

$$2(x-1)+4(y-2)-(z-5)=0,$$

法线方程为

$$\frac{x-1}{2}=\frac{y-2}{4}=\frac{z-5}{-1}.$$

例 4 求曲面 $z-3e^z+2xy=1-2xz$ 在点(1,2,0)的切平面与法线方程.

解 曲面方程改写为

$$F(x,y,z)=z-3e^z+2xy+2xz-1=0,$$

则 $$F_x=2y+2z,\quad F_y=2x,\quad F_z=1-3e^z+2x,$$

在点(1,2,0)处有法向量 $\boldsymbol{n}=(4,2,0)$,所求切平面方程为

$$4(x-1)+2(y-2)=0,$$

即 $$2x+y=4,$$

法线方程为

$$\frac{x-1}{2}=\frac{y-2}{1}=\frac{z}{0}.$$

例 5 求正螺旋曲面 $x=u\cos v,y=u\sin v,z=av$ 在点 $u=\sqrt{2},v=\frac{\pi}{4}$ 的切平面与法线方程,其中常数 $a\neq 0$.

解 当 $u=\sqrt{2},v=\frac{\pi}{4}$ 时,$x=1,y=1,z=\frac{a\pi}{4}$,切平面的法向量为

$$\left\{\frac{\partial(y,z)}{\partial(u,v)},\frac{\partial(z,x)}{\partial(u,v)},\frac{\partial(x,y)}{\partial(u,v)}\right\}_{(\sqrt{2},\frac{\pi}{4})},$$

其中

$$\frac{\partial(y,z)}{\partial(u,v)}=\begin{vmatrix}\frac{\partial y}{\partial u} & \frac{\partial y}{\partial v}\\ \frac{\partial z}{\partial u} & \frac{\partial z}{\partial v}\end{vmatrix}=\begin{vmatrix}\sin v & u\cos v\\ 0 & a\end{vmatrix}=a\sin v,$$

$$\frac{\partial(z,x)}{\partial(u,v)}=\begin{vmatrix}\frac{\partial z}{\partial u} & \frac{\partial z}{\partial v}\\ \frac{\partial x}{\partial u} & \frac{\partial x}{\partial v}\end{vmatrix}=\begin{vmatrix}0 & a\\ \cos v & -u\sin v\end{vmatrix}=-a\cos v,$$

$$\frac{\partial(x,y)}{\partial(u,v)}=\begin{vmatrix}\frac{\partial x}{\partial u} & \frac{\partial x}{\partial v}\\ \frac{\partial y}{\partial u} & \frac{\partial y}{\partial v}\end{vmatrix}=\begin{vmatrix}\cos v & -u\sin v\\ \sin v & u\cos v\end{vmatrix}=u^2.$$

将 $u=\sqrt{2}, v=\frac{\pi}{4}$ 代入上三式，可得曲面在点 $\left((1,1,\frac{a\pi}{4}\right)$ 处的法向量为

$$(a\sin v,-a\cos v,u^2)\Big|_{(\sqrt{2},\frac{\pi}{4})}=(a,-a,2),$$

故所求的切面方程为

$$a(x-1)-a(y-1)+2\left(z-\frac{a\pi}{4}\right)=0,$$

相应的法线方程为

$$\frac{x-1}{a}=\frac{y-1}{-a}=\frac{z-\frac{a\pi}{4}}{2}.$$

习题 9.6

1. 求曲线 $x=\frac{t}{1+t}, y=\frac{1+t}{t}, z=t^2$ 在对应于 $t_0=1$ 的点处的切线和法平面方程.

2. 求曲线 $y^2=2mx, z^2=m-x$ 在点 $P_0(x_0,y_0,z_0)$ 处的切线和法平面方程.

3. 求曲线 $\begin{cases}x^2+y^2+z^2-3x=0,\\ 2x-3y+5z-4=0\end{cases}$ 在点(1,1,1)处的切线和法平面方程.

4. 求抛物面 $z=x^2+y^2$ 与抛物柱面 $y=x^2$ 的交线上的点 $P(1,1,2)$ 处的切线方程和法平面方程.

5. 求曲面 $\frac{x^2}{4}+\frac{y^2}{1}+\frac{z^2}{9}=3$ 上点 $P(2,-1,3)$ 处的切平面方程和法线方程.

6. 求曲面 $x^2+y^2+z^2=x$ 垂直于平面 $x-y-\frac{1}{2}z=2$ 和 $x-y-z=2$ 的切平面方程.

7. 求曲面 $z=xy$ 垂直于平面 $x+3y+z+9=0$ 的法线方程.

8. 求曲面 $x^2+2y^2+z^2=22$ 平行于直线 $\begin{cases}x+3y+z=0,\\ x+y=0\end{cases}$ 的法线方程.

9.7 方向导数与梯度

9.7.1 方向导数

1. 方向导数的概念

函数 $f(x,y)$ 在点 $P_0(x_0,y_0)$ 的偏导数 $f_x(x_0,y_0)$，$f_y(x_0,y_0)$ 反映的是函数沿坐标

轴方向的变化率.在许多实际问题中,还需要考虑函数沿其他方向的变化率.如要预报某地的风速(风力与风向),就必须知道气压在该处沿某些方向的变化率.因此,我们有必要讨论多元函数在某点沿指定方向的变化率问题,即方向导数.

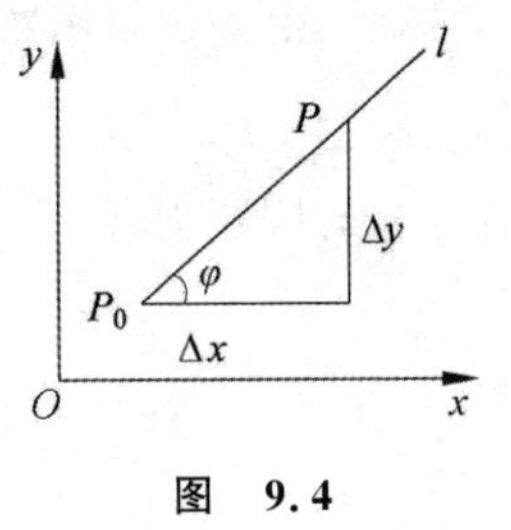

图 9.4

定义 1 设函数 $z=f(x,y)$ 在点 $P_0(x_0,y_0)$ 的某一邻域内有定义,l 为自点 $P_0(x_0,y_0)$ 引出的射线,l 的方向角为 $\alpha,\beta(0\leqslant\alpha,\beta\leqslant\pi)$,则 l 的单位方向向量为 $\boldsymbol{e}=(\cos\alpha,\cos\beta)$,记 $t=|PP_0|$(图 9.4),则 $P(x_0+t\cos\alpha,y_0+t\cos\beta)$ 为 l 上的另一点.如果极限

$$\lim_{t\to0}\frac{\Delta z}{t}=\lim_{t\to0^+}\frac{f(x_0+t\cos\alpha,y_0+t\cos\beta)-f(x_0,y_0)}{t} \tag{9.26}$$

存在,则称该极限值为函数 $z=f(x,y)$ 在点 $P_0(x_0,y_0)$ 处沿方向 l 的**方向导数**,记作 $\left.\dfrac{\partial f}{\partial l}\right|_{P_0}$ 或 $\left.\dfrac{\partial f}{\partial l}\right|_{(x_0,y_0)}$,即

$$\left.\frac{\partial f}{\partial l}\right|_{(x_0,y_0)}=\lim_{t\to0^+}\frac{f(x_0+t\cos\alpha,y_0+t\cos\beta)-f(x_0,y_0)}{t}.$$

由方向导数的定义可知,方向导数 $\left.\dfrac{\partial f}{\partial l}\right|_{(x_0,y_0)}$ 就是函数 $z=f(x,y)$ 在点 $P_0(x_0,y_0)$ 处沿方向 l 的变化率.若函数在点 $P_0(x_0,y_0)$ 的偏导数 $f_x(x_0,y_0),f_y(x_0,y_0)$ 存在,则函数在点 P_0 处沿着 x 轴正向 $l_1=\{1,0\}$,y 轴正向 $l_2=\{0,1\}$ 的方向导数都存在,且有

$$\left.\frac{\partial f}{\partial l_1}\right|_{(x_0,y_0)}=\lim_{t\to0^+}\frac{f(x_0+t,y_0)-f(x_0,y_0)}{t}=f_x(x_0,y_0),$$

$$\left.\frac{\partial f}{\partial l_2}\right|_{(x_0,y_0)}=\lim_{t\to0^+}\frac{f(x_0,y_0+t)-f(x_0,y_0)}{t}=f_y(x_0,y_0);$$

函数在点 P_0 处沿着 x 轴负向 $l_3=\{-1,0\}$,y 轴负向 $l_4=\{0,-1\}$ 的方向导数都存在,且有

$$\left.\frac{\partial f}{\partial l_3}\right|_{(x_0,y_0)}=\lim_{t\to0^+}\frac{f(x_0-t,y_0)-f(x_0,y_0)}{t}=-f_x(x_0,y_0),$$

$$\left.\frac{\partial f}{\partial l_4}\right|_{(x_0,y_0)}=\lim_{t\to0^+}\frac{f(x_0,y_0-t)-f(x_0,y_0)}{t}=-f_y(x_0,y_0).$$

若任意方向 l 的方向导数 $\dfrac{\partial f}{\partial l}$ 存在,则偏导数 $f_x(x_0,y_0),f_y(x_0,y_0)$ 未必存在.例如 $f(x,y)=\sqrt{x^2+y^2}$ 在点 $O(0,0)$ 处沿任意方向 l 的方向导数 $\left.\dfrac{\partial f}{\partial l}\right|_{(0,0)}=1$,而 $f_x(0,0)$,$f_y(0,0)$ 却不存在.

2. 方向导数的计算

直接利用定义来计算方向导数是很不方便的,下面定理给出了用偏导数计算方向导数的一个简单的公式.

定理 1 设函数 $z=f(x,y)$ 在点 $P_0(x_0,y_0)$ 处可微,那么函数在该点沿任意方向 l 的方向导数存在,且

$$\left.\frac{\partial f}{\partial l}\right|_{(x_0,y_0)}=f_x(x_0,y_0)\cos\alpha+f_y(x_0,y_0)\cos\beta, \tag{9.27}$$

其中 $\cos\alpha,\cos\beta$ 为方向 l 的方向余弦.

证 由条件及函数 $z=f(x,y)$ 在点 $P_0(x_0,y_0)$ 可微有

$$f(x_0+\Delta x,y_0+\Delta y)-f(x_0,y_0)=f'_x(x_0,y_0)\Delta x+f'_y(x_0,y_0)\Delta y+o(\sqrt{(\Delta x)^2+(\Delta y)^2}).$$

当自变量从点 $P_0(x_0,y_0)$ 沿 l 方向移动时,

$$\Delta x=h\cos\alpha,\quad \Delta y=h\cos\beta,$$

且 $\sqrt{(\Delta x)^2+(\Delta y)^2}=|h|$,所以

$$\lim_{h\to 0}\frac{f(x_0+h\cos\alpha,y_0+h\cos\beta)-f(x_0,y_0)}{h}=f'_x(x_0,y_0)\cos\alpha+f'_y(x_0,y_0)\cos\beta.$$

这就证明了方向导数存在,且式(9.27)成立. □

一般地,当函数可微时,有

$$\frac{\partial f}{\partial l}=\frac{\partial f}{\partial x}\cos\alpha+\frac{\partial f}{\partial y}\cos\beta. \tag{9.28}$$

方向导数的概念及计算公式可推广到三元及三元以上的函数. 例如三元函数 $f(x,y,z)$ 在点 $P(x_0,y_0,z_0)$ 沿方向 l(对应的单位向量为 $\boldsymbol{e}=(\cos\alpha,\cos\beta,\cos\gamma)$)的方向导数定义为

$$\left.\frac{\partial f}{\partial l}\right|_{(x_0,y_0,z_0)}=\lim_{t\to 0^+}\frac{f(x_0+t\cos\alpha,y_0+t\cos\beta,z_0+t\cos\gamma)-f(x_0,y_0,z_0)}{t}.$$

同样,当函数 $f(x,y,z)$ 可微时,函数在该点沿方向 l 的方向导数

$$\frac{\partial f}{\partial l}=\frac{\partial f}{\partial x}\cos\alpha+\frac{\partial f}{\partial y}\cos\beta+\frac{\partial f}{\partial z}\cos\gamma. \tag{9.29}$$

例 1 求函数 $z=xe^{2y}$ 在点 $P_0(1,0)$ 处沿着从点 $P_0(1,0)$ 到 $P(2,-1)$ 的方向的方向导数.

解 这里方向 l 即向量 $\{1,-1\}$ 的方向,因此 l 的方向余弦为

$$\cos\alpha=\frac{1}{\sqrt{1^2+(-1)^2}}=\frac{1}{\sqrt{2}},\quad \cos\beta=\frac{-1}{\sqrt{1^2+(-1)^2}}=-\frac{1}{\sqrt{2}},$$

又因为 $\frac{\partial z}{\partial x}=e^{2y}$, $\frac{\partial z}{\partial y}=2xe^{2y}$,于是 $\left.\frac{\partial z}{\partial x}\right|_{(1,0)}=1$, $\left.\frac{\partial z}{\partial y}\right|_{(1,0)}=2$,所以

$$\left.\frac{\partial z}{\partial l}\right|_{(1,0)}=\left.\frac{\partial z}{\partial x}\right|_{(1,0)}\cos\alpha+\left.\frac{\partial z}{\partial y}\right|_{(1,0)}\cos\beta=1\times\frac{1}{\sqrt{2}}+2\times\left(-\frac{1}{\sqrt{2}}\right)=-\frac{\sqrt{2}}{2}.$$

例 2 求函数 $f(x,y,z)=x+y^2+z^3$ 在点 $P(1,1,1)$ 处沿着方向 l 的方向导数,其中 l 的方向角分别为 $60°,45°,60°$.

解 与 l 同方向的单位向量为

$$\boldsymbol{e}_l=(\cos 60°,\cos 45°,\cos 60°)=\left(\frac{1}{2},\frac{\sqrt{2}}{2},\frac{1}{2}\right).$$

因为 $\left.\frac{\partial f}{\partial l}\right|_{(1,1,1)}=1$, $\left.\frac{\partial f}{\partial y}\right|_{(1,1,1)}=2y\Big|_{(1,1,1)}=2$, $\left.\frac{\partial f}{\partial z}\right|_{(1,1,1)}=3z^2\Big|_{(1,1,1)}=3$,

函数 $f(x,y,z)=x+y^2+z^3$ 是可微的,所以

$$\left.\frac{\partial f}{\partial l}\right|_{(1,1,1)}=1\times\frac{1}{2}+2\times\frac{\sqrt{2}}{2}+3\times\frac{1}{2}=2+\sqrt{2}.$$

9.7.2 梯度

函数在某点沿方向 l 的方向导数刻画了函数沿方向 l 的变化情况，那么函数在某点究竟沿哪一个方向增加最快呢？为此将函数 $z=f(x,y)$ 在 $P(x,y)$ 处的方向导数的公式改写为

$$\frac{\partial f}{\partial l}=\left(\frac{\partial f}{\partial x},\frac{\partial f}{\partial y}\right)\cdot(\cos\alpha,\cos\beta),$$

这里 $\boldsymbol{e}_l=(\cos\alpha,\cos\beta)$ 和 $\boldsymbol{g}=\left(\frac{\partial f}{\partial x},\frac{\partial f}{\partial y}\right)$ 为两个向量，且 $\boldsymbol{e}_l=(\cos\alpha,\cos\beta)$ 为与方向 l 一致的单位向量，于是有

$$\frac{\partial f}{\partial l}=\boldsymbol{g}\cdot\boldsymbol{e}_l=|\boldsymbol{g}|\cdot|\boldsymbol{e}_l|\cdot\cos(\boldsymbol{g},\boldsymbol{e}_l)=|\boldsymbol{g}|\cos(\boldsymbol{g},\boldsymbol{e}_l).$$

可见，$\boldsymbol{e}_l$ 与 $\boldsymbol{g}$ 的方向一致时，$\frac{\partial f}{\partial l}$ 达到最大，即函数变化最快，$\frac{\partial f}{\partial l}$ 的最大值为 $|\boldsymbol{g}|$，即

$$|\boldsymbol{g}|=\sqrt{\left(\frac{\partial f}{\partial x}\right)^2+\left(\frac{\partial f}{\partial y}\right)^2}.$$

于是给出梯度的定义.

定义 2 设 $z=f(x,y)$ 在点 $P(x,y)$ 可微，则称向量 $\left(\frac{\partial f}{\partial x},\frac{\partial f}{\partial y}\right)$ 为函数 $f(x,y)$ 在点 P 处的梯度，记作 $\mathbf{grad}\ f(x,y)$（或 ∇z），即

$$\mathbf{grad}\ f(x,y)=\left(\frac{\partial f}{\partial x},\frac{\partial f}{\partial y}\right).$$

梯度的长度（或模）为

$$|\mathbf{grad}\ f|=\sqrt{\left(\frac{\partial f}{\partial x}\right)^2+\left(\frac{\partial f}{\partial y}\right)^2}.$$

故函数 $z=f(x,y)$ 在点 P 处沿方向 l 的方向导数可写为

$$|\mathbf{grad}\ f|\cdot\cos(\widehat{\boldsymbol{e}_l,\mathbf{grad}\ f}).$$

梯度方向就是函数值增加最快的方向，或者说函数变化率最大的方向，也就是说函数 $f(x,y)$ 在点 P 处的所有方向导数（若存在）中，沿梯度方向的方向导数最大，为梯度的长度 $|\mathbf{grad}\ f|$；沿梯度反方向的方向导数最小，为 $-|\mathbf{grad}\ f|$.

类似地，可以定义三元函数的梯度. 设 $u=f(x,y,z)$ 在点 $P(x,y,z)$ 处存在偏导数 $\frac{\partial f}{\partial x},\frac{\partial f}{\partial y},\frac{\partial f}{\partial z}$，则称向量 $\left(\frac{\partial f}{\partial x},\frac{\partial f}{\partial y},\frac{\partial f}{\partial z}\right)$ 为函数 $u=f(x,y,z)$ 在点 P 处的梯度，记作 $\mathbf{grad}\ f(x,y,z)$，即

$$\mathbf{grad}\ f(x,y,z)=\left(\frac{\partial f}{\partial x},\frac{\partial f}{\partial y},\frac{\partial f}{\partial z}\right).$$

例 3 函数 $u=xy^2z$ 在点 $P(1,-1,2)$ 处沿什么方向的方向导数最大？求此方向导数的最大值.

解 由

$$\mathbf{grad}\ u=\{u_x,u_y,u_z\}=\{y^2z,2xyz,xy^2\}$$

可知，

$$\mathbf{grad}\ u|_{(1,-1,2)}=\{y^2z,2xyz,xy^2\}|_{(1,-1,2)}=\{2,-4,1\}$$

是方向导数在点 P 取最大值的方向，

$$|\mathbf{grad}\, u|_P| = |\{2, -4, 1\}| = \sqrt{21}$$

是此方向导数的最大值.

例 4 求函数 $z=\dfrac{x^2+y^2}{2}$ 在点 $P(1,1)$ 处递增变化最快的方向、递减最快的方向和无变化的方向.

解 由
$$\mathbf{grad}\, z|_{(1,1)}=\left\{\frac{\partial z}{\partial x},\frac{\partial z}{\partial y}\right\}=\{x,y\}=(1,1),$$
$$\left.\frac{\partial f}{\partial l}\right|_{(1,1)}=(1,1)\cdot(\cos\alpha,\cos\beta)$$
知，递增变化最快的方向是 $(1,1)$，递减最快的方向是 $(-1,-1)$，无变化的方向是 $(-1,1)$ 和 $(1,-1)$.

习题 9.7

1. 求函数 $z=x^2+y^2$ 在点 $(1,2)$ 处沿从点 $(1,2)$ 到点 $(2,2+\sqrt{3})$ 的方向的方向导数.

2. 求函数 $u=xy^2+z^3-xyz$ 在点 $(1,1,2)$ 处沿方向角为 $\alpha=\dfrac{\pi}{3},\beta=\dfrac{\pi}{4},\gamma=\dfrac{\pi}{3}$ 的方向的方向导数.

3. 求 $u=\ln(x+\sqrt{y^2+z^2})$ 在点 $A(1,0,1)$ 处沿点 A 指向点 $B(3,-2,2)$ 的方向导数.

4. 在椭球面 $2x^2+2y^2+z^2=1$ 上求一点，使函数 $f(x,y,z)=x^2+y^2+z^2$ 在该点沿方向 $\boldsymbol{l}=\boldsymbol{i}-\boldsymbol{j}$ 的方向导数最大.

5. 设 $f(x,y,z)=x^2+2y^2+3z^2+xy+3x-2y-6z$，求 $\mathbf{grad}\, f(0,0,0)$ 和 $\mathbf{grad}\, f(1,1,1)$.

6. 设 $u=\dfrac{z^2}{c^2}-\dfrac{x^2}{a^2}-\dfrac{y^2}{b^2}$，问 u 在点 (a,b,c) 处沿哪个方向增大最快？沿哪个方向减小最快？沿哪个方向变化率为零？

7. 求常数 a, b 和 c，使得函数 $f(x,y,z)=axy^2+byz+cx^3z^2$ 在点 $(1,2,-1)$ 处沿 z 轴正向的方向导数是函数在该点处所有方向导数中最大的，并且这个最大的方向导数等于 64.

9.8 多元函数的极值及最值

在实际问题中，往往会遇到多元函数的最大值、最小值问题. 与一元函数相类似，多元函数的最大值、最小值与极大值、极小值有密切联系，因此以二元函数为例，先来讨论二元函数极值的定义及判别方法，再研究多元函数的最值和条件极值问题.

9.8.1 多元函数的极值

定义 1 设函数 $z=f(x,y)$ 在点 (x_0,y_0) 的某邻域内有定义，如果对该邻域内异于 (x_0,y_0) 的点 (x,y)，恒有不等式 $f(x_0,y_0)>f(x,y)$（或 $f(x_0,y_0)<f(x,y)$）成立，则称函数 $z=f(x,y)$ 在点 (x_0,y_0) 处取得极大值（或极小值）$f(x_0,y_0)$，并称点 (x_0,y_0) 为

$z=f(x,y)$的极大值点(或极小值点). 函数的极大值与极小值统称为极值,极大值点与极小值点统称为极值点.

例1 函数 $z=f(x,y)=x^2+y^2$ 在点(0,0)处取极小值,这是因为对任何$(x,y)\neq(0,0)$恒有 $z=x^2+y^2>0=f(0,0)$成立.

例2 函数 $z=-\sqrt{x^2+y^2}$ 在点(0,0)处取极大值,因为在点(0,0)处函数值为零,而对于点(0,0)的任一邻域内异于(0,0)的点,函数值都为负. 点(0,0,0)是位于 xOy 平面下方的锥面 $z=-\sqrt{x^2+y^2}$ 的顶点.

例3 函数 $z=xy$ 在点(0,0)处既不取得极大值也不取得极小值. 因为在点(0,0)处的函数值为零,而在点(0,0)的任一邻域内,总有使函数值为正的点,也有使函数值为负的点.

二元函数的极值问题一般可以利用偏导数来解决. 下面的两个定理就是关于该问题的结论.

定理1(极值的必要条件) 设函数 $z=f(x,y)$在点(x_0,y_0)处具有偏导数,且在点(x_0,y_0)处有极值,则有

$$f_x(x_0,y_0)=0,\quad f_y(x_0,y_0)=0.$$

证 不妨设 $z=f(x,y)$在点(x_0,y_0)处有极大值. 依极大值的定义,在点(x_0,y_0)的某邻域内异于(x_0,y_0)的点(x,y)都使不等式成立:

$$f(x,y)<f(x_0,y_0).$$

特殊地,在该邻域内取 $y=y_0$ 而 $x\neq x_0$ 的点,也应使不等式成立:

$$f(x,y_0)<f(x_0,y_0).$$

这表明一元函数 $f(x,y_0)$在 $x=x_0$ 处取得极大值,因而必有

$$f_x(x_0,y_0)=0.$$

类似可证

$$f_y(x_0,y_0)=0.$$ □

从几何上看,这时如果曲面 $z=f(x,y)$在点(x_0,y_0,z_0)处有切平面,则切平面

$$z-z_0=f_x(x_0,y_0)(x-x_0)+f_y(x_0,y_0)(y-y_0)$$

成为平行于 xOy 坐标面的平面 $z-z_0=0$.

仿照一元函数,凡是能使 $f_x(x_0,y_0)=0,f_y(x_0,y_0)=0$ 同时成立的点(x_0,y_0)称为函数的**驻点**. 从定理1可知,具有偏导数的函数的极值点必定是驻点. 但函数的驻点不一定是极值点,例如,点(0,0)是函数 $z=xy$ 的驻点,但函数在该点并无极值.

那么如何判定一个驻点是否是极值点呢? 有如下的充分性定理.

定理2(极值的充分条件) 设函数 $z=f(x,y)$在点(x_0,y_0)的某邻域内连续且有一阶及二阶连续偏导数,又 $f_x(x_0,y_0)=0,f_y(x_0,y_0)=0$,令

$$f_{xx}(x_0,y_0)=A,\quad f_{xy}(x_0,y_0)=B,\quad f_{yy}(x_0,y_0)=C,$$

则 $f(x,y)$在(x_0,y_0)处是否取得极值的条件如下:

(1) $AC-B^2>0$ 时具有极值,且当 $A<0$ 时有极大值,当 $A>0$ 时有极小值;

(2) $AC-B^2<0$ 时没有极值;

(3) $AC-B^2=0$ 时可能有极值,也可能没有极值,还需另作讨论.

证明略.

利用定理1和定理2,具有二阶连续偏导数的函数 $z=f(x,y)$ 的极值的求解步骤如下.

第一步,解方程组

$$f_x(x,y)=0,\quad f_y(x,y)=0,$$

求得一切实数解,即可求得一切驻点.

第二步,对于每一个驻点 (x_0,y_0),求出二阶偏导数的值 A、B 和 C.

第三步,定出 $AC-B^2$ 的符号,按定理2的结论判定 $f(x_0,y_0)$ 是不是极值,是极大值还是极小值.

例4 求函数 $f(x,y)=x^3-y^3+3x^2+3y^2-9x$ 的极值.

解 先解方程组

$$\begin{cases} f_x(x,y)=3x^2+6x-9=0, \\ f_y(x,y)=-3y^2+6y=0, \end{cases}$$

求得驻点为 $(1,0)$,$(1,2)$,$(-3,0)$,$(-3,2)$.

再求出二阶偏导数

$$f_{xx}(x,y)=6x+6,\quad f_{xy}(x,y)=0,\quad f_{yy}(x,y)=-6y+6.$$

在点 $(1,0)$ 处,$AC-B^2=12\times6>0$,又 $A>0$,所以函数在 $(1,0)$ 处有极小值 $f(1,0)=-5$.

在点 $(1,2)$ 处,$AC-B^2=12\times(-6)<0$,所以 $f(1,2)$ 不是极值.

在点 $(-3,0)$ 处,$AC-B^2=-12\times6<0$,所以 $f(-3,0)$ 不是极值.

在点 $(-3,2)$ 处,$AC-B^2=-12\times(-6)>0$,又 $A<0$,所以函数在 $(-3,2)$ 处有极大值 $f(-3,2)=31$.

例5 求函数 $f(x,y)=(2ax-x^2)(2by-y^2)$ 的极值,其中 a,b 为非零常数.

解 先解方程组

$$\begin{cases} f_x(x,y)=2(a-x)(2by-y^2)=0, \\ f_y(x,y)=2(2ax-x^2)(b-y)=0, \end{cases}$$

求得驻点为 (a,b),$(0,0)$,$(0,2b)$,$(2a,0)$,$(2a,2b)$.

再求出二阶偏导数

$$f_{xx}(x,y)=-2(2by-y^2),\quad f_{xy}(x,y)=4(a-x)(b-y),\quad f_{yy}(x,y)=-2(2ax-x^2).$$

在点 (a,b) 处,有 $A=-2b^2<0$,$B=0$,$C=-2a^2$,$AC-B^2=4a^2b^2>0$,所以函数在 (a,b) 处有极大值 $f(a,b)=a^2b^2$.

在点 $(0,0)$ 处,有 $A=C=0$,$B=4ab$,$AC-B^2=-16a^2b^2<0$,所以函数在 $(0,0)$ 处没有极值.

类似地可以验证,点 $(0,2b)$,$(2a,0)$,$(2a,2b)$ 都不是极值点.

9.8.2 多元函数的最大值和最小值

与一元函数类似,我们可以利用函数的极值来求函数的最大值和最小值.我们知道,如果函数 $f(x,y)$ 在有界闭区域 D 上连续,则 $f(x,y)$ 在 D 内必定能取得最大值和最小值.这种使函数取得最大值或最小值的点既可能在 D 的内部,也可能在 D 的边界上.因此,求函数的最大值和最小值的一般方法是:将函数 $f(x,y)$ 在 D 内的所有驻点处的函数值及在 D

的边界上的最大值和最小值相互比较，其中最大的就是最大值，最小的就是最小值. 但这种做法，由于要求求出 $f(x,y)$ 在 D 的边界上的最大值和最小值，所以往往相当复杂. 在通常遇到的实际问题中，如果根据问题的性质知道，函数 $f(x,y)$ 的最大值(最小值)一定在 D 的内部取得，而函数在 D 内只有一个驻点，那么可以肯定该驻点处的函数值就是函数 $f(x,y)$ 在 D 上的最大值(最小值).

例 6　某企业生产两种商品的产量分别为 x 单位和 y 单位，利润函数为

$$L=64x-2x^2+4xy-4y^2+32y-14.$$

求最大利润.

解　由极值条件

$$L_x=64-4x+4y=0,$$

$$L_y=32-8y+4x=0,$$

解得唯一驻点 $x_0=40, y_0=24$. 由于

$$L_{xx}=-4,\quad A=-4<0,\quad L_{xy}=4, B=4,$$

$$L_{yy}=-8,\quad C=-8<0,\quad AC-B^2=16>0,$$

所以，点(40,24)为极大值点，亦即最大值点，最大值为 1650.

例 7　有一宽 24cm 的长方形铁板，把它两边折起，做成一个横截面为等腰梯形的水槽. 问怎样折法，才能使梯形截面的面积最大?

解　设折起来的边长为 x，倾角为 α，那么梯形的面积为 x 和 α 的函数.

设
$$L=(24-2x+x\cos\alpha)\cdot x\sin\alpha,$$

即
$$L=24x\sin\alpha-2x^2\sin\alpha+x^2\sin\alpha\cdot\cos\alpha,$$

其定义域为 $0<x<12, 0<\alpha\leqslant\dfrac{\pi}{2}$，故

$$\frac{\partial L}{\partial x}=L_x=24\sin\alpha-4x\sin\alpha+2x\sin\alpha\cos\alpha=2\sin\alpha(12-2x+x\cos\alpha),$$

$$\begin{aligned}\frac{\partial L}{\partial \alpha}=L_\alpha&=24x\cos\alpha-2x^2\cos\alpha+x^2(\cos^2 x-\sin^2\alpha)\\&=24x\cos\alpha-2x^2\cos\alpha+x^2(2\cos^2\alpha-1).\end{aligned}$$

令 $L_x=0, L_\alpha=0$，得

$$\begin{cases}2\sin\alpha(12-2x+x\cos\alpha)=0,\\ x[24\cos\alpha-2x\cos\alpha+x(2\cos^2\alpha-1)]=0.\end{cases}$$

由于 $x\neq 0, \alpha\neq 0$，所以得

$$\begin{cases}12-2x+x\cos\alpha=0,\\ 24\cos\alpha-2x\cos\alpha+x(2\cos^2\alpha-1)=0.\end{cases}$$

解方程组，得 $x=8, \alpha=\dfrac{\pi}{3}$.

根据题意可知，截面面积的最大值一定存在，并且在区域 D：$0<x<12, 0<\alpha\leqslant\dfrac{\pi}{2}$ 内取得，而函数在 D 内只有一个驻点：$x=8, \alpha=\dfrac{\pi}{3}$，因此可以断定当 $x=8, \alpha=\dfrac{\pi}{3}$ 时，能使水槽

梯形的截面面积最大.

9.8.3 条件极值与拉格朗日乘数法

前面讨论的极值问题,自变量在定义域内可以任意取值,未受任何限制,通常称为无条件极值.在实际问题中,求极值或最值时,对自变量的取值往往要附加一定的约束条件,这类附有约束条件的极值问题称为条件极值.条件极值的约束条件分为等式约束条件和不等式约束条件两类.这里仅讨论等式约束条件下的条件极值问题.

考虑函数 $z=f(x,y)$ 在满足约束条件 $\varphi(x,y)=0$ 时的条件极值问题.求解这一条件极值问题的常用方法是拉格朗日乘数法,其基本思想方法是:将条件极值化为无条件极值.

拉格朗日乘数法的具体步骤如下.

(1) 构造辅助函数(称为拉格朗日函数)

$$F=F(x,y,\lambda)=f(x,y)+\lambda\varphi(x,y),$$

其中,λ 为待定常数,称为拉格朗日乘数.将原条件极值化为求三元函数 $F(x,y,\lambda)$ 的无条件极值问题.

(2) 由无条件极值问题的极值必要条件有

$$\begin{cases}F_x=f_x(x,y)+\lambda\varphi_x(x,y)=0,\\ F_y=f_y(x,y)+\lambda\varphi_y(x,y)=0,\\ F_\lambda=\varphi(x,y)=0.\end{cases}$$

联立求解这个方程组,解出可能的极值点 (x,y) 和乘数 λ.

(3) 判别求出的 (x,y) 是否为极值点,通常由实际问题的实际意义判定.

当然,上述条件极值问题也可以采用如下的方法求解:先由方程 $\varphi(x,y)=0$ 解出 $y=\psi(x)$,并将它代入 $f(x,y)$,得 x 的一元函数 $z=f(x,\psi(x))$;然后再求此一元函数的无条件极值.

例8 求表面积为 a^2 而体积最大的长方体的体积.

解 设长方体的三棱长为 x,y,z,则问题就是在条件

$$\varphi(x,y,z)=2xy+2yz+2xz-a^2=0$$

下,求函数

$$V=xyz(x>0,y>0,z>0)$$

的最大值.作拉格朗日函数

$$L(x,y,z)=xyz+\lambda(2xy+2yz+2xz-a^2),$$

求它对 x,y,z 的偏导数,并使之为零,得到

$$\begin{aligned}&yz+2\lambda(y+z)=0,\\ &xz+2\lambda(x+z)=0,\\ &xyz+2\lambda(y+x)=0.\end{aligned}$$

再与 $\varphi(x,y,z)=2xy+2yz+2xz-a^2=0$ 联立求解.

因 x,y,z 都不等于零,所以由上述方程组可得

$$\frac{x}{y}=\frac{x+z}{y+z},\quad \frac{y}{z}=\frac{x+y}{x+z}.$$

由以上两式解得

$$x=y=z.$$

将此代入 $\varphi(x,y,z)=2xy+2yz+2xz-a^2=0$ 中，便得

$$x=y=z=\frac{\sqrt{6}}{6}a.$$

这是唯一可能的极值点.因为由问题本身可知最大值一定存在，所以最大值就在这个可能的极值点处取得.也就是说，在表面积为 a^2 的长方体中，棱长为$\frac{\sqrt{6}}{6}a$ 的正方体的体积最大，最大体积为$\frac{\sqrt{6}}{36}a^3$.

例 9 求函数 $u=xyz$ 在附加条件

$$\frac{1}{x}+\frac{1}{y}+\frac{1}{z}=\frac{1}{a},\quad x>0,y>0,z>0,a>0$$

下的极值.

解 作拉格朗日函数

$$L(x,y,z)=xyz+\lambda\left(\frac{1}{x}+\frac{1}{y}+\frac{1}{z}-\frac{1}{a}\right).$$

令

$$L_x=yz-\frac{\lambda}{x^2}=0,$$

$$L_y=xz-\frac{\lambda}{y^2}=0,$$

$$L_z=xy-\frac{\lambda}{z^2}=0.$$

注意到以上三个方程左端的第一项都是三个变量 x,y,z 中某两个变量的乘积，将各方程两端同乘以相应缺少的那个变量，使各方程左端的第一项都成为 xyz，然后将所得的三个方程左、右两端相加，得

$$3xyz-\lambda\left(\frac{1}{x}+\frac{1}{y}+\frac{1}{z}\right)=0,$$

$$xyz=\frac{\lambda}{3a}.$$

再把这个结果分别代入三个偏导数方程中，便得 $x=y=z=3a$.由此可知点$(3a,3a,3a)$是函数 $u=xyz$ 在附加条件下唯一可能的极值点.把附加条件确定的隐函数记作 $z=z(x,y)$，将目标函数看作 $u=xyz(x,y)=F(x,y)$，再应用二元函数极值的充分条件判断，可知点$(3a,3a,3a)$是函数 $u=xyz$ 在附加条件下的极小值点.因此，目标函数 $u=xyz$ 在附加条件下在点$(3a,3a,3a)$处取得极小值 $27a^3$.

例 10 某同学计划用 50 元购买两种商品(钢笔与笔记本).假定购买 x 支钢笔与 y 个笔记本的效用函数为

$$U(x,y)=3\ln x+\ln y,$$

已知钢笔的单价是 6 元，笔记本的单价是 4 元.请你为这位同学做一安排，如何购买，才使购买这两种商品的效用最大?

解 这是一个约束优化问题：在预算限制 $6x+4y=50$ 之下，求效用函数

$$U(x,y)=3\ln x+\ln y$$

的最大值.

先构造拉格朗日函数

$$L(x,y,\lambda)=U(x,y)+\lambda(6x+4y-50)=3\ln x+\ln y+\lambda(6x+4y-50),$$

解方程组

$$\begin{cases} L_x(x,y,\lambda)=\dfrac{3}{x}+6\lambda=0, \\ L_y(x,y,\lambda)=\dfrac{1}{y}+4\lambda=0, \\ L_\lambda(x,y,\lambda)=6x+4y-50=0, \end{cases}$$

得

$$\begin{cases} x=\dfrac{25}{4}=6.250, \\ y=\dfrac{25}{8}=3.125. \end{cases}$$

这就是说，这位同学只要购买 6 支钢笔、3 个笔记本，所需的费用不超过 50 元且效用最大.

习题 9.8

1. 求下列函数的极值：

(1) $f(x,y)=4(x-y)-x^2-y^2$；

(2) $f(x,y)=xy+x^3+y^3$；

(3) $f(x,y)=1-\sqrt{x^2+y^2}$；

(4) $f(x,y)=e^{2x}(x+y^2+2y)$.

2. 求下列函数在指定条件下的条件极值：

(1) $f(x,y)=\dfrac{1}{x}+\dfrac{4}{y}$，如果 $x+y=3$；

(2) $f(x,y)=xy$，如果 $x+y=1$；

(3) $f(x,y)=x+y$，如果$\dfrac{1}{x}+\dfrac{1}{y}=1$ 且 $x>0,y>0$.

3. 某工厂生产的一种产品同时在两个市场销售，售价分别为 p_1,p_2，销售量分别为 q_1 和 q_2，且

$$q_1=24-0.2p_1,\quad q_2=10-0.05p_2,$$

总成本函数为

$$c=35+40(q_1+q_2).$$

试问：厂家应如何确定两个市场的售价，才能使其获得的总利润最大？最大总利润为多少？

4. 某地区用 k 单位资金投资三个项目，投资额分别为 x,y,z 个单位，所能获得的利益

为 $R=x^{\alpha}y^{\beta}z^{\gamma}$，$\alpha,\beta,\gamma$ 为正的常数. 问如何分配 k 单位的投资额，能使效益最大？最大效益为多少？

总 习 题 9

1. 填空题

(1) 设 $f\left(x+y,\dfrac{y}{x}\right)=x^2-y^2$，则 $f(x,y)=$________.

(2) 由方程 $xyz+\sqrt{x^2+y^2+z^2}=\sqrt{2}$ 所确定的函数 $z=z(x,y)$ 在点 $(1,0,-1)$ 处的全微分 $\mathrm{d}z=$________.

(3) 设 $z=\sqrt{x}\sin\dfrac{y}{x}$，则 $x\dfrac{\partial z}{\partial x}+y\dfrac{\partial z}{\partial y}=$________.

(4) $z=f(x,y)$ 的偏导数 $\dfrac{\partial z}{\partial x}$ 及 $\dfrac{\partial z}{\partial y}$ 在点 (x,y) 存在且连续是 $f(x,y)$ 在该点可微分的________条件，$z=f(x,y)$ 在点 (x,y) 可微是函数在该点的偏导数 $\dfrac{\partial z}{\partial x}$ 及 $\dfrac{\partial z}{\partial y}$ 存在的________条件.

2. 求函数 $f(x,y)=\dfrac{\sqrt{4x-y^2}}{\ln(1-x^2-y^2)}$ 的定义域，并求 $\lim\limits_{(x,y)\to\left(\frac{1}{2},0\right)} f(x,y)$.

3. 设

$$f(x,y)=\begin{cases}(x^2+y^2)\sin\dfrac{1}{x^2+y^2}, & x^2+y^2\neq 0,\\ 0, & x^2+y^2=0,\end{cases}$$

求 $f_x(0,0)$，$f_y(0,0)$.

4. 设

$$\begin{cases}x^2+y^2-uv=0,\\ xy^2-u^2+v^2=0,\end{cases}$$

函数 $u=u(x,y)$，$v=v(x,y)$. 求 $\dfrac{\partial u}{\partial x},\dfrac{\partial u}{\partial y},\dfrac{\partial v}{\partial x},\dfrac{\partial v}{\partial y}$.

5. 证明下列各式：

(1) 设 $z=\varphi(x^2+y^2)$，则 $y\dfrac{\partial z}{\partial x}-x\dfrac{\partial z}{\partial y}=0$；

(2) 设 $u=\sin x+f(\sin y-\sin x)$，则 $\dfrac{\partial u}{\partial y}\cos x+\dfrac{\partial u}{\partial x}\cos y=\cos x\cdot\cos y$；

(3) 设 $f(x+zy^{-1},y+zx^{-1})=0$ 成立，则 $x\dfrac{\partial z}{\partial x}+y\dfrac{\partial z}{\partial y}=z-xy$；

(4) 设 $u=x\varphi(x+y)+y\varphi(x+y)$，则 $\dfrac{\partial^2 u}{\partial x^2}-2\dfrac{\partial^2 u}{\partial x\partial y}+\dfrac{\partial^2 u}{\partial y^2}=0$.

6. 求螺旋线 $x=a\cos\theta$，$y=a\sin\theta$，$z=b\theta$ 在点 $(a,0,0)$ 处的切线及法平面方程.

7. 设 $\boldsymbol{e}_l=(\cos\theta,\sin\theta)$,求函数 $f(x,y)=x^2-xy+y^2$ 在点(1,1)沿方向 l 的方向导数,并分别确定角 θ,使此导数有:(1)最大值,(2)最小值,(3)等于0.

8. 设 $f(x,y)$在点 $P_0(2,0)$处沿 $l_1=(2,-2)$的方向导数是1,沿 $l_2=(-2,0)$的方向导数是-3,求 $f(x,y)$在点 P_0 处沿(3,2)的方向导数.

9. 求由方程 $2x^2+2y^2+z^2+8xz-z+8=0$ 确定的隐函数 $z=z(x,y)$的极值.

10. 在椭圆 $x^2+4y^2=4$ 上求一点,使它到直线 $2x+3y-6=0$ 的距离最短,并求出最短距离.

重　积　分

重积分是一元函数定积分在多元函数领域内的推广，它和一元函数定积分一样，也是应几何、物理等实际问题的需要而产生的. 比如，如何求曲顶柱体的体积？如何求质量分布不均匀的平面薄板的质量？种种诸如此类问题都不是定积分所能解决的，更多的实际问题还需要我们继续探讨. 本章以定积分为基础，建立二重积分的概念，给出二重积分的计算方法——将二重积分转化为二次积分进行计算.

10.1　二重积分的概念与性质

10.1.1　二重积分的概念

1. 二重积分的定义

例 1　曲顶柱体的体积.

设函数 $z=f(x,y)$ 为有界闭区域 D 上的非负连续函数. 我们称以曲面 $z=f(x,y)$ 为顶，以 xOy 平面上的区域 D 为底，以 D 的边界曲线为准线且母线平行于 z 轴的柱面为侧面的立体为**曲顶柱体**(图 10.1). 下面我们来讨论如何求曲顶柱体的体积 V.

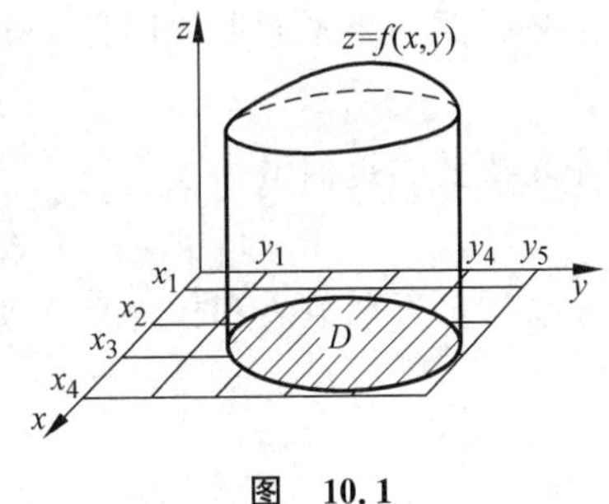

图　10.1

对于平顶柱体，平顶柱体的体积＝底面积×高. 而对于曲顶柱体，当点 (x,y) 在区域 D 上变化时，高度 $f(x,y)$ 也是变化的，因此它的体积不能直接用上式来计算. 我们回顾一下前面求曲边梯形面积的过程，就不难想到，这种解决问题的思路，同样可以用来求曲顶柱体的体积.

首先，用一组平面曲线网将区域 D 分割为 n 个小区域

$$\Delta\sigma_1, \Delta\sigma_2, \cdots, \Delta\sigma_i, \cdots, \Delta\sigma_n,$$

相应地将曲顶柱体分割为 n 个小的曲顶柱体

$$\Delta V_1, \Delta V_2, \cdots, \Delta V_i, \cdots, \Delta V_n,$$

其中，ΔV_i 既表示第 i 个小曲顶柱体，也表示它的体积，则 $V=\sum\limits_{i=1}^{n}\Delta V_i$. 对于每个小曲顶柱体来说，由于 $f(x,y)$ 在 $\Delta\sigma_i$ 上连续，故只要 $\Delta\sigma_i$ 的直径充分小，则 $f(x,y)$ 在 $\Delta\sigma_i$ 上的函数值几乎相等. 因此，在每个 $\Delta\sigma_i$ 中任取一点 (ξ_i,η_i)，以 $f(\xi_i,\eta_i)$ 为高、以 $\Delta\sigma_i$ 为底的平顶

柱体的体积 $f(\xi_i,\eta_i)\Delta\sigma_i$ 近似等于以 $\Delta\sigma_i$ 为底的小曲顶柱体的体积 ΔV_i（图10.2），即

$$\Delta V_i \approx f(\xi_i,\eta_i)\Delta\sigma_i,\quad i=1,2,\cdots,n,$$

把这些平顶柱体体积相加，得到整个曲顶柱体体积的近似值，即

$$V \approx \sum_{i=1}^{n} f(\xi_i,\eta_i)\Delta\sigma_i.$$

最后，令 λ 表示各小区域直径中的最大值. 当 λ 越小，即对于区域 D 的分割就越细，近似值 $\sum_{i=1}^{n} f(\xi_i,\eta_i)\Delta\sigma_i$ 就越接近曲顶柱体的体积 V，由极限的定义可知，曲顶柱体的体积为

$$V = \lim_{\lambda\to 0}\sum_{i=1}^{n} f(\xi_i,\eta_i)\Delta\sigma_i.$$

例2 平面薄板的质量.

设有一平面薄板占有 xOy 面上的闭区域 D（图10.3），它在点 (x,y) 处的面密度为 $\mu=\mu(x,y)$，且 $\mu=\mu(x,y)$ 在区域 D 上连续，现在要计算该平面薄板的质量 M.

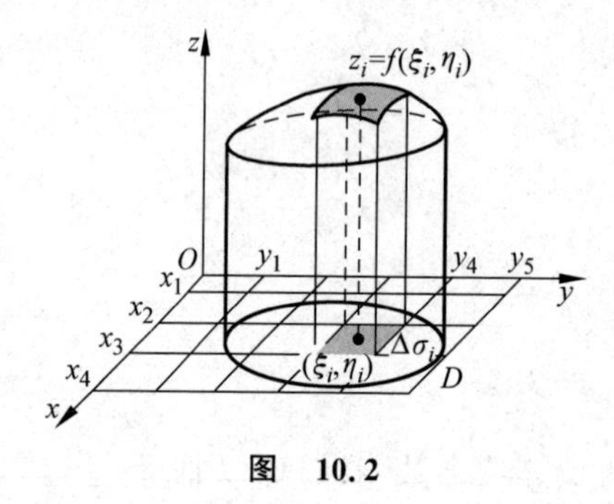

图 10.2

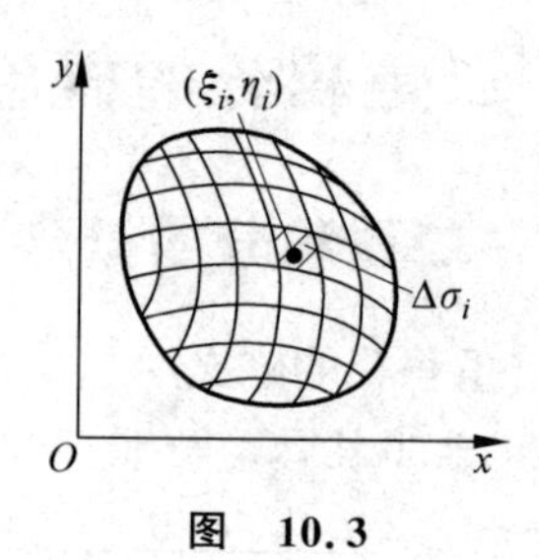

图 10.3

用任意一组平面曲线网把 D 分成 n 个小区域

$$\Delta\sigma_1,\Delta\sigma_2,\cdots,\Delta\sigma_i,\cdots,\Delta\sigma_n,$$

各小块质量的近似值为

$$\mu(\xi_i,\eta_i)\Delta\sigma_i,\quad i=1,2,\cdots,n,$$

各小块质量近似值之和作为平面薄片的质量的近似值，即

$$M \approx \sum_{i=1}^{n} \mu(\xi_i,\eta_i)\Delta\sigma_i.$$

令 λ 表示各小区域直径中的最大值，λ 越小，即对于区域 D 的分割就越细，近似值 $\sum_{i=1}^{n} \mu(\xi_i,\eta_i)\Delta\sigma_i$ 就越接近平面薄板的质量 M，故平面薄板的质量为

$$M = \lim_{\lambda\to 0}\sum_{i=1}^{n} \mu(\xi_i,\eta_i)\Delta\sigma_i.$$

上面讨论的两个问题一个是几何问题，一个是物理问题，虽然它们代表的实际意义不尽相同，但我们解决这两个问题的思想和过程是相同的，即“分割、近似、作和、取极限”，并且我们得到了两个形式完全相同的极限. 在物理、几何和工程技术中，有许多实际问题的解决都可以划归为这类极限. 因此，我们要对这类极限问题进行一般性研究，抛开上述问题的实际意义，把解决这些问题的思想和过程加以抽象概括，便得到二重积分的精确定义.

定义 1 设 $f(x,y)$是有界闭区域 D 上的有界函数. 将闭区域 D 任意分成 n 个小闭区域

$$\Delta\sigma_1,\Delta\sigma_2,\cdots,\Delta\sigma_i,\cdots,\Delta\sigma_n,$$

其中 $\Delta\sigma_i$ 既表示第 i 个小闭区域,也表示它的面积. 在每个小区域 $\Delta\sigma_i$ 上任取一点(ξ_i,η_i),作乘积 $f(\xi_i,\eta_i)\Delta\sigma_i$,并求和 $\sum\limits_{i=1}^{n}f(\xi_i,\eta_i)\Delta\sigma_i$.

如果各小区域直径中的最大值 λ 趋于零时,和式 $\sum\limits_{i=1}^{n}f(\xi_i,\eta_i)\Delta\sigma_i$ 的极限总存在,则称此极限为函数 $f(x,y)$在闭区域 D 上的二重积分,记作$\iint\limits_D f(x,y)\mathrm{d}\sigma$,即

$$\iint\limits_D f(x,y)\mathrm{d}\sigma=\lim_{\lambda\to 0}\sum_{i=1}^{n}f(\xi_i,\eta_i)\Delta\sigma_i.$$

其中 $f(x,y)$称为被积函数;$f(x,y)\mathrm{d}\sigma$ 称为被积表达式;$\mathrm{d}\sigma$ 称为面积元素;x,y 称为积分变量;D 称为积分区域;表达式 $\sum\limits_{i=1}^{n}f(\xi_i,\eta_i)\Delta\sigma_i$ 称为积分和.

由于二重积分的定义中对区域 D 的划分是任意的,若用一组平行于坐标轴的直线来划分区域 D,那么除靠近边界曲线的一些小区域之外,绝大多数的小区域都是矩形(图 10.4),因此可以将 $\mathrm{d}\sigma$ 记作 $\mathrm{d}x\mathrm{d}y$. 并称 $\mathrm{d}x\mathrm{d}y$ 为直角坐标系下的面积元素,故二重积分也可表示成为$\iint\limits_D f(x,y)\mathrm{d}x\mathrm{d}y$.

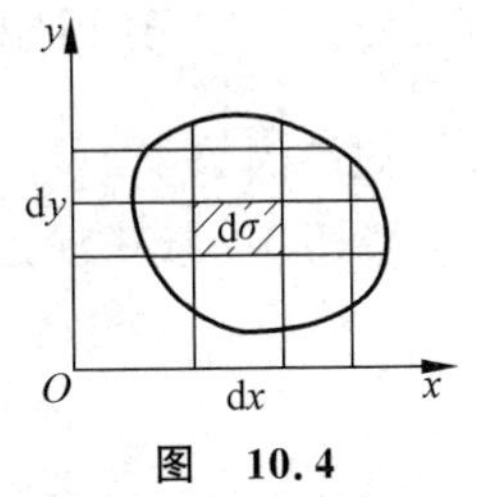

图 10.4

由二重积分的定义可知,曲顶柱体的体积等于曲顶柱体的曲面 $f(x,y)$在底 D 上的二重积分,即 $V=\iint\limits_D f(x,y)\mathrm{d}\sigma$.

平面薄板的质量等于薄板的面密度 $\mu(x,y)$在薄板所占闭区域 D 上的二重积分,即 $M=\iint\limits_D \mu(x,y)\mathrm{d}\sigma$.

2. 二重积分的存在性

可以证明,当 $f(x,y)$在有界闭区域 D 上连续时,积分和的极限是存在的,也就是说函数 $f(x,y)$在 D 上的二重积分是存在的. 因此在下面的讨论中,我们总假定函数 $f(x,y)$在有界闭区域 D 上连续,以后不再每次加以说明.

3. 二重积分的几何意义

由本节开始引出的第一个例子(曲顶柱体的体积)可以看出,当 $f(x,y)\geqslant 0$ 时,以闭区域 D 为底、以曲面 $z=f(x,y)$为顶的曲顶柱体的体积为$\iint\limits_D f(x,y)\mathrm{d}\sigma$. 一般情况,如果 $f(x,y)\geqslant 0,(x,y)\in D$,则二重积分$\iint\limits_D f(x,y)\mathrm{d}\sigma$ 表示以区域 D 为底、以曲面 $z=f(x,y)$为顶的曲顶柱体体积;如果 $f(x,y)\leqslant 0,(x,y)\in D$,则二重积分$\iint\limits_D f(x,y)\mathrm{d}\sigma$ 表示以区域

D 为底、以曲面 $z=f(x,y)$ 为顶的曲顶柱体体积的负值；如果函数 $f(x,y)$ 在区域 D 的若干部分上是正的，在其他部分上是负的，则二重积分 $\iint\limits_D f(x,y)\mathrm{d}\sigma$ 表示以区域 D 为底，位于 xOy 平面以上的柱体体积减去位于 xOy 平面以下的柱体体积.

例 3 利用二重积分的几何意义，求 $\iint\limits_D \sqrt{9-x^2-y^2}\,\mathrm{d}x\mathrm{d}y$，其中积分区域为 $D=\{(x,y)\mid x^2+y^2\leqslant 9\}$.

解 由二重积分的几何意义可知，二重积分 $\iint\limits_D \sqrt{9-x^2-y^2}\,\mathrm{d}x\mathrm{d}y$ 表示的是以半径 $r=3$ 的圆盘 D 为底、以上半球面 $z=\sqrt{9-x^2-y^2}$ 为顶的曲顶柱体的体积.

再由球体的体积公式得，上半球体的体积为 $V=\frac{1}{2}\times\frac{4}{3}\pi r^3=\frac{1}{2}\times\frac{4}{3}\pi 3^3=18\pi$. 因此得

$$\iint\limits_D \sqrt{9-x^2-y^2}\,\mathrm{d}x\mathrm{d}y=18\pi.$$

10.1.2 二重积分的性质

假设函数 $f(x,y)$，$g(x,y)$ 在闭区域 D 上的二重积分总存在.

性质 1 被积函数中的常数因子可以提到二重积分的前面，即

$$\iint\limits_D kf(x,y)\mathrm{d}\sigma=k\iint\limits_D f(x,y)\mathrm{d}\sigma,k\text{ 为常数}.$$

性质 2 两个函数和(或差)的二重积分等于它们二重积分的和(或差)，即

$$\iint\limits_D [f(x,y)\pm g(x,y)]\mathrm{d}\sigma=\iint\limits_D f(x,y)\mathrm{d}\sigma\pm\iint\limits_D g(x,y)\mathrm{d}\sigma.$$

该性质可以推广到任意有限个函数的情形.

性质 3 如果闭区域 D 被有限条曲线分为有限个部分闭区域，则函数在闭区域 D 上的二重积分等于函数在各部分闭区域上二重积分的和. 例如，如果闭区域 D 可分为两个闭区域 D_1 与 D_2，则

$$\iint\limits_D f(x,y)\mathrm{d}\sigma=\iint\limits_{D_1} f(x,y)\mathrm{d}\sigma+\iint\limits_{D_2} f(x,y)\mathrm{d}\sigma.$$

性质 4 如果 $f(x,y)\equiv 1,(x,y)\in D$，$\sigma$ 为闭区域 D 的面积，则

$$\iint\limits_D f(x,y)\mathrm{d}\sigma=\iint\limits_D 1\cdot\mathrm{d}\sigma=\iint\limits_D \mathrm{d}\sigma=\sigma.$$

该性质的几何意义就是高为 1 的平顶柱体的体积等于该柱体的底面积.

性质 5 如果在闭区域 D 上，有 $f(x,y)\leqslant g(x,y)$，则

$$\iint\limits_D f(x,y)\mathrm{d}\sigma\leqslant\iint\limits_D g(x,y)\mathrm{d}\sigma.$$

利用这个不等式可以证明下面不等式：

$$\left|\iint\limits_D f(x,y)\mathrm{d}\sigma\right|\leqslant\iint\limits_D |f(x,y)|\mathrm{d}\sigma.$$

性质 6 设 M,m 分别是 $f(x,y)$ 在闭区域 D 上的最大值和最小值，σ 为区域 D 的面积，则有

$$m\sigma \leqslant \iint_D f(x,y)\mathrm{d}\sigma \leqslant M\sigma.$$

性质 7(二重积分的中值定理) 设函数 $f(x,y)$ 在闭区域 D 上连续，σ 为区域 D 的面积，则在区域 D 上至少存在一点 (ξ,η)，使得

$$\iint_D f(x,y)\mathrm{d}\sigma = f(\xi,\eta)\sigma.$$

证 把性质 6 中不等式均除以 σ，有

$$m \leqslant \frac{1}{\sigma}\iint_D f(x,y)\mathrm{d}\sigma \leqslant M.$$

这说明数值 $\frac{1}{\sigma}\iint\limits_D f(x,y)\mathrm{d}\sigma$ 介于函数 $f(x,y)$ 的最大值 M 与最小值 m 之间. 根据闭区域上连续函数的介值定理，在区域 D 上至少存在一点 (ξ,η)，使得

$$\frac{1}{\sigma}\iint_D f(x,y)\mathrm{d}\sigma = f(\xi,\eta),$$

上式两端乘以 σ，即得所需证明的等式. □

例 4 比较 $I_1=\iint\limits_D \ln(x+y)\mathrm{d}\sigma$ 与 $I_2=\iint\limits_D [\ln(x+y)]^2\mathrm{d}\sigma$ 的大小关系，其中积分区域为 $D=\{(x,y)\mid 3\leqslant x\leqslant 5, 0\leqslant y\leqslant 1\}$.

解 显然区域 D 位于直线 $x+y=\mathrm{e}$ 的上方，故当 $(x,y)\in D$ 时，有 $x+y>\mathrm{e}$，从而

$$\ln(x+y)>1,$$

因而

$$[\ln(x+y)]^2>\ln(x+y),$$

由性质 5 可得

$$\iint_D [\ln(x+y)]^2\mathrm{d}\sigma > \iint_D \ln(x+y)\mathrm{d}\sigma,$$

即

$$I_2>I_1.$$

例 5 估计二重积分 $I=\iint\limits_D xy(x+y)\mathrm{d}\sigma$，其中 $D=\{(x,y)\mid 0\leqslant x\leqslant 1, 0\leqslant y\leqslant 1\}$.

解 因为 $(x,y)\in D$，所以 $0\leqslant x\leqslant 1, 0\leqslant y\leqslant 1$，从而

$$0\leqslant xy\leqslant 1,\quad 0\leqslant x+y\leqslant 2,$$

进一步可得

$$0\leqslant xy(x+y)\leqslant 2,$$

由性质 6 知

$$\iint_D 0\mathrm{d}\sigma \leqslant \iint_D xy(x+y)\mathrm{d}\sigma \leqslant \iint_D 2\mathrm{d}\sigma,$$

即

$$0\leqslant \iint_D xy(x+y)\mathrm{d}\sigma \leqslant 2.$$

习题 10.1

1. 填空题

(1) 设有一平面薄板(不计其厚度),占有 xOy 面上的闭区域 D,薄板上分布有面密度为 $\mu=\mu(x,y)$ 的电荷,且 $\mu=\mu(x,y)$ 在 D 上连续. 试用二重积分来表示该板上全部电荷 $Q=$________.

(2) 设 $D=\{(x,y)\mid(x-2)^2+(y-1)^2=2\}$,试比较二重积分 $I_1=\iint\limits_D(x+y)\mathrm{d}\sigma$ 与 $I_2=\iint\limits_D(x+y)^3\mathrm{d}\sigma$ 的大小关系:________.

(3) 设 $D=\{(x,y)\mid 3\leqslant x\leqslant 5,0\leqslant y\leqslant 1\}$,试比较二重积分 $I_1=\iint\limits_D\ln(x+y)\mathrm{d}\sigma$ 与 $I_2=\iint\limits_D[\ln(x+y)]^3\mathrm{d}\sigma$ 的大小关系:________.

(4) 根据二重积分的几何意义求下列积分:

① 设 $D_1=\{(x,y)\mid x^2+y^2\leqslant R^2\}$,则 $\iint\limits_{D_1}\sqrt{R^2-x^2-y^2}\,\mathrm{d}\sigma=$________;

② 设 $D_2=\left\{(x,y)\mid\frac{x^2}{4}+\frac{y^2}{9}\leqslant 1\right\}$,则 $\iint\limits_{D_2}\mathrm{d}\sigma=$________.

2. 选择题

设 $I=\iint\limits_D(x^2+4y^2+9)\mathrm{d}\sigma$, 其中 $D=\{(x,y)\mid x^2+y^2\leqslant 4\}$,则 I 的估值是(　　).

A. $18\pi\leqslant I\leqslant 50\pi$;　　B. $9\pi\leqslant I\leqslant 100\pi$;

C. $36\pi\leqslant I\leqslant 50\pi$;　　D. $36\pi\leqslant I\leqslant 100\pi$.

3. 利用二重积分的性质估计下列积分值:

(1) $I=\iint\limits_D\sin^2 x\sin^2 y\,\mathrm{d}\sigma$,其中 $D=\{(x,y)\mid 0\leqslant x\leqslant\pi,0\leqslant y\leqslant\pi\}$;

(2) $I=\iint\limits_D(x+y+1)\mathrm{d}\sigma$,其中 $D=\{(x,y)\mid 0\leqslant x\leqslant 1,0\leqslant y\leqslant 2\}$;

(3) $I=\iint\limits_D xy\,\mathrm{d}\sigma$,其中 $D=\{(x,y)\mid x^2+y^2\leqslant 1,x\geqslant 0,y\geqslant 0\}$.

10.2 二重积分的计算

二重积分在工程技术和实际生产中有着广泛的应用.因此,如何计算二重积分显得十分重要.如果按照二重积分的定义来计算二重积分,对少数比较简单的被积函数和积分区域来说是可行的,但是对于一般的被积函数和积分区域来说,这种方法显然行不通,也就失去了引入二重积分的价值和意义.为此,本节将要介绍一种计算二重积分的重要方法,这种方法就是将二重积分的计算转化为二次定积分的计算.

10.2.1 在直角坐标系下计算二重积分

为简单起见，先假设 $z=f(x,y)$ 在区域 D 上连续，且 $f(x,y)\geqslant 0$. 由二重积分的几何意义知，二重积分 $\iint\limits_D f(x,y)\mathrm{d}\sigma$ 的值等于以 D 为底、以曲面 $z=f(x,y)$ 为顶的曲顶柱体的体积. 根据这一点，就可将二重积分的计算问题转化为计算曲顶柱体的体积问题. 在定积分的应用中曾讨论过“平行截面面积为已知的立体体积计算”的方法，我们就利用这种方法来研究二重积分的计算问题，下面根据积分区域的不同情形进行讨论.

1. 积分区域为 X 型区域

所谓 X 型区域是指这样的一类区域：用平行于 y 轴的直线穿过区域内部，直线与区域边界的交点不多于两个.

如图 10.5 所示的区域是 X 型区域中最简单同时也是最基本的形式：它在 x 轴上的投影区间为 $[a,b]$，其上、下边界分别为区间 $[a,b]$ 上的连续曲线 $y=y_1(x)$ 与 $y=y_2(x)$. 因此，区域 D 可以表示为

$$D=\{(x,y)\mid y_1(x)\leqslant y\leqslant y_2(x),a\leqslant x\leqslant b\}. \tag{10.1}$$

下面讨论积分区域为 X 型区域时二重积分的计算问题.

为了利用定积分中“平行截面面积为已知的立体体积计算”的方法来计算这个曲顶柱体的体积. 首先在区间 $[a,b]$ 内任意取定一点 x_0，过该点作平行于 yOz 面的平面，该平面截曲顶柱体所得截面是一个以区间 $[y_1(x_0),y_2(x_0)]$ 为底、以曲线 $z=f(x_0,y)$ 为曲边的曲边梯形(图 10.6).

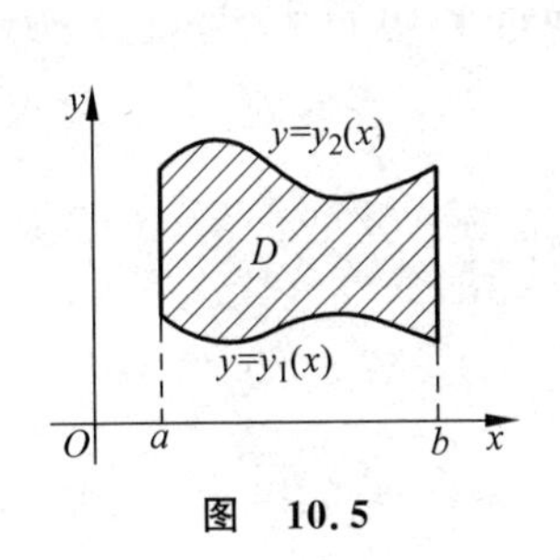

图 10.5

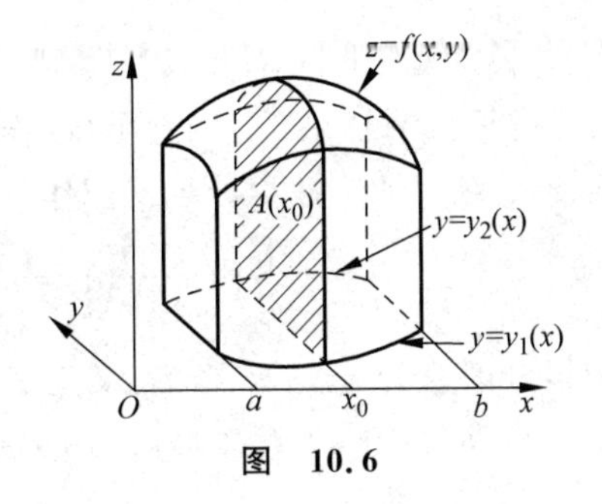

图 10.6

因此，该截面的面积为

$$A(x_0)=\int_{y_1(x_0)}^{y_2(x_0)}f(x_0,y)\mathrm{d}y.$$

一般地，在区间 $[a,b]$ 上任意一点 x 处的截面面积为

$$A(x)=\int_{y_1(x)}^{y_2(x)}f(x,y)\mathrm{d}y,$$

由“平行截面面积为已知的立体体积的计算”方法得，曲顶柱体体积为

$$V=\int_a^b A(x)\mathrm{d}x=\int_a^b\left[\int_{y_1(x)}^{y_2(x)}f(x,y)\mathrm{d}y\right]\mathrm{d}x.$$

另一方面，曲顶柱体的体积为 $V=\iint\limits_D f(x,y)\mathrm{d}\sigma$，于是有

$$\iint_D f(x,y)\mathrm{d}\sigma=\int_a^b\left[\int_{y_1(x)}^{y_2(x)}f(x,y)\mathrm{d}y\right]\mathrm{d}x. \tag{10.2}$$

上式右端的积分称为先对 y 后对 x 的二次积分. 也就是说,在被积函数 $f(x,y)$中,先把 x 看作常数,函数 $f(x,y)$先对变量 y 从 $y_1(x)$到 $y_2(x)$求定积分; 然后再把算出的结果(是 x 的函数)作为被积函数对变量 x 在区间$[a,b]$上求定积分. 这个先对 y 后对 x 的二次积分也常记作

$$\iint_D f(x,y)\mathrm{d}\sigma=\int_a^b\mathrm{d}x\int_{y_1(x)}^{y_2(x)}f(x,y)\mathrm{d}y.$$

2. 积分区域为 Y 型区域

所谓 Y 型区域是指这样的一类区域: 用平行于 x 轴的直线穿过区域内部,直线与区域边界的交点不多于两个.

如图 10.7 所示的区域是 Y 型区域中最简单同时也是最基本的形式: 它在 y 轴上的投影区间为$[c,d]$,其左、右边界分别为区间$[c,d]$上的连续曲线 $x=x_1(y)$与 $x=x_2(y)$.

因此,区域 D 可以表示为

$$D=\{(x,y)\mid x_1(y)\leqslant x\leqslant x_2(y),c\leqslant y\leqslant d\} \tag{10.3}$$

的形式. 在这样的积分区域下,类似于前面对 X 型区域的讨论,可得

$$\iint_D f(x,y)\mathrm{d}\sigma=\int_c^d\left[\int_{x_1(y)}^{x_2(y)}f(x,y)\mathrm{d}x\right]\mathrm{d}y. \tag{10.4}$$

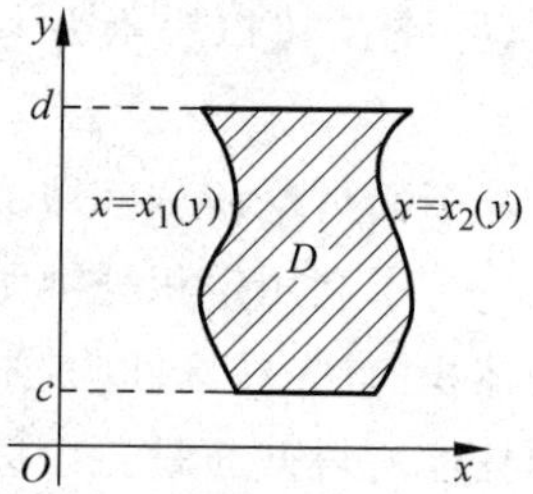

图 10.7

上式右端的积分称为先对 x 后对 y 的二次积分. 也就是说,在被积函数 $f(x,y)$中,先把 y 看作常数,函数 $f(x,y)$先对变量 x 从 $x_1(y)$到 $x_2(y)$上求定积分; 然后再把算得的结果(是 y 的函数)作为被积函数对变量 y 在区间$[c,d]$上求定积分. 这个先对 x 后对 y 的二次积分也常记作

$$\iint_D f(x,y)\mathrm{d}\sigma=\int_c^d\mathrm{d}y\int_{x_1(y)}^{x_2(y)}f(x,y)\mathrm{d}x.$$

如果积分区域 D 既是 X 型的,又是 Y 型的,即

$$\begin{aligned}D&=\{(x,y)\mid y_1(x)\leqslant y\leqslant y_2(x),a\leqslant x\leqslant b\}\\&=\{(x,y)\mid x_1(y)\leqslant x\leqslant x_2(y),c\leqslant y\leqslant d\},\end{aligned}$$

则由式(10.2)及式(10.4)得

$$\iint_D f(x,y)\mathrm{d}\sigma=\int_a^b\mathrm{d}x\int_{y_1(x)}^{y_2(x)}f(x,y)\mathrm{d}y=\int_c^d\mathrm{d}y\int_{x_1(y)}^{x_2(y)}f(x,y)\mathrm{d}x.$$

在上述讨论所得出的结果中,我们总是假定函数 $f(x,y)\geqslant 0$. 事实上,对于一般的函数 $f(x,y)$,上面所得出的结论也是成立的. 因为对于任何函数 $f(x,y)$,总有

$$f(x,y)=\left\{\frac{f(x,y)+|f(x,y)|}{2}\right\}-\left\{\frac{|f(x,y)|-f(x,y)}{2}\right\}$$

成立,而且

$$\frac{f(x,y)+|f(x,y)|}{2},\frac{|f(x,y)|-f(x,y)}{2}$$

均为非负函数,故由二重积分的线性性质可得结论.

例 1 计算 $\iint\limits_D xy\,\mathrm{d}\sigma$,其中 D 是由直线 $y=1,x=2$ 及 $y=x$ 所围成的闭区域.

解 方法 1 先画出积分区域 D(图 10.8).该积分区域 D 可表示成 X 型区域,即

$$D=\{(x,y)\mid 1\leqslant x\leqslant 2,1\leqslant y\leqslant x\},$$

于是

$$\iint\limits_D xy\,\mathrm{d}\sigma=\int_1^2\left[\int_1^x xy\,\mathrm{d}y\right]\mathrm{d}x=\int_1^2\left[x\cdot\frac{y^2}{2}\right]_1^x\mathrm{d}x=\frac{1}{2}\int_1^2(x^3-x)\,\mathrm{d}x$$

$$=\frac{1}{2}\left[\frac{x^4}{4}-\frac{x^2}{2}\right]_1^2=\frac{9}{8}.$$

方法 2 积分区域 D 又可表示成 Y 型区域,即

$$D=\{(x,y)\mid 1\leqslant y\leqslant 2,y\leqslant x\leqslant 2\},$$

于是

$$\iint\limits_D xy\,\mathrm{d}\sigma=\int_1^2\left[\int_y^2 xy\,\mathrm{d}x\right]\mathrm{d}y=\int_1^2\left[y\cdot\frac{x^2}{2}\right]_y^2\mathrm{d}y=\int_1^2\left(2y-\frac{y^3}{2}\right)\mathrm{d}y=\left[y^2-\frac{y^4}{8}\right]_1^2=\frac{9}{8}.$$

例 2 计算 $\iint\limits_D y\sqrt{1+x^2-y^2}\,\mathrm{d}\sigma$,其中 D 是由直线 $y=x,x=-1$ 和 $y=1$ 所围成的闭区域.

解 积分区域 D 如图 10.9 所示,可见,积分区域 D 既是 X 型的,又是 Y 型的.若把 D 看作 X 型区域,即

$$D=\{(x,y)\mid -1\leqslant x\leqslant 1,x\leqslant y\leqslant 1\},$$

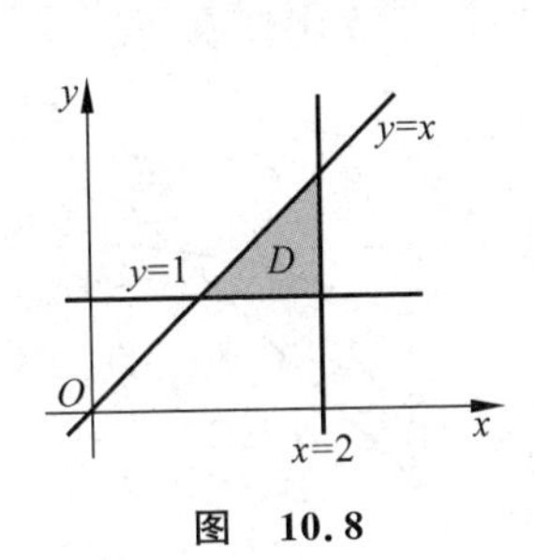

图 10.8

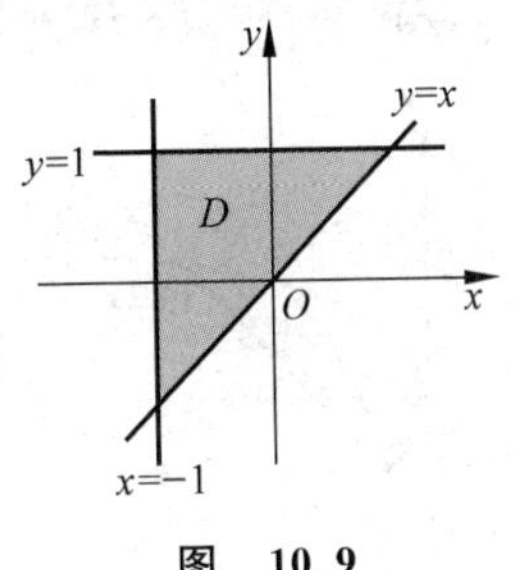

图 10.9

则

$$\iint\limits_D y\sqrt{1+x^2-y^2}\,\mathrm{d}\sigma=\int_{-1}^1\left[\int_x^1 y\sqrt{1+x^2-y^2}\,\mathrm{d}y\right]\mathrm{d}x=-\frac{1}{3}\int_{-1}^1\left[(1+x^2-y^2)^{\frac{3}{2}}\right]_x^1\mathrm{d}x$$

$$=-\frac{1}{3}\int_{-1}^1(|x|^3-1)\,\mathrm{d}x=-\frac{2}{3}\int_0^1(x^3-1)\,\mathrm{d}x=\frac{1}{2}.$$

若把区域 D 看作 Y 型区域,即

$$D=\{(x,y)\mid -1\leqslant y\leqslant 1,-1\leqslant x\leqslant y\},$$

则

$$\iint\limits_D y\sqrt{1+x^2-y^2}\,\mathrm{d}\sigma=\int_{-1}^1 y\left[\int_{-1}^y\sqrt{1+x^2-y^2}\,\mathrm{d}x\right]\mathrm{d}y.$$

显然，计算函数$\sqrt{1+x^2-y^2}$关于x的原函数比较麻烦，所以把积分区域D看作X型区域进行计算比较方便.

例3 计算$\iint\limits_D xy\,\mathrm{d}\sigma$，其中区域$D$是由抛物线$y^2=x$及直线$y=x-2$所围成的闭区域.

解 积分区域D如图10.10所示，可见，区域D既是X型的，又是Y型的. 若把D看作Y型区域，即

$$D=\{(x,y)\mid -1\leqslant y\leqslant 2, y^2\leqslant x\leqslant y+2\},$$

则

$$\iint\limits_D xy\,\mathrm{d}\sigma=\int_{-1}^{2}\left[\int_{y^2}^{y+2}xy\,\mathrm{d}x\right]\mathrm{d}y=\int_{-1}^{2}\left[\frac{x^2}{2}y\right]_{y^2}^{y+2}\mathrm{d}y=\frac{1}{2}\int_{-1}^{2}[y(y+2)^2-y^5]\mathrm{d}y$$

$$=\frac{1}{2}\left[\frac{y^4}{4}+\frac{4}{3}y^3+2y^2-\frac{y^6}{6}\right]_{-1}^{2}=\frac{45}{8}.$$

若把区域D看作X型区域来计算，由于在区间$[0,1]$及$[1,4]$上函数$y_1(x)$的表达式不同，所以需要用经过交点$(1,-1)$且平行于y轴的直线$x=1$把区域D分成D_1和D_2两部分(图10.11)，其中

$$D_1=\{(x,y)\mid -\sqrt{x}\leqslant y\leqslant \sqrt{x}, 0\leqslant x\leqslant 1\},$$

$$D_2=\{(x,y)\mid x-2\leqslant y\leqslant \sqrt{x}, 1\leqslant x\leqslant 4\}.$$

因此，根据二重积分的性质3有

$$\iint\limits_D xy\,\mathrm{d}\sigma=\iint\limits_{D_1} xy\,\mathrm{d}\sigma+\iint\limits_{D_2} xy\,\mathrm{d}\sigma=\int_0^1\left[\int_{-\sqrt{x}}^{\sqrt{x}}xy\,\mathrm{d}y\right]\mathrm{d}x+\int_1^4\left[\int_{x-2}^{\sqrt{x}}xy\,\mathrm{d}y\right]\mathrm{d}x=\frac{45}{8}.$$

由此可见，在这里若把区域D看作X型区域来进行计算比较麻烦.

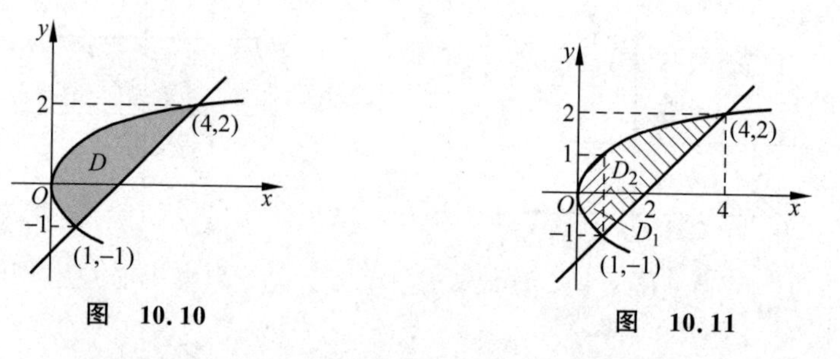

图 10.10　　图 10.11

通过对上述几个例题的求解可以看出，在二重积分的计算过程中，为了计算简便，需要选择恰当的积分次序. 在选择积分次序时既要考虑积分区域D的形状特点，又要考虑被积函数$f(x,y)$的特性，这一点需要我们在学习过程中特别注意.

例4 计算$\iint\limits_D \mathrm{e}^{-y^2}\mathrm{d}\sigma$，其中区域$D$是由$y=x$，$y=1$，$x=0$所围成的闭区域.

解 积分区域D如图10.12所示，可见，积分区域D既是X型的，又是Y型的. 若把D看作Y型区域，即

$$D=\{(x,y)\mid 0\leqslant y\leqslant 1, 0\leqslant x\leqslant y\},$$

则

$$\iint_D e^{-y^2}d\sigma=\int_0^1\left[\int_0^y e^{-y^2}dx\right]dy=\int_0^1[e^{-y^2}x]_0^y dy=\int_0^1 e^{-y^2}y\,dy=-\frac{1}{2}\int_0^1 e^{-y^2}d(-y^2)$$

$$=\left[-\frac{1}{2}e^{-y^2}\right]_0^1=\frac{1}{2}\left(1-\frac{1}{e}\right).$$

思考题 若将 D 看作 X 型区域，即先对 y 后对 x 积分来计算可以吗？

例 5 交换二次积分 $\int_0^1 dy\int_y^{2-y}f(x,y)dx$ 的积分顺序.

解 题中给出的积分是先 x 后 y 的二次积分，即积分区域按照 Y 型区域化成的二次积分. 要想交换积分次序，需要将积分区域按照 X 型区域表示出来. 为此，要根据所给二次积分的积分限画出积分区域 D 的草图(图 10.13). 可见，积分区域 D 的上边界由两条线段构成. 因此，需要用直线 $x=1$ 将积分区域 D 划分为两个区域，即

$$D_1=\{(x,y)\mid 0\leqslant x\leqslant 1,0\leqslant y\leqslant x\},$$
$$D_2=\{(x,y)\mid 1\leqslant x\leqslant 2,0\leqslant y\leqslant 2-x\}.$$

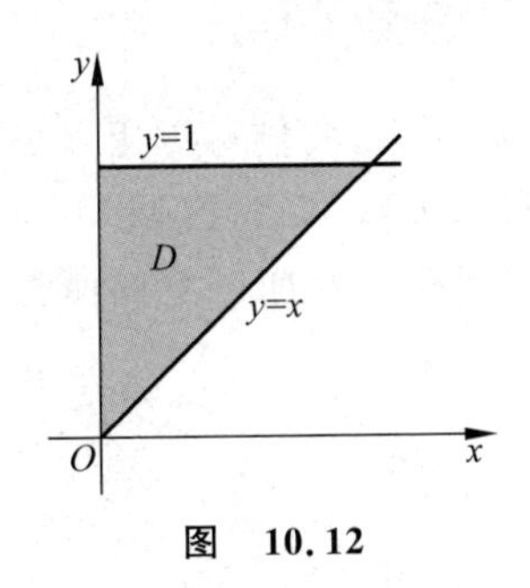

图 10.12

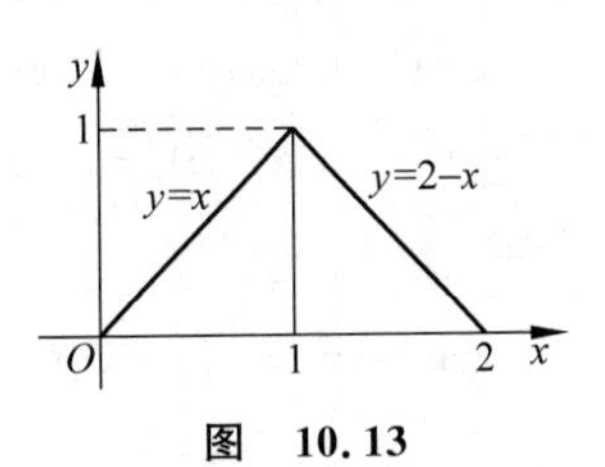

图 10.13

在积分区域 D_1，D_2 上分别将二重积分按照 X 型区域化成二次积分，得

$$\int_0^1 dy\int_y^{2-y}f(x,y)dx=\iint_D f(x,y)dxdy=\iint_{D_1}f(x,y)dxdy+\iint_{D_2}f(x,y)dxdy$$

$$=\int_0^1 dx\int_0^x f(x,y)dy+\int_1^2 dx\int_0^{2-x}f(x,y)dy.$$

一般而言，在交换积分次序时，积分限也会随之变化.

例 6 计算二次积分 $\int_0^1 dy\int_{\sqrt{y}}^1\frac{\sin x}{x^2}dx$.

解 由于被积函数$\frac{\sin x}{x^2}$关于 y 的原函数为$\frac{\sin x}{x^2}y$，而它关于 x 的原函数不容易求得. 所以应该将上面二次积分先交换积分次序，然后再进行计算. 把积分区域 D 表示成 X 型区域，即

$$D=\{(x,y)\mid 0\leqslant x\leqslant 1,0\leqslant y\leqslant x^2\},$$

于是

$$\int_0^1 dy\int_{\sqrt{y}}^1\frac{\sin x}{x^2}dx=\int_0^1 dx\int_0^{x^2}\frac{\sin x}{x^2}dy=\int_0^1\left[\frac{\sin x}{x^2}y\right]_0^{x^2}dx$$

$$=\int_0^1\frac{\sin x}{x^2}\cdot x^2dx=\int_0^1\sin x\,dx=[-\cos x]_0^1=1-\cos 1.$$

10.2.2 在极坐标系下计算二重积分

我们知道,有些平面区域的边界(曲线)方程和被积函数用直角坐标来表示非常麻烦,而用极坐标来表示则比较简单.这启发我们,在计算二重积分时能否也可以像用换元积分法计算定积分那样,利用极坐标来替换直角坐标,使得二重积分的计算问题变得简单?

下面我们来讨论这一问题.为此,首先建立极坐标系.令极坐标系的极点与直角坐标系(xOy 系)的原点重合,取 x 轴的正半轴为极轴.这样平面上的任意一个点 $M(x,y)$都与一个二元数组(r,θ)形成一一对应关系,则称(r,θ)为点 M 的极坐标,记作 $M(r,\theta)$,其中称 $r(r\geqslant 0)$为点 M 的极径,称 θ 为点 M 的极角.于是得到直角坐标与极坐标之间的坐标变换关系为 $x=r\cos\theta, y=r\sin\theta$.

设函数 $f(x,y)$在有界闭区域 D 上连续,由二重积分的定义有

$$\iint\limits_D f(x,y)\mathrm{d}\sigma=\lim_{\lambda\to 0}\sum_{i=1}^{n}f(\xi_i,\eta_i)\Delta\sigma_i.$$

下面我们来研究这个和式的极限在极坐标系中的形式.

由于对积分区域 D 的划分是任意的,因此在极坐标系中,我们可以用以极点为中心的一族同心圆 $r=$常数与从极点出发的一族射线 $\theta=$常数为曲线网,将区域 D 划分成 n 个小闭区域(图 10.14),除了包含边界点的一些小闭区域外,其他各小闭区域的面积 $\Delta\sigma_i$ 可计算如下:

$$\begin{aligned}\Delta\sigma_i&=\frac{1}{2}(r_i+\Delta r_i)^2\cdot\Delta\theta_i-\frac{1}{2}r_i^2\Delta\theta_i\\&=\frac{1}{2}(2r_i+\Delta r_i)\Delta r_i\cdot\Delta\theta_i\\&=\frac{r_i+(r_i+\Delta r_i)}{2}\cdot\Delta r_i\cdot\Delta\theta_i\\&=\bar{r}_i\cdot\Delta r_i\cdot\Delta\theta_i,\end{aligned}$$

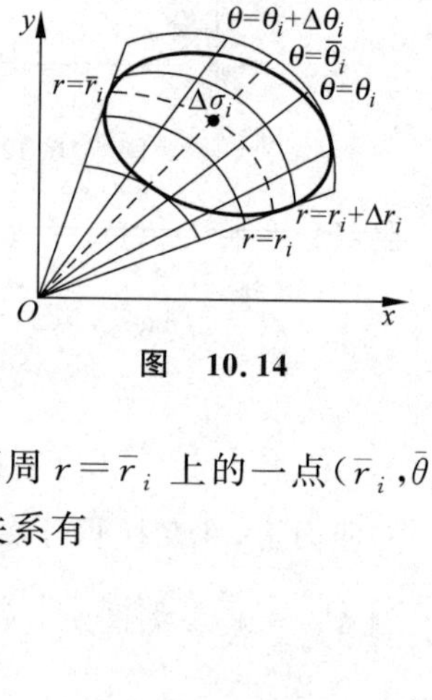

图 10.14

其中,$\bar{r}_i$ 表示相邻两圆弧半径的平均值.在这个小闭区域内取圆周 $r=\bar{r}_i$ 上的一点$(\bar{r}_i,\bar{\theta}_i)$,该点的直角坐标设为$(\xi_i,\eta_i)$,则由直角坐标与极坐标之间的关系有

$$\xi_i=\bar{r}_i\cos\bar{\theta}_i,\quad \eta_i=\bar{r}_i\sin\bar{\theta}_i,$$

于是

$$\lim_{\lambda\to 0}\sum_{i=1}^{n}f(\xi_i,\eta_i)\Delta\sigma_i=\lim_{\lambda\to 0}\sum_{i=1}^{n}f(\bar{r}_i\cos\bar{\theta}_i,\bar{r}_i\sin\bar{\theta}_i)\bar{r}_i\cdot\Delta r_i\cdot\Delta\theta_i,$$

即

$$\iint\limits_D f(x,y)\mathrm{d}\sigma=\iint\limits_D f(r\cos\theta,r\sin\theta)r\mathrm{d}r\mathrm{d}\theta.\tag{10.5}$$

式(10.5)就是二重积分的变量从直角坐标变换为极坐标的变换公式,其中 $r\mathrm{d}r\mathrm{d}\theta$ 是极坐标系中的面积元素.

式(10.5)表明,要把二重积分中的变量从直角坐标变换为极坐标,只要把被积函数中的 x,y 分别换成 $r\cos\theta, r\sin\theta$,并把直角坐标系下的面积元素 $\mathrm{d}x\mathrm{d}y$ 换成极坐标下的面积元素 $r\mathrm{d}r\mathrm{d}\theta$ 即可.

利用极坐标来计算二重积分 $\iint\limits_D f(r\cos\theta, r\sin\theta) r \mathrm{d}r\mathrm{d}\theta$，同样也需要将关于 r,θ 的二重积分化为二次积分. 在化成二次积分的过程中需要把积分区域 D 用极坐标表示出来. 设积分区域 D 可以用不等式 $r_1(\theta) \leqslant r \leqslant r_2(\theta), \alpha \leqslant \theta \leqslant \beta$ 来表示(图 10.15)，其中函数 $r_1(\theta)$，$r_2(\theta)$ 在区间 $[\alpha,\beta]$ 上连续.

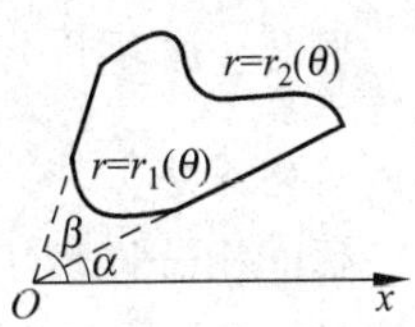

图 10.15

先在区间 $[\alpha,\beta]$ 上任意取定一个 θ 值，对应于这个取定的 θ 值，区域 D 上点的极径 r 从 $r_1(\theta)$ 变到 $r_2(\theta)$. 又因为 θ 是在区间 $[\alpha,\beta]$ 上任意取定的，所以 θ 的变化范围是区间 $[\alpha,\beta]$. 类似于在直角坐标系中二重积分化为二次积分的分析过程，极坐标系中的二重积分化为二次积分的公式为

$$\iint\limits_D f(r\cos\theta, r\sin\theta) r \mathrm{d}r\mathrm{d}\theta = \int_\alpha^\beta \left[\int_{r_1(\theta)}^{r_2(\theta)} f(r\cos\theta, r\sin\theta) r \mathrm{d}r\right] \mathrm{d}\theta.$$

上式也可写成

$$\iint\limits_D f(r\cos\theta, r\sin\theta) r \mathrm{d}r\mathrm{d}\theta = \int_\alpha^\beta \mathrm{d}\theta \int_{r_1(\theta)}^{r_2(\theta)} f(r\cos\theta, r\sin\theta) r \mathrm{d}r.$$

下面分三种情况进行讨论.

(1) 如果极点 O 在积分区域 D 的内部，且区域 D 由连续曲线 $r = r(\theta)$ 所围成(图 10.16)，即

$$D = \{(r,\theta) \mid 0 \leqslant r \leqslant r(\theta), 0 \leqslant \theta \leqslant 2\pi\},$$

则有

$$\iint\limits_D f(r\cos\theta, r\sin\theta) r \mathrm{d}r\mathrm{d}\theta = \int_0^{2\pi} \mathrm{d}\theta \int_0^{r(\theta)} f(r\cos\theta, r\sin\theta) r \mathrm{d}r.$$

(2) 如果极点 O 在积分区域 D 的外部，且区域 D 由射线 $\theta = \alpha, \theta = \beta$ 和连续曲线 $r = r_1(\theta), r = r_2(\theta)$ 所围成(图 10.17)，即

$$D = \{(r,\theta) \mid r_1(\theta) \leqslant r \leqslant r_2(\theta), \alpha \leqslant \theta \leqslant \beta\},$$

则有

$$\iint\limits_D f(r\cos\theta, r\sin\theta) r \mathrm{d}r\mathrm{d}\theta = \int_\alpha^\beta \mathrm{d}\theta \int_{r_1(\theta)}^{r_2(\theta)} f(r\cos\theta, r\sin\theta) r \mathrm{d}r.$$

(3) 如果极点 O 在积分区域 D 的边界上，且区域 D 由射线 $\theta = \alpha, \theta = \beta$ 和连续曲线 $r = r(\theta)$ 所围成(见图 10.18)，即

$$D = \{(r,\theta) \mid 0 \leqslant r \leqslant r(\theta), \alpha \leqslant \theta \leqslant \beta\},$$

则有

$$\iint\limits_D f(r\cos\theta, r\sin\theta) r \mathrm{d}r\mathrm{d}\theta = \int_\alpha^\beta \mathrm{d}\theta \int_0^{r(\theta)} f(r\cos\theta, r\sin\theta) r \mathrm{d}r.$$

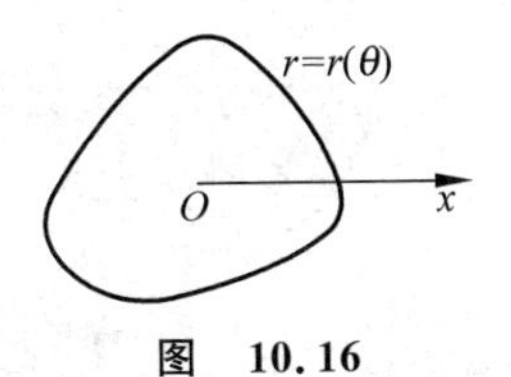

图 10.16

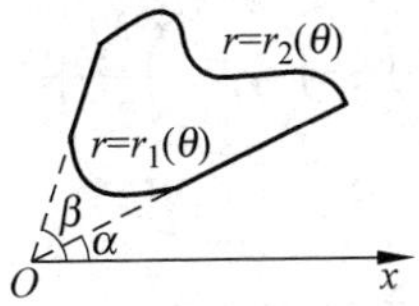

图 10.17

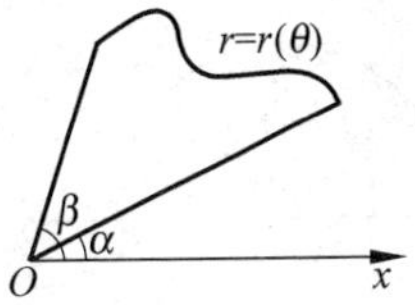

图 10.18

例7 计算$\iint\limits_D \sqrt{4-x^2-y^2}\,\mathrm{d}x\,\mathrm{d}y$，其中区域$D$是由上半圆周$x^2+y^2=2x$和$x$轴所围成的闭区域.

解 积分区域D如图10.19所示，由于积分区域是半圆形区域，所以采用极坐标来计算比较简单. 在极坐标系下，积分区域D可表示为

$$D=\left\{(r,\theta)\,|\,0\leqslant\theta\leqslant\frac{\pi}{2},0\leqslant r\leqslant 2\cos\theta\right\},$$

于是

$$\begin{aligned}\iint\limits_D \sqrt{4-x^2-y^2}\,\mathrm{d}x\,\mathrm{d}y&=\int_0^{\frac{\pi}{2}}\mathrm{d}\theta\int_0^{2\cos\theta}\sqrt{4-r^2}\cdot r\,\mathrm{d}r=-\frac{1}{2}\int_0^{\frac{\pi}{2}}\mathrm{d}\theta\int_0^{2\cos\theta}(4-r^2)^{\frac{1}{2}}\,\mathrm{d}(4-r^2)\\&=-\frac{1}{2}\cdot\frac{2}{3}\int_0^{\frac{\pi}{2}}\left[(4-r^2)^{\frac{3}{2}}\right]_0^{2\cos\theta}\mathrm{d}\theta=\frac{1}{3}\int_0^{\frac{\pi}{2}}(8-8\sin^3\theta)\,\mathrm{d}\theta\\&=\frac{4}{3}\left(\pi-\frac{4}{3}\right).\end{aligned}$$

例8 计算$\iint\limits_D \arctan\dfrac{y}{x}\,\mathrm{d}x\,\mathrm{d}y$，其中区域$D$是由圆周$x^2+y^2=4$，$x^2+y^2=1$及直线$y=0$，$y=x$所围成的第一象限内的闭区域.

解 积分区域D如图10.20所示，由于积分区域是环形区域的一部分，所以采用极坐标来计算比较简单. 在极坐标系下，区域D可表示为

$$D=\left\{(r,\theta)\,|\,0\leqslant\theta\leqslant\frac{\pi}{4},1\leqslant r\leqslant 2\right\},$$

于是

$$\begin{aligned}\iint\limits_D \arctan\frac{y}{x}\,\mathrm{d}\sigma&=\iint\limits_D \arctan(\tan\theta)\cdot r\,\mathrm{d}r\,\mathrm{d}\theta=\iint\limits_D \theta\cdot r\,\mathrm{d}r\,\mathrm{d}\theta=\int_0^{\frac{\pi}{4}}\mathrm{d}\theta\int_1^2\theta\cdot r\,\mathrm{d}r\\&=\int_0^{\frac{\pi}{4}}\theta\,\mathrm{d}\theta\int_1^2 r\,\mathrm{d}r=\frac{3\pi^2}{64}.\end{aligned}$$

例9 计算$\iint\limits_D \mathrm{e}^{-x^2-y^2}\,\mathrm{d}x\,\mathrm{d}y$，其中区域$D$是由圆心在原点、半径为$a$的圆周所围成的闭区域.

解 积分区域D如图10.21所示，由于积分区域是一个圆形区域，所以采用极坐标来计算此积分比较简单. 在极坐标系下，闭区域D可表示为

$$D=\{(r,\theta)\mid 0\leqslant r\leqslant a,0\leqslant\theta\leqslant 2\pi\},$$

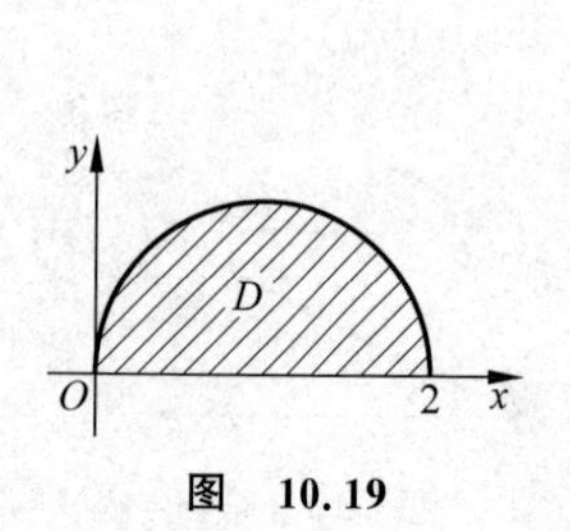

图 10.19

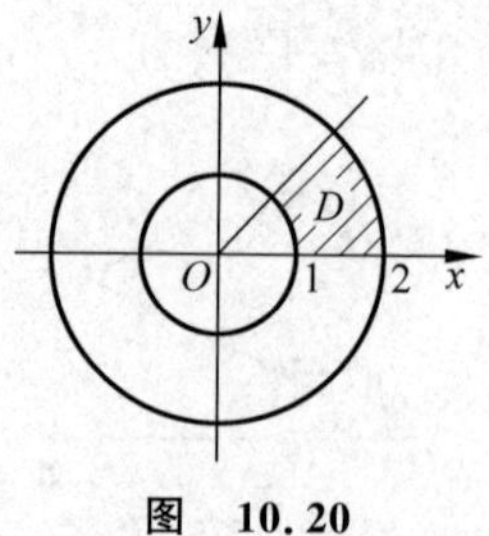

图 10.20

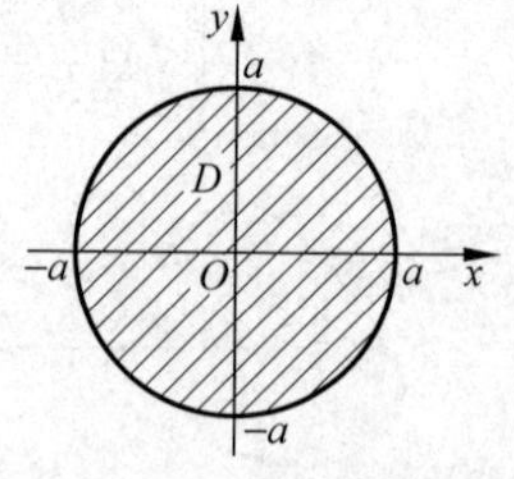

图 10.21

于是

$$\iint\limits_{D} e^{-x^2-y^2}\,dx\,dy=\iint\limits_{D} e^{-r^2}r\,dr\,d\theta=\int_0^{2\pi}\left[\int_0^a e^{-r^2}r\,dr\right]d\theta=\int_0^{2\pi}\left[\int_0^a -\frac{1}{2}e^{-r^2}d(-r^2)\right]d\theta$$

$$=\int_0^{2\pi}\left[-\frac{1}{2}e^{-r^2}\right]_0^a d\theta=\frac{1}{2}(1-e^{-a^2})\int_0^{2\pi}d\theta=\pi(1-e^{-a^2}).$$

本题如果利用直角坐标来计算，由于函数 e^{-x^2} 的原函数不是初等函数，所以不定积分 $\int e^{-x^2}dx$ 算不出来.

现在我们利用例 9 的结果来计算广义积分 $\int_0^{+\infty}e^{-x^2}dx$.

设

$$D_1=\{(x,y)\mid x^2+y^2\leqslant R^2,x\geqslant 0,y\geqslant 0\},$$
$$D_2=\{(x,y)\mid x^2+y^2\leqslant 2R^2,x\geqslant 0,y\geqslant 0\},$$
$$S=\{(x,y)\mid 0\leqslant x\leqslant R,0\leqslant y\leqslant R\},$$

显然 $D_1\subset S\subset D_2$（图 10.22）. 由于在整个坐标平面上，函数 $e^{-x^2-y^2}>0$，从而在这些闭区域上的二重积分之间满足不等式

$$\iint\limits_{D_1} e^{-x^2-y^2}\,dx\,dy<\iint\limits_{S} e^{-x^2-y^2}\,dx\,dy<\iint\limits_{D_2} e^{-x^2-y^2}\,dx\,dy.$$

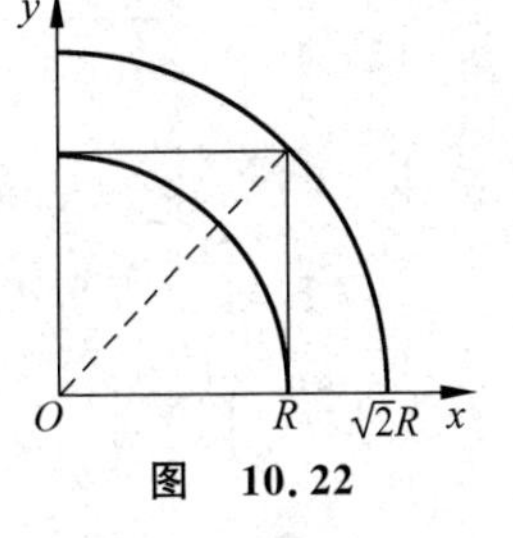

图 10.22

因为

$$\iint\limits_{S} e^{-x^2-y^2}\,dx\,dy=\int_0^R e^{-x^2}dx\cdot\int_0^R e^{-y^2}dy=\left(\int_0^R e^{-x^2}dx\right)^2,$$

应用上面例 9 已得的结果，有

$$\iint\limits_{D_1} e^{-x^2-y^2}\,dx\,dy=\frac{\pi}{4}(1-e^{-R^2}),\quad \iint\limits_{D_2} e^{-x^2-y^2}\,dx\,dy=\frac{\pi}{4}(1-e^{-2R^2}),$$

故有

$$\frac{\pi}{4}(1-e^{-R^2})<\left(\int_0^R e^{-x^2}dx\right)^2<\frac{\pi}{4}(1-e^{-2R^2}).$$

令 $R\to+\infty$，上式两端的极限为 $\frac{\pi}{4}$，由夹逼准则有

$$\int_0^{+\infty}e^{-x^2}dx=\frac{\sqrt{\pi}}{2}.$$

习题 10.2

1. 利用直角坐标计算下列二重积分：

(1) $\iint\limits_{D}(2x+y)\,dx\,dy$，其中 D 是由 $y=\sqrt{x}$，$y=0$，$x+y=2$ 所围成的闭区域；

(2) $\iint\limits_{D}(3x+2y)\,d\sigma$，其中 D 是由两坐标轴及直线 $x+y=2$ 所围成的闭区域；

(3) $\iint\limits_{D}(x^2+y^2)\,d\sigma$，其中 $D=\{(x,y)\mid |x|\leqslant 1,|y|\leqslant 1\}$；

(4) $\iint\limits_D (x^3+3x^2y+y^2)\mathrm{d}\sigma$，其中 $D=\{(x,y)\mid 0\leqslant x\leqslant 1, 0\leqslant y\leqslant 1\}$；

(5) $\iint\limits_D x\cos(x+y)\mathrm{d}\sigma$，其中 D 是顶点分别为$(0,0)$，$(\pi,0)$和(π,π)的三角形闭区域；

(6) $\iint\limits_D xy\mathrm{e}^{x^2+y^2}\mathrm{d}\sigma$，其中 $D=\{(x,y)\mid 0\leqslant x\leqslant 1, 0\leqslant y\leqslant 2\}$；

(7) $\iint\limits_D \mathrm{e}^{x+y}\mathrm{d}\sigma$，其中 $D=\{(x,y)\mid |x|\leqslant 1, |y|\leqslant 1\}$；

(8) $\iint\limits_D \mathrm{e}^{-\frac{y^2}{2}}\mathrm{d}\sigma$，其中 D 是由 $y=0$，$x=1$ 及 $y=\sqrt{x}$ 所围成的闭区域.

2. 利用极坐标计算下列二重积分：

(1) $\iint\limits_D \mathrm{e}^{x^2+y^2}\mathrm{d}\sigma$，其中 D 是由圆周 $x^2+y^2=4$ 所围成的闭区域；

(2) $\iint\limits_D \sqrt{x^2+y^2}\,\mathrm{d}\sigma$，其中 D 是圆环形闭区域$\{(x,y)\mid a^2\leqslant x^2+y^2\leqslant b^2\}$；

(3) $\iint\limits_D \sin\sqrt{x^2+y^2}\,\mathrm{d}\sigma$，其中 $D=\{(x,y)\mid \pi^2\leqslant x^2+y^2\leqslant 4\pi^2\}$.

3. 设 $f(x,y)$连续，交换下列二次积分的顺序：

(1) $I=\int_0^1\mathrm{d}y\int_{y^2}^{y}f(x,y)\mathrm{d}x$；

(2) $I=\int_0^2\mathrm{d}x\int_{\sqrt{2x-x^2}}^{1}f(x,y)\mathrm{d}y$；

(3) $I=\int_1^{\mathrm{e}}\mathrm{d}x\int_0^{\ln x}f(x,y)\mathrm{d}y$；

(4) $I=\int_0^1\mathrm{d}y\int_0^{2y}f(x,y)\mathrm{d}x+\int_1^3\mathrm{d}y\int_0^{3-y}f(x,y)\mathrm{d}x$；

(5) $I=\int_{\frac{1}{2}}^1\mathrm{d}x\int_{\frac{1}{x}}^{2}f(x,y)\mathrm{d}y+\int_1^2\mathrm{d}x\int_x^2 f(x,y)\mathrm{d}y$.

4. 计算下列积分：

(1) $\int_0^1\mathrm{d}x\int_x^{\sqrt{x}}\frac{\sin y}{y}\mathrm{d}y$；　　(2) $\int_0^1\mathrm{d}y\int_y^1\mathrm{e}^{x^2}\mathrm{d}x$.

5. 化下列二次积分为极坐标形式的二次积分：

(1) $\int_0^{2a}\mathrm{d}x\int_0^{\sqrt{2ax-x^2}}f(x,y)\mathrm{d}y$；　　(2) $\int_0^1\mathrm{d}x\int_0^{x^2}f(x,y)\mathrm{d}y$；

(3) $\int_0^1\mathrm{d}x\int_{1-x}^{\sqrt{1-x^2}}f(x,y)\mathrm{d}y$；　　(4) $\int_{-1}^1\mathrm{d}x\int_{-\sqrt{1-x^2}}^{\sqrt{1-x^2}}f(x,y)\mathrm{d}y$.

6. 如果二重积分 $\iint\limits_D f(x,y)\mathrm{d}x\mathrm{d}y$ 的被积函数 $f(x,y)$是两个函数 $f_1(x)$及 $f_2(y)$的乘积，即 $f(x,y)=f_1(x)f_2(y)$，积分区域 $D=\{(x,y)\mid a\leqslant x\leqslant b, c\leqslant y\leqslant d\}$. 证明这个二重积分等于两个定积分的乘积，即

$$\iint\limits_D f_1(x)f_2(y)\mathrm{d}x\mathrm{d}y=\int_a^b f_1(x)\mathrm{d}x\int_c^d f_2(y)\mathrm{d}y.$$

7. 设 $f(x,y)$ 在 D 上连续，其中 D 是由直线 $y=x$，$y=a$ 及 $x=b(b>a)$ 围成的闭区域. 证明 $\int_a^b \mathrm{d}x\int_a^x f(x,y)\mathrm{d}y=\int_a^b \mathrm{d}y\int_y^b f(x,y)\mathrm{d}x$.

8. 设平面薄片所占的闭区域 D 由直线 $x+y=2$，$y=x$ 和 x 轴所围成，它的面密度为 $\mu(x,y)=x^2+y^2$. 求该薄片的质量 M.

10.3 三重积分

10.3.1 三重积分的概念

在 10.1 节中，为研究质量分布不均匀的平面薄片的质量引出了二重积分. 若空间 $Oxyz$ 中有一个有界立体薄片 Ω，其密度分布不均匀，如何计算它的质量呢?

我们自然会想到用定积分和二重积分中所采用的思想与方法来解决这个问题，即将 Ω 分割、局部以“匀”代“变”、求得近似值后再取极限. 按照这个思路和方法来计算立体 Ω 的质量就会得到一个新的和式的极限，称它为三重积分.

定义 1 设三元函数 $f(x,y,z)$ 在空间 $Oxyz$ 中的有界闭区域 Ω 上有界. 将 Ω 任意分成 n 个小闭区域 $\Delta\Omega_1,\Delta\Omega_2,\cdots,\Delta\Omega_n$，并用 Δv_i 表示 $\Delta\Omega_i$ 的体积. 在每个 $\Delta\Omega_i$ 上任取一点 (ξ_i,η_i,ζ_i)，作乘积 $f(\xi_i,\eta_i,\zeta_i)\Delta v_i\ (i=1,2,\cdots,n)$，并作和 $\sum\limits_{i=1}^{n} f(\xi_i,\eta_i,\zeta_i)\Delta v_i$，如果当各小闭区域直径的最大值 λ 趋于零时，这和式的极限总存在，则称函数 $f(x,y,z)$ 在区域 Ω 上可积，此极限值为 $f(x,y,z)$ 在闭区域 Ω 上的三重积分，记作 $\iiint\limits_{\Omega} f(x,y,z)dv$，即

$$\iiint\limits_{\Omega} f(x,y,z)\mathrm{d}v=\lim_{\lambda\to 0}\sum_{i=1}^{n} f(\xi_i,\eta_i,\zeta_i)\Delta v_i, \tag{10.6}$$

其中 $f(x,y,z)$ 为被积函数，x,y,z 为积分变量，Ω 为积分区域，$\mathrm{d}v$ 为体积元素.

在直角坐标系中，如果用平行于坐标面的平面来划分 Ω，那么除了包含 Ω 的边界点的一些不规则小闭区域外，得到的小闭区域 $\Delta\Omega_i$ 为长方体. 设长方体小闭区域 $\Delta\Omega_i$ 的边长为 $\Delta x_j,\Delta y_k,\Delta z_l$，则 $\Delta v_i=\Delta x_j\Delta y_k\Delta z_l$. 因此在直角坐标系中，有时也把体积元素 $\mathrm{d}v$ 记作 $\mathrm{d}x\mathrm{d}y\mathrm{d}z$，而把三重积分记作

$$\iiint\limits_{\Omega} f(x,y,z)\mathrm{d}x\mathrm{d}y\mathrm{d}z,$$

其中 $\mathrm{d}x\mathrm{d}y\mathrm{d}z$ 称为直角坐标系中的体积元素.

当函数 $f(x,y,z)$ 在闭区域 Ω 上连续时，式(10.6)右端的极限必定存在，也就是函数在闭区域 Ω 上的三重积分必定存在. 以后我们总假定函数 $f(x,y,z)$ 在闭区域 Ω 上是连续的，因此三重积分一定存在.

三重积分的概念可以看作是二重积分概念的推广，因此二重积分的性质也可以平移到三重积分上来，这里不再赘述.

如果 $\rho(x,y,z)$ 表示某物体在点 (x,y,z) 处的密度，Ω 是该物体所占有的空间闭区域，$\rho(x,y,z)$ 在 Ω 上连续，则 $\sum\limits_{i=1}^{n}\rho(\xi_i,\eta_i,\zeta_i)\Delta v_i$ 是该物体的质量 m 的近似值，这个和当

$\lambda \to 0$ 时的极限就是该物体的质量 m,所以

$$m = \iiint_{\Omega} \rho(x, y, z) \mathrm{d}v.$$

10.3.2 在直角坐标系下计算三重积分

由于空间中点的坐标可以有不同的表示方式,因此,下面研究如何用各种不同的坐标来计算三重积分.计算三重积分的基本方法是将三重积分化为三次定积分.

设 Ω 为空间 $Oxyz$ 中的有界闭区域(图 10.23),先假定平行于 z 轴且穿过 Ω 内部的直线与 Ω 的边界曲面的交点不多于两个.

设 Ω 在平面 xOy 上的投影为闭区域 D(图 10.24),Ω 的侧面是以 D 的边界为准线、母线平行于 z 轴的柱面,上、下底面分别是定义在 D 上的连续函数 $z=z_2(x,y)$,$z=z_1(x,y)$ 的曲面,且 $z_1(x,y) \leqslant z_2(x,y)$.当过区域 D 内任一点 (x_0,y_0) 作平行于 z 轴的直线自下而上穿过 Ω 时,穿入点与穿出点的竖坐标分别为 $z=z_1(x_0,y_0)$ 和 $z=z_2(x_0,y_0)$.因此,有

$$\Omega = \{(x,y,z) \mid z_1(x,y) \leqslant z \leqslant z_2(x,y), (x,y) \in D\}.$$

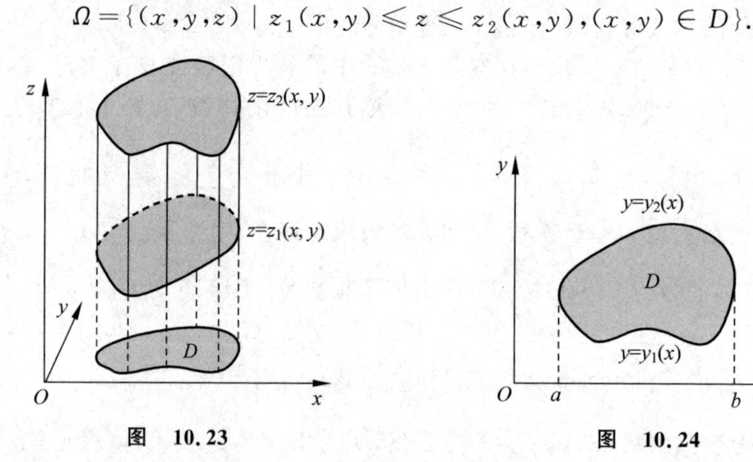

图 10.23

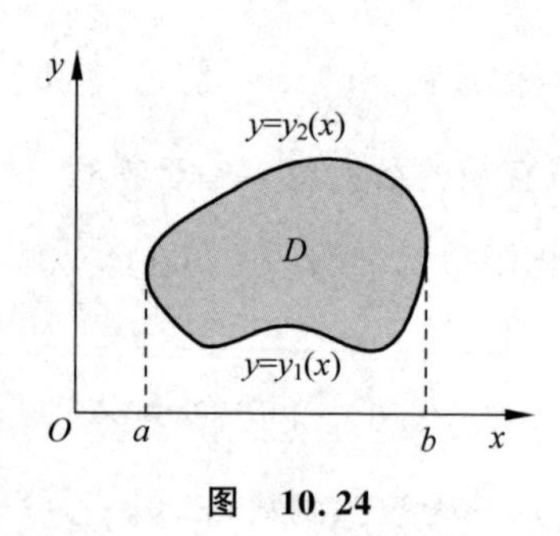

图 10.24

此时,Ω 上的连续函数 $f(x,y,z)$ 在 Ω 上的三重积分可化为

$$\iiint_{\Omega} f(x,y,z) \mathrm{d}x\mathrm{d}y\mathrm{d}z = \iint_{D} \mathrm{d}x\mathrm{d}y \int_{z_1(x,y)}^{z_2(x,y)} f(x,y,z) \mathrm{d}z. \tag{10.7}$$

计算式(10.7)的右端时,第一步先将函数 $f(x,y,z)$ 在区间 $[z_1(x,y), z_2(x,y)]$ 上对 z 求定积分,得到一个 x,y 的二元函数,记为 $F(x,y)$,即

$$F(x,y) = \int_{z_1(x,y)}^{z_2(x,y)} f(x,y,z) \mathrm{d}z.$$

第二步再计算二元函数 $F(x,y)$ 在 D 上的二重积分,

$$\iint_{D} F(x,y) \mathrm{d}x\mathrm{d}y = \iint_{D} \left[\int_{z_1(x,y)}^{z_2(x,y)} f(x,y,z) \mathrm{d}z\right] \mathrm{d}x\mathrm{d}y.$$

这种方法可称为“先一后二”法.

若 D 可表示为 $D=\{(x,y) \mid y_1(x) \leqslant y \leqslant y_2(x), a \leqslant x \leqslant b\}$,则有

$$\iint_{D} F(x,y) \mathrm{d}x\mathrm{d}y = \int_a^b \mathrm{d}x \int_{y_1(x)}^{y_2(x)} F(x,y) \mathrm{d}y.$$

总之,若积分区域为

$\Omega=\{(x,y,z)\mid z_1(x,y)\leqslant z\leqslant z_2(x,y),y_1(x)\leqslant y\leqslant y_2(x),a\leqslant x\leqslant b\}$(图 10.23),则

$$\iiint_{\Omega} f(x,y,z)\mathrm{d}x\mathrm{d}y\mathrm{d}z=\int_a^b \mathrm{d}x\int_{y_1(x)}^{y_2(x)}\mathrm{d}y\int_{z_1(x,y)}^{z_2(x,y)} f(x,y,z)\mathrm{d}z. \tag{10.8}$$

式(10.8)把三重积分化为了先对 z,再对 y,最后对 x 的三次定积分.

如果平行于 x 轴或 y 轴且穿过 Ω 内部的直线与 Ω 的边界曲面的交点不多于两个,也可将 Ω 投影到 yOz 平面或 xOz 平面,而将三重积分分别对应地化为按相应顺序的累次积分. 如果平行于坐标轴并且穿过 Ω 内部的直线与 Ω 的边界曲面的交点多于两个,这时可像处理二重积分那样,把 Ω 分割成若干个上述所讨论的区域,分别在这样的区域上计算相应的积分,然后利用积分对区域的可加性即可得所求积分.

例 1 计算 $\iiint_{\Omega} 6x\mathrm{d}x\mathrm{d}y\mathrm{d}z$,其中 Ω 是由坐标面 $x=0$,$y=0$,$z=0$ 及平面 $x+2y+3z=1$ 所围成的闭区域.

解 作闭区域 Ω 如图 10.25 所示. 将 Ω 投影到 xOy 面上,得投影区域 D_{xy} 为三角形闭区域 OAB. 直线 OA、OB 及 AB 的方程依次为 $y=0$、$x=0$ 及 $x+2y=1$,所以

$D_{xy}=\left\{(x,y)\mid 0\leqslant y\leqslant \dfrac{1-x}{2},0\leqslant x\leqslant 1\right\}$.

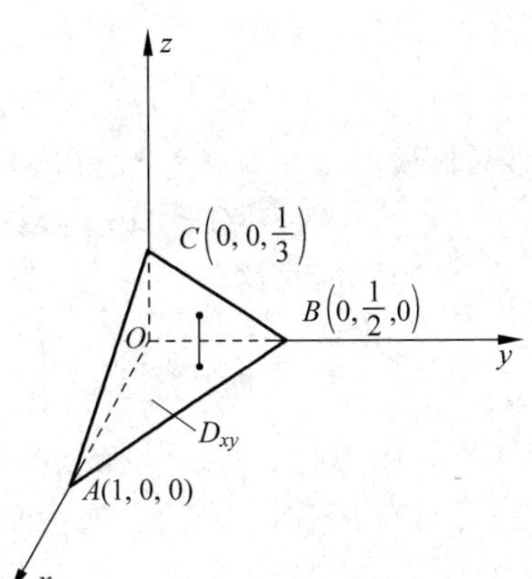

图 10.25

在 D_{xy} 内任取一点 (x,y),过此点作平行于 z 轴的直线,该直线通过平面 $z=0$ 穿入 Ω 内,然后通过平面 $z=\dfrac{1}{3}(1-x-2y)$ 穿出 Ω 外. 故

$$\Omega=\left\{(x,y,z)\mid 0\leqslant z\leqslant \frac{1-x-2y}{3},0\leqslant y\leqslant \frac{1-x}{2},0\leqslant x\leqslant 1\right\}.$$

于是,由式(10.8)得

$$\iiint_{\Omega} 6x\mathrm{d}x\mathrm{d}y\mathrm{d}z=6\int_0^1\mathrm{d}x\int_0^{\frac{1-x}{2}}\mathrm{d}y\int_0^{\frac{1-x-2y}{3}} x\mathrm{d}z=\int_0^1\mathrm{d}x\int_0^{\frac{1-x}{2}}(2x-2x^2-4xy)\mathrm{d}y$$

$$=\int_0^1\left(\frac{x}{2}-x^2+\frac{x^3}{2}\right)\mathrm{d}x=\frac{1}{24}.$$

例 2 计算 $\iiint_{\Omega} x^2 z\mathrm{d}x\mathrm{d}y\mathrm{d}z$,其中 Ω 是由四个平面 $x=0$,$y=4$,$z=0$,$z=y$ 及抛物柱面 $y=x^2$ 所围成的闭区域.

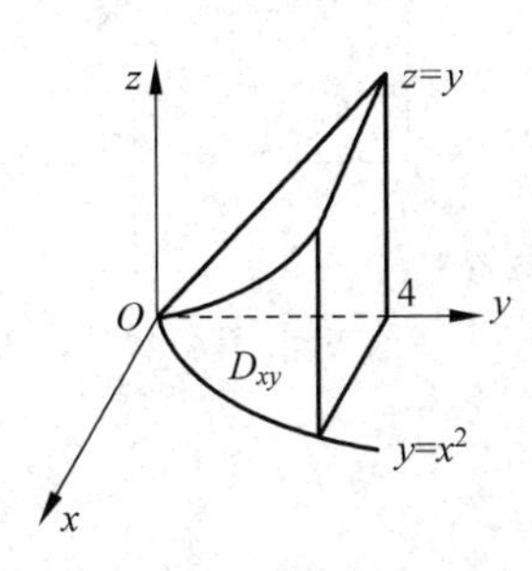

图 10.26

解 作闭区域 Ω 如图 10.26 所示. 将 Ω 投影到 xOy 面上,得投影区域 D_{xy} 为 y 轴、$y=4$ 及 $y=x^2$ 所围成的图形,即

$$D_{xy}=\{(x,y)\mid x^2\leqslant y\leqslant 4,0\leqslant x\leqslant 2\}.$$

在 D_{xy} 内任取一点 (x,y),过此点作平行于 z 轴的直线,该直线通过平面 $z=0$ 穿入 Ω 内,然后通过平面 $z=y$ 穿出 Ω 外. 故

$$\Omega=\{(x,y,z)\mid 0\leqslant z\leqslant y,x^2\leqslant y\leqslant 4,0\leqslant x\leqslant 2\}.$$

于是,由式(10.8)得

$$\iiint_{\Omega} x^2 z\,dx\,dy\,dz = \int_0^2 dx\int_{x^2}^4 dy\int_0^y x^2 z\,dz = \int_0^2 dx\int_{x^2}^4 \frac{1}{2}x^2y^2\,dy$$

$$= \int_0^2\left(\frac{32}{3}x^2 - \frac{1}{6}x^8\right)dx = \frac{512}{27}.$$

注 当被积函数为1时，所求的三重积分 $\iiint_{\Omega} dx\,dy\,dz$ 即为闭区域 Ω 的体积.

例3 求由曲面 $z=xy$ 与平面 $y=x,x=1,y=0$ 和 $z=0$ 所围成的立体的体积.

解 曲面 $z=xy$ 如图10.27所示，它与其他平面围成的闭区域 Ω 如图10.28所示，其顶为双曲抛物面 $z=xy$，其底为 xOy 面上 $y=x,x=1$ 和 x 轴所围成的 D_{xy}，且

$$D_{xy}=\{(x,y)\mid 0\leqslant y\leqslant x,0\leqslant x\leqslant 1\}.$$

在 D_{xy} 内任取一点 (x,y)，过此点作平行于 z 轴的直线，该直线通过平面 $z=0$ 穿入 Ω 内，然后通过曲面 $z=xy$ 穿出 Ω 外. 故

$$\Omega=\{(x,y,z)\mid 0\leqslant z\leqslant xy,0\leqslant y\leqslant x,0\leqslant x\leqslant 1\}.$$

于是，所求体积

$$V=\iiint_{\Omega} dx\,dy\,dz=\int_0^1 dx\int_0^x dy\int_0^{xy} dz=\int_0^1 dx\int_0^x xy\,dy=\int_0^1\frac{1}{2}x^3\,dx=\frac{1}{8}.$$

如图10.29所示，设 Ω 在 z 轴上的投影为 z 轴上的区间 $[c,d]$，对任意的 $z\in[c,d]$，过点 z 作平面垂直于 z 轴，该平面截 Ω 得截面 D_z，这样 Ω 可表示为 $\Omega=\{(x,y,z)\mid(x,y)\in D_z,c\leqslant z\leqslant d\}$，相应的三重积分可以用“先二后一”的方法来计算，即先计算平面区域 D_z 上的二重积分 $\iint_{D_z} f(x,y,z)\,dx\,dy$，得到 z 的一元函数 $F(z)$，再在区间 $[c,d]$ 上对 $F(z)$ 作定积分. 即有形如

$$\iiint_{\Omega} f(x,y,z)\,dx\,dy\,dz=\int_c^d dz\iint_{D_z} f(x,y,z)\,dx\,dy=\int_c^d F(z)\,dz \tag{10.9}$$

的累次积分.

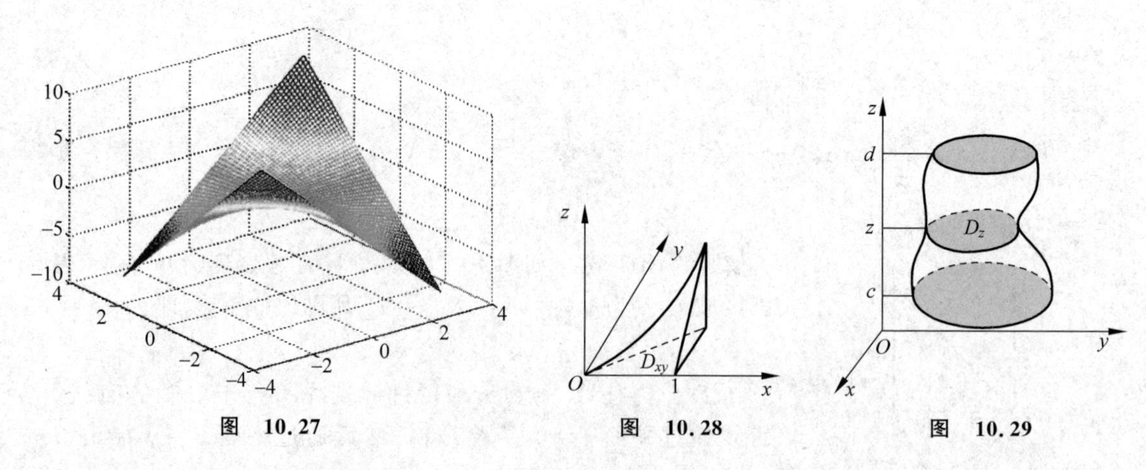

图 10.27　　图 10.28　　图 10.29

例4 计算三重积分 $\iiint_{\Omega}\sin z^2\,dx\,dy\,dz$，其中 Ω 为由曲面 $z=x^2+y^2$ 及平面 $z=3$ 所围成的区域.

解 如图 10.30 所示,闭区域 Ω 在 z 轴上的投影为 z 轴上的区间 $[0,3]$. 对于 $\forall z\in[0,3]$,过 z 作 z 轴的垂直平面截 Ω,得截面区域 D_z 为圆域 $\{(x,y)\,|\,x^2+y^2\leqslant z\}$. 即

$$\Omega=\{(x,y,z)\mid(x,y)\in D_z,0\leqslant z\leqslant 3\},$$

截面区域 D_z 的面积为 πz,因此由式(10.9)得

$$\iiint\limits_{\Omega}\sin z^2\,\mathrm{d}x\,\mathrm{d}y\,\mathrm{d}z=\int_0^3\mathrm{d}z\iint\limits_{D_z}\sin z^2\,\mathrm{d}x\,\mathrm{d}y=\int_0^3\sin z^2\,\mathrm{d}z\iint\limits_{D_z}\mathrm{d}x\,\mathrm{d}y$$

$$=\int_0^3\sin z^2\cdot\pi z\,\mathrm{d}z=\frac{\pi}{2}(-\cos z^2)\Big|_0^3=\frac{\pi}{2}(1-\cos 9).$$

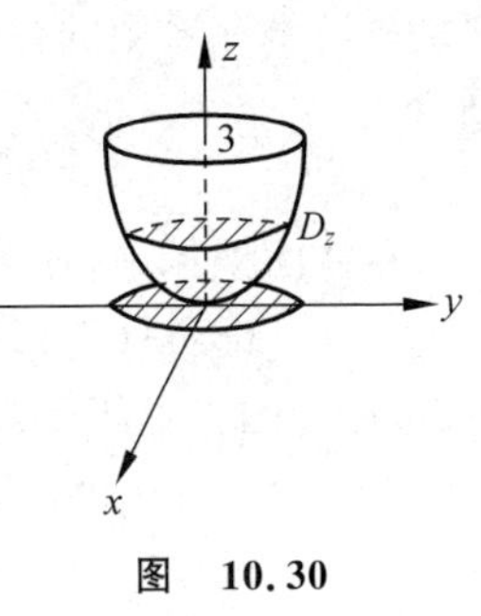

图 10.30

10.3.3 在柱面坐标系下计算三重积分

空间 $Oxyz$ 中的一点 $M(x,y,z)$,点 M 在平面 xOy 上的投影为 $P(x,y)$,若 P 的极坐标为 (ρ,θ),那么 M 就可以用一组数 ρ,θ,z 来表示(图 10.31),称这样的三个数 ρ,θ,z 为点 M 的柱面坐标,并且规定

$$0\leqslant\rho<+\infty,\quad 0\leqslant\theta\leqslant 2\pi,\quad -\infty<z<+\infty.$$

柱面坐标的三组坐标面分别为:

$\rho=$ 常数,即以 z 轴为轴的圆柱面;

$\theta=$ 常数,即过 z 轴的半平面;

$z=$ 常数,即与平面 xOy 平行的平面.

点 M 的柱面坐标和直角坐标之间的关系为

$$x=\rho\cos\theta,\quad y=\rho\sin\theta,\quad z=z.\tag{10.10}$$

现将三重积分 $\iiint\limits_{\Omega}f(x,y,z)\mathrm{d}v$ 中的变量变换为柱面坐标. 为此,用三组坐标面 $\rho=$ 常数,$\theta=$ 常数,$z=$ 常数把 Ω 分成许多小闭区域,除了含 Ω 的边界点的一些不规则小闭区域外,其余小闭区域都是柱体. 可计算由 ρ,θ,z 各取得微小增量 $\mathrm{d}\rho,\mathrm{d}\theta,\mathrm{d}z$ 所得的柱体的体积(图 10.32). 这个体积等于高与底面积的乘积,其中高为 $\mathrm{d}z$、底面积近似为 $\rho\mathrm{d}\rho\mathrm{d}\theta$,于是得

$$\mathrm{d}v=\rho\,\mathrm{d}\rho\,\mathrm{d}\theta\,\mathrm{d}z,$$

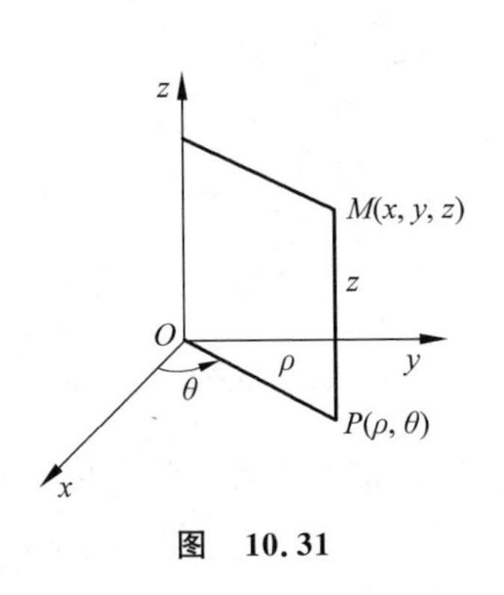

图 10.31

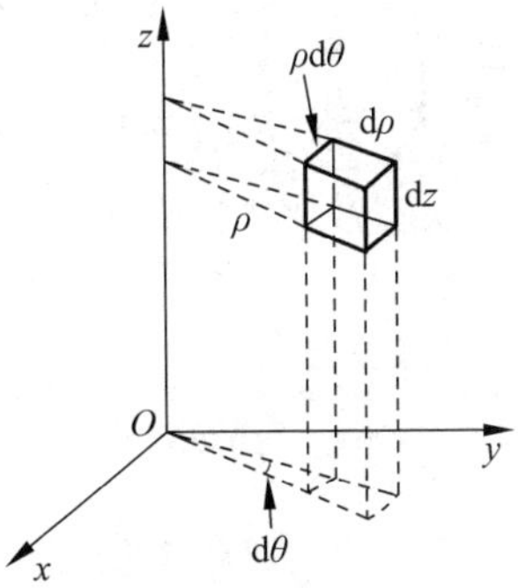

图 10.32

这是柱面坐标系中的体积元素.再由式(10.10)有

$$\iiint_{\Omega} f(x,y,z)\mathrm{d}x\mathrm{d}y\mathrm{d}z=\iiint_{\Omega} f(\rho\cos\theta,\rho\sin\theta,z)\rho\mathrm{d}\rho\mathrm{d}\theta\mathrm{d}z.$$

在柱面坐标下,如果积分区域 Ω 能表示为

$$\Omega=\{(\rho,\theta,z)\mid\varphi_1(\rho,\theta)\leqslant z\leqslant\varphi_2(\rho,\theta),a\leqslant\rho\leqslant b,\alpha\leqslant\theta\leqslant\beta\},$$

那么,相应的三重积分就可化为先对 z 再对 ρ 最后对 θ 的累次积分:

$$\iiint_{\Omega} f(x,y,z)\mathrm{d}x\mathrm{d}y\mathrm{d}z=\int_{\alpha}^{\beta}\mathrm{d}\theta\int_{a}^{b}\mathrm{d}\rho\int_{\varphi_1(\rho,\theta)}^{\varphi_2(\rho,\theta)} f(\rho\cos\theta,\rho\sin\theta,z)\rho\mathrm{d}z. \tag{10.11}$$

例5 利用柱面坐标计算三重积分 $\iiint_{\Omega}(x^2+y^2)\mathrm{d}x\mathrm{d}y\mathrm{d}z$,其中 Ω 是由两曲面 $z=2x^2+2y^2$ 及 $z=4-2x^2-2y^2$ 所围成的立体的体积.

解 如图10.33所示,把闭区域 Ω 投影到 xOy 面上,得半径为1的圆形闭区域 $D_{xy}=\{(\rho,\theta)|0\leqslant\rho\leqslant 1,0\leqslant\theta\leqslant 2\pi\}$.

在 D_{xy} 内任取一点 (ρ,θ),过此点作平行于 z 轴的直线,该直线通过曲面 $z=2x^2+2y^2$ 穿入 Ω 内,然后通过曲面 $z=4-2x^2-2y^2$ 穿出 Ω 外.故

$$\Omega=\{(\rho,\theta,z)\mid 2\rho^2\leqslant z\leqslant 4-2\rho^2,0\leqslant\rho\leqslant 1,0\leqslant\theta\leqslant 2\pi\},$$

由式(10.11)得

$$\iiint_{\Omega}(x^2+y^2)\mathrm{d}x\mathrm{d}y\mathrm{d}z=\int_0^{2\pi}\mathrm{d}\theta\int_0^1\mathrm{d}\rho\int_{2\rho^2}^{4-2\rho^2}\rho^3\mathrm{d}z=\int_0^{2\pi}\mathrm{d}\theta\int_0^1(4\rho^3-4\rho^5)\mathrm{d}\rho$$

$$=\int_0^{2\pi}\frac{1}{3}\mathrm{d}\theta=\frac{2\pi}{3}.$$

例6 利用柱面坐标计算三重积分 $\iiint_{\Omega} z\mathrm{d}v$,其中 Ω 是由圆锥面 $9z^2=25(x^2+y^2)$ 及平面 $z=5$ 所围成的闭区域.

解 如图10.34所示,把闭区域 Ω 投影到 xOy 面上,得半径为3的圆形闭区域 $D_{xy}=\{(\rho,\theta)|0\leqslant\rho\leqslant 3,0\leqslant\theta\leqslant 2\pi\}$.

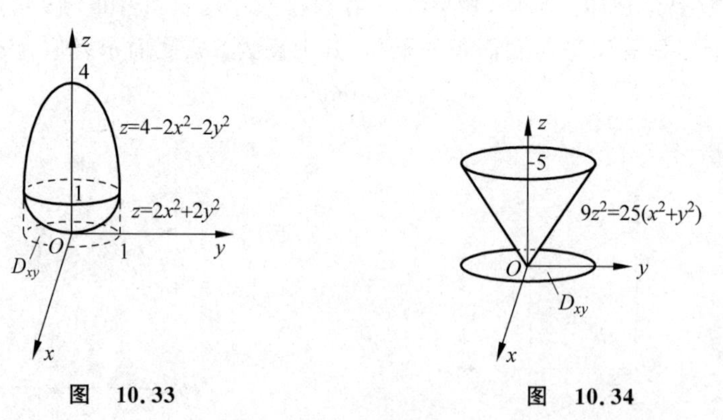

图 10.33　　图 10.34

在 D_{xy} 内任取一点 (ρ,θ),过此点作平行于 z 轴的直线,该直线通过曲面 $9z^2=25(x^2+y^2)$ 穿入 Ω 内,然后通过平面 $z=5$ 穿出 Ω 外.故

$$\Omega=\left\{(\rho,\theta,z)\mid\frac{5}{3}\rho\leqslant z\leqslant 5,0\leqslant\rho\leqslant 3,0\leqslant\theta\leqslant 2\pi\right\},$$

由式(10.11),得

$$\iiint_{\Omega} z\,\mathrm{d}v=\int_0^{2\pi}\mathrm{d}\theta\int_0^3\rho\,\mathrm{d}\rho\int_{\frac{5}{3}\rho}^{5}z\,\mathrm{d}z=\int_0^{2\pi}\mathrm{d}\theta\int_0^3\left(\frac{25}{2}\rho-\frac{25}{18}\rho^3\right)\mathrm{d}\rho$$

$$=\int_0^{2\pi}\frac{225}{8}\mathrm{d}\theta=\frac{225\pi}{4}.$$

*10.3.4 利用球面坐标计算三重积分

设$M(x,y,z)$为空间中的一点,点M在xOy面上的投影为P,点P在x轴上的投影为A,则$OA=x,AP=y,PM=z$(图10.35).

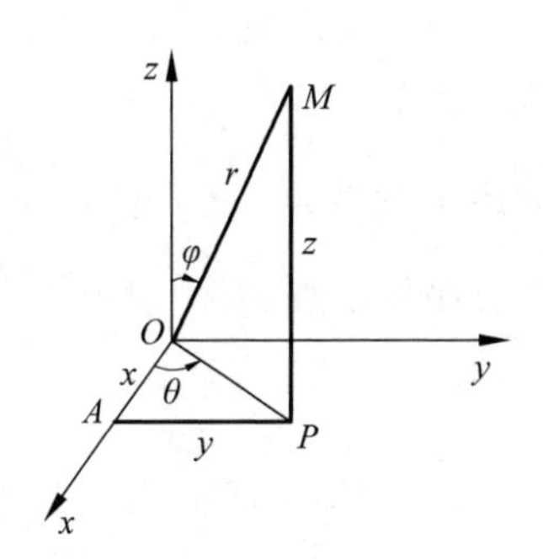

图 10.35

点M也可用三个有次序的数r,φ,θ来确定,其中r为原点O到点M的距离,φ为有向线段$\overrightarrow{OM}$与z轴正向所夹的角,θ为从z轴正方向来看自x轴正方向按逆时针方向转到有向线段$\overrightarrow{OP}$的角.这样的三个数r,φ,θ称为点M的球面坐标,它们的取值范围为

$$0\leqslant r<+\infty,\quad 0\leqslant\varphi\leqslant\pi,\quad 0\leqslant\theta\leqslant 2\pi,$$

三组坐标面分别为

$r=$常数,即以原点为圆心的球面;

$\varphi=$常数,即以原点为顶点、z轴为轴的圆锥面;

$\theta=$常数,即过z轴的半平面.

从图10.35可以看出,在RtΔOMP中,$OP=r\sin\varphi$,$z=r\cos\varphi$,在RtΔOAP中,$x=OP\cos\theta$,$y=OP\sin\theta$,因此点M的直角坐标与球面坐标的关系为

$$\begin{cases}x=OP\cos\theta=r\sin\varphi\cos\theta,\\ y=OP\sin\theta=r\sin\varphi\sin\theta,\\ z=r\cos\varphi.\end{cases}\qquad(10.12)$$

为把三重积分中的变量从直角坐标变换为球面坐标,用三组坐标面$r=$常数,$\varphi=$常数,$\theta=$常数把积分区域Ω分成许多小闭区域.可计算由r,φ,θ各取得微小增量$\mathrm{d}r,\mathrm{d}\varphi,\mathrm{d}\theta$所得的六面体的体积(图10.36).

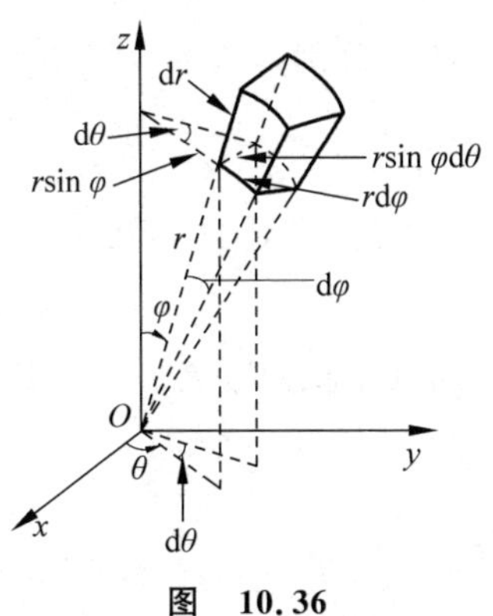

图 10.36

这个六面体可近似看作长方体,其经线方向的长为$r\mathrm{d}\varphi$,纬线方向的宽为$r\sin\varphi\mathrm{d}\theta$,径向的高为$\mathrm{d}r$,其体积为$\mathrm{d}v=r^2\sin\varphi\mathrm{d}r\mathrm{d}\theta\mathrm{d}\varphi$,这就是球面坐标系中的体积元素.再结合式(10.12),得球面坐标下三重积分的计算公式:

$$I=\iiint_{\Omega}f(r\sin\varphi\cos\theta,r\sin\varphi\sin\theta,r\cos\varphi)r^2\sin\varphi\,\mathrm{d}r\,\mathrm{d}\theta\,\mathrm{d}\varphi,$$

计算时把三重积分化为先对r,再对φ,最后对θ的三次定积分(累次积分).

若积分区域Ω的边界曲面是一个包围原点在内的闭曲面,其球面坐标方程为$r=r(\varphi,\theta)$,则

$$I=\int_0^{2\pi}\mathrm{d}\theta\int_0^{\pi}\mathrm{d}\varphi\int_0^{r(\varphi,\theta)}f(r\sin\varphi\cos\theta,r\sin\varphi\sin\theta,r\cos\varphi)r^2\sin\varphi\,\mathrm{d}r.$$

若积分区域 Ω 为球面 $r=a$ 所围成时,则

$$I=\int_0^{2\pi}\mathrm{d}\theta\int_0^{\pi}\mathrm{d}\varphi\int_0^{a}f(r\sin\varphi\cos\theta,r\sin\varphi\sin\theta,r\cos\varphi)r^2\sin\varphi\mathrm{d}r.$$

若 $f(r\sin\varphi\cos\theta,r\sin\varphi\sin\theta,r\cos\varphi)=1$,由上式即得球的体积为

$$V=\int_0^{2\pi}\mathrm{d}\theta\int_0^{\pi}\sin\varphi\mathrm{d}\varphi\int_0^{a}r^2\mathrm{d}r=2\pi\times2\times\frac{a^3}{3}=\frac{4}{3}\pi a^3.$$

例7 计算三重积分 $\iiint\limits_{\Omega}(x^2+y^2)\mathrm{d}v$,其中 Ω 是由球面 $x^2+y^2+z^2=az(a>0)$ 及圆锥面 $z=\sqrt{x^2+y^2}$ 所围成的闭区域.

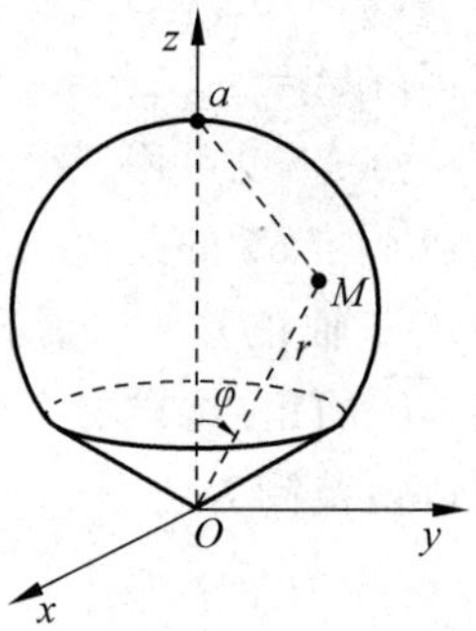

解 闭区域 Ω 如图10.37所示.将式(10.12)代入上述球面方程及圆锥面方程中,得 $x^2+y^2+z^2=az$ 的球面坐标方程为 $r=a\cos\varphi$,圆锥面 $z=\sqrt{x^2+y^2}$ 的球面坐标方程为 $\varphi=\frac{\pi}{4}$,又圆锥的顶点在坐标原点,因此

$$0\leqslant r\leqslant a\cos\varphi,\quad 0\leqslant\varphi\leqslant\frac{\pi}{4}.$$

图 10.37

Ω 在平面 xOy 上的投影为以原点为圆心的一个圆盘,因此 $0\leqslant\theta\leqslant2\pi$.于是 $\Omega=\left\{(r,\varphi,\theta)\mid0\leqslant r\leqslant a\cos\varphi,0\leqslant\varphi\leqslant\frac{\pi}{4},0\leqslant\theta\leqslant2\pi\right\}$.

$$\iiint\limits_{\Omega}(x^2+y^2)\mathrm{d}v=\int_0^{2\pi}\mathrm{d}\theta\int_0^{\frac{\pi}{4}}\mathrm{d}\varphi\int_0^{a\cos\varphi}r^4\sin^3\varphi\mathrm{d}r$$

$$=\frac{a^5}{5}\int_0^{2\pi}\mathrm{d}\theta\int_0^{\frac{\pi}{4}}\sin^3\varphi\cos^5\varphi\mathrm{d}\varphi=\frac{11a^5\pi}{960}.$$

注 对给定的三重积分,如果不适合用球面坐标计算,但积分区域在坐标平面上的投影及被积函数适合于用极坐标计算二重积分时,一般采用柱面坐标计算三重积分.

习题 10.3

1. 将三重积分 $\iiint\limits_{\Omega}f(x,y,z)\mathrm{d}v$ 化为累次积分,其中积分区域 Ω 分别是:

(1) 由平面 $x=0,y=0,z=2$ 及 $z=x+y$ 围成;
(2) 由双曲抛物面 $z=xy$,平面 $x+y=3$ 及三个坐标面围成的第一象限内的立体;
(3) 由平面 $z=0,z=y,y=2$ 及抛物柱面 $y=x^2$ 围成.

2. 将三重积分 $\iiint\limits_{\Omega}f(x,y,z)\mathrm{d}v$ 化为柱面坐标系下的累次积分,其中积分区域 Ω 分别是:

(1) 由 $\sqrt{x^2+y^2}\leqslant z\leqslant5$ 围成;
(2) 由圆柱面 $x^2+y^2=2y$ 及两平面 $z=0,z=1$ 围成;
(3) 由半球体 $x^2+y^2+z^2\leqslant4z,z\geqslant2$ 围成.

3. 选择恰当的坐标系计算下列三重积分:

(1) $\iiint\limits_{\Omega}(x-y-z)\mathrm{d}v$,其中 $\Omega=\{(x,y,z)\mid0\leqslant x\leqslant1,0\leqslant y\leqslant2,0\leqslant z\leqslant3\}$;

(2) $\iiint\limits_{\Omega} xy\,\mathrm{d}v$，其中闭区域 Ω 由平面 $x+y+z=1$ 及三个坐标面围成；

(3) $\iiint\limits_{\Omega} (x^2-y^2)\,\mathrm{d}v$，其中闭区域 Ω 由平面 $x=0,y=0,x=1,y=1$ 及曲面 $z=xy$ 所围成；

(4) $\iiint\limits_{\Omega} xyz\,\mathrm{d}v$，其中 Ω 为球面 $x^2+y^2+z^2=1$ 及三个坐标面所围成的在第一卦限内的闭区域；

(5) $\iiint\limits_{\Omega} z^2\,\mathrm{d}v$，其中闭区域 Ω 由曲面 $z=x^2+y^2$ 及平面 $z=2$ 围成；

(6) $\iiint\limits_{\Omega} (x^2+y^2)\,\mathrm{d}v$，其中闭区域 Ω 为球面 $x^2+y^2+z^2=1$ 的上半球面；

(7) $\iiint\limits_{\Omega} z\,\mathrm{d}v$，其中闭区域 Ω 由曲面 $\sqrt{x^2+y^2}\leqslant z\leqslant\sqrt{8-x^2-y^2}$ 围成；

(8) $\iiint\limits_{\Omega} x\,\mathrm{d}v$，其中闭区域 Ω 由柱面 $x^2+y^2=2x$ 及平面 $z=0$ 和 $z=3$ 围成；

(9) $\iiint\limits_{\Omega} \sqrt{x^2+y^2+z^2}\,\mathrm{d}v$，其中闭区域 Ω 由球面 $x^2+y^2+z^2=2z$ 围成.

10.4 重积分的应用

利用二重积分可以计算曲顶柱体的体积、平面薄片的质量，利用三重积分可以计算空间物体的质量.将定积分应用中的元素法推广到重积分的应用中，可以得到重积分的元素法，本节将利用重积分的元素法讨论重积分在几何、物理上的一些应用.

10.4.1 曲面的面积

设曲面 S 的方程为 $z=f(x,y)$，曲面 S 在 xOy 面上的投影区域为 D_{xy}，$f(x,y)$ 在 D_{xy} 上的偏导数 $f_x(x,y)$ 和 $f_y(x,y)$ 连续，计算曲面 S 的面积 A.

在 D_{xy} 上任取一面积微元 $\mathrm{d}\sigma$（小闭区域的面积也记为 $\mathrm{d}\sigma$），在 $\mathrm{d}\sigma$ 上任取一点 $P(x,y)$，对应曲面 S 上的点为 $M(x,y,f(x,y))$，点 M 在 xOy 上的投影为点 P，设曲面 S 在点 M 处的切平面为 T（图 10.38），以 $\mathrm{d}\sigma$ 的边界为准线，作母线平行于 z 轴的柱面，该柱面在曲面 S 上截下一小片曲面，其面积记为 ΔA，柱面在切平面上截下一小片平面，其面积记为 $\mathrm{d}A$，由于 $\mathrm{d}\sigma$ 的直径很小，可用小平面面积 $\mathrm{d}A$ 近似代替小曲面面积 ΔA，即

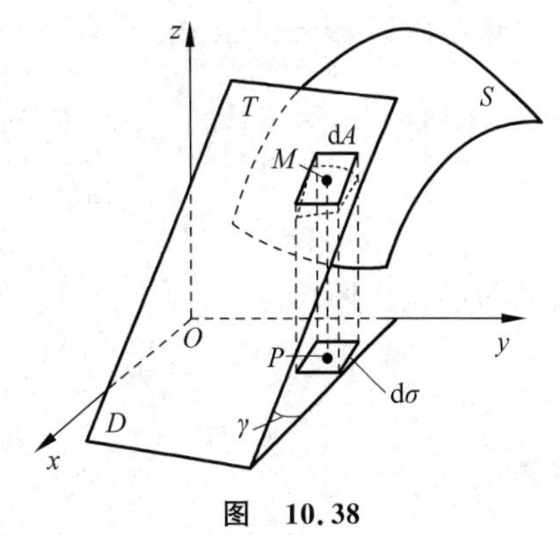

图 10.38

$$\Delta A \approx \mathrm{d}A.$$

设曲面 S 在点 M 处的法线（指向朝上）与 z 轴正向的夹角为 γ，则有

$$\mathrm{d}A=\frac{\mathrm{d}\sigma}{\cos\gamma}.$$

而

$$\cos\gamma=\frac{1}{\sqrt{1+f_x^2(x,y)+f_y^2(x,y)}},$$

所以

$$\mathrm{d}A=\sqrt{1+f_x^2(x,y)+f_y^2(x,y)}\,\mathrm{d}\sigma,$$

$\mathrm{d}A$ 为曲面 S 的面积元素.以它为被积表达式在闭区域 D_{xy} 上积分,得曲面面积为

$$A=\iint_{D_{xy}}\sqrt{1+f_x^2(x,y)+f_y^2(x,y)}\,\mathrm{d}\sigma$$

或

$$A=\iint_{D_{xy}}\sqrt{1+\left(\frac{\partial z}{\partial x}\right)^2+\left(\frac{\partial z}{\partial y}\right)^2}\,\mathrm{d}x\mathrm{d}y.$$

设曲面 S 方程为 $x=g(y,z)$,曲面 S 在 yOz 面上的投影区域为 D_{yz},则曲面面积为

$$A=\iint_{D_{yz}}\sqrt{1+\left(\frac{\partial x}{\partial y}\right)^2+\left(\frac{\partial x}{\partial z}\right)^2}\,\mathrm{d}y\mathrm{d}z.$$

设曲面 S 方程为 $y=h(z,x)$,曲面 S 在 zOx 面上的投影区域为 D_{zx},则曲面面积为

$$A=\iint_{D_{zx}}\sqrt{1+\left(\frac{\partial y}{\partial z}\right)^2+\left(\frac{\partial y}{\partial x}\right)^2}\,\mathrm{d}z\mathrm{d}x.$$

例1 求半径为 a 的球的表面积(图10.39).

解 取上半球面方程为 $z=\sqrt{a^2-x^2-y^2}$,则它在 xOy 面上的投影区域 $D_{xy}=\{(x,y)\mid x^2+y^2\leqslant a^2\}$.

由 $\frac{\partial z}{\partial x}=\frac{-x}{\sqrt{a^2-x^2-y^2}}$, $\frac{\partial z}{\partial y}=\frac{-y}{\sqrt{a^2-x^2-y^2}}$ 得

$$\sqrt{1+\left(\frac{\partial z}{\partial x}\right)^2+\left(\frac{\partial z}{\partial y}\right)^2}=\frac{a}{\sqrt{a^2-x^2-y^2}}.$$

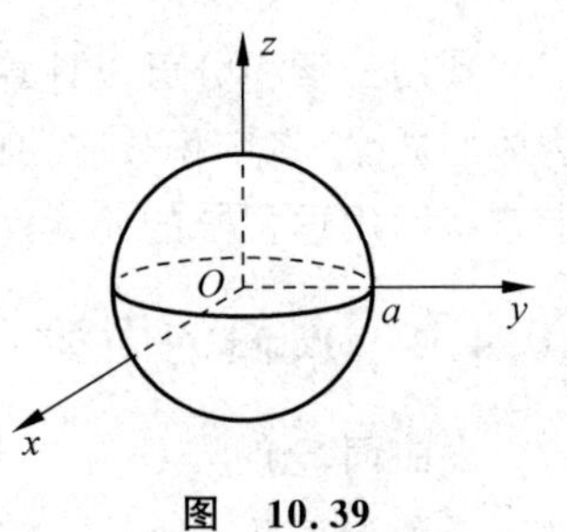

图 10.39

因为函数 $\frac{a}{\sqrt{a^2-x^2-y^2}}$ 在闭区域 D_{xy} 上无界,故不能直接应用曲面面积公式.取区域 $D_1=\{(x,y)\mid x^2+y^2\leqslant b^2\}(0<b<a)$ 为积分区域,得相应于 D_1 上的球面面积 A_1 为

$$A_1=\iint_{D_1}\frac{a}{\sqrt{a^2-x^2-y^2}}\mathrm{d}x\mathrm{d}y,$$

转化为极坐标形式得

$$A_1=\iint_{D_1}\frac{a}{\sqrt{a^2-\rho^2}}\rho\,\mathrm{d}\rho\,\mathrm{d}\theta=\int_0^{2\pi}\mathrm{d}\theta\int_0^b\frac{a\rho}{\sqrt{a^2-\rho^2}}\mathrm{d}\rho$$

$$=2\pi a\int_0^b\frac{\rho}{\sqrt{a^2-\rho^2}}\mathrm{d}\rho=2\pi a(a-\sqrt{a^2-b^2}).$$

再令 $b\to a$ 取 A_1 的极限,就得到半球的面积

$$\lim_{b\to a}A_1=\lim_{b\to a}2\pi a(a-\sqrt{a^2-b^2})=2\pi a^2.$$

则球面面积为

$$A=4\pi a^2.$$

例 2 求旋转抛物面 $z=\frac{1}{2}(x^2+y^2)$ 含在圆柱面 $x^2+y^2=R^2$ 内部的曲面 S 的面积 A.

解 曲面的图形如图 10.40 所示.

曲面 S 的方程为 $z=\frac{1}{2}(x^2+y^2)$，它在 xOy 面上的投影区域为 $D_{xy}=\{(x,y)\mid x^2+y^2\leqslant R^2\}$.

曲面 S 的面积为

$$A=\iint\limits_{D_{xy}}\sqrt{1+\left(\frac{\partial z}{\partial x}\right)^2+\left(\frac{\partial z}{\partial y}\right)^2}\,\mathrm{d}x\mathrm{d}y=\iint\limits_{D_{xy}}\sqrt{1+x^2+y^2}\,\mathrm{d}x\mathrm{d}y$$

$$=\int_0^{2\pi}\mathrm{d}\theta\int_0^R\sqrt{1+\rho^2}\,\rho\mathrm{d}\rho=\frac{2}{3}\pi\left[(1+R^2)^{\frac{3}{2}}-1\right].$$

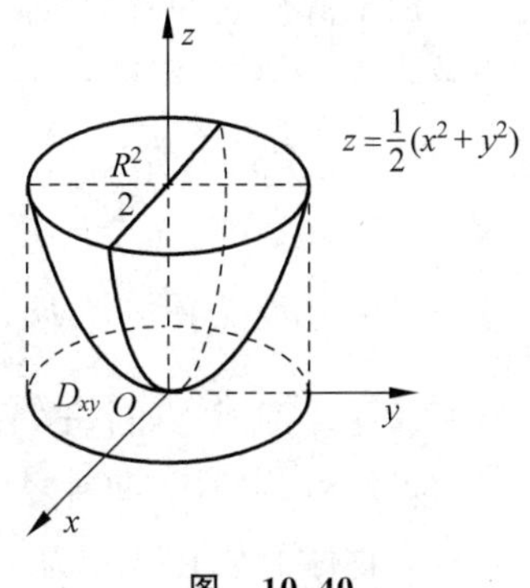

图 10.40

*10.4.2 质心与转动惯量

先讨论平面薄片的质心.

设在 xOy 面上有 n 个质点，它们分别位于点 $(x_1,y_1),(x_2,y_2),\cdots,(x_n,y_n)$ 处，质量分别为 $m_1,m_2,\cdots,m_n$. 由力学知识知，该质点系的质心的坐标为

$$\bar{x}=\frac{M_y}{M}=\frac{\sum\limits_{i=1}^n m_ix_i}{\sum\limits_{i=1}^n m_i},\quad \bar{y}=\frac{M_x}{M}=\frac{\sum\limits_{i=1}^n m_iy_i}{\sum\limits_{i=1}^n m_i},$$

其中 $M=\sum\limits_{i=1}^n m_i$ 为该质点系的总质量. $M_y=\sum\limits_{i=1}^n m_ix_i$，$M_x=\sum\limits_{i=1}^n m_iy_i$ 分别为该质点系对 y 轴和 x 轴的静矩.

设有一平面薄片占有 xOy 面上的闭区域 D，面密度函数为 $\mu(x,y)$，$\mu(x,y)$ 在 D 上连续，求该平面薄片的质心坐标.

应用元素法. 在闭区域 D 上任取一直径很小的闭区域 $\mathrm{d}\sigma$（该小闭域的面积也记作 $\mathrm{d}\sigma$），(x,y) 是 $\mathrm{d}\sigma$ 上的一个点. 由于 $\mathrm{d}\sigma$ 直径很小，且 $\mu(x,y)$ 在 D 上连续，所以薄片中相应于 $\mathrm{d}\sigma$ 的部分的质量近似等于 $\mu(x,y)\mathrm{d}\sigma$，这部分质量可近似看作集中在点 (x,y) 上，于是静矩元素 $\mathrm{d}M_y$ 及 $\mathrm{d}M_x$ 分别为

$$\mathrm{d}M_y=x\mu(x,y)\mathrm{d}\sigma,\quad \mathrm{d}M_x=y\mu(x,y)\mathrm{d}\sigma.$$

以这些元素为被积表达式，在闭区域 D 上积分，便得

$$M_y=\iint\limits_D x\mu(x,y)\mathrm{d}\sigma,\quad M_x=\iint\limits_D y\mu(x,y)\mathrm{d}\sigma.$$

又因为平面薄片的质量为

$$M=\iint\limits_D \mu(x,y)\mathrm{d}\sigma,$$

所以，平面薄片的质心坐标为

$$\bar{x}=\frac{M_y}{M}=\frac{\iint\limits_D x\mu(x,y)\mathrm{d}\sigma}{\iint\limits_D \mu(x,y)\mathrm{d}\sigma},\quad \bar{y}=\frac{M_x}{M}=\frac{\iint\limits_D y\mu(x,y)\mathrm{d}\sigma}{\iint\limits_D \mu(x,y)\mathrm{d}\sigma}.$$

如果薄片是均匀的，即面密度 μ 为常量，则上式可将 μ 提到积分记号外面并从分子、分母中约去，于是便得到均匀薄片质心的坐标为

$$\bar{x}=\frac{1}{A}\iint\limits_D x\,\mathrm{d}\sigma,\quad \bar{y}=\frac{1}{A}\iint\limits_D y\,\mathrm{d}\sigma.$$

其中 $A=\iint\limits_D \mathrm{d}\sigma$ 为闭区域 D 的面积. 这时薄片的质心完全由闭区域 D 的形状决定. 我们把均匀平面薄片的质心叫作这平面薄片所占的平面图形的形心.

类似地，占有空间有界闭区域 Ω、密度函数为 $\mu(x,y,z)$（假定 $\mu(x,y,z)$ 在 Ω 上连续）的空间物体的质心坐标为

$$\bar{x}=\frac{1}{M}\iiint\limits_\Omega x\mu(x,y,z)\mathrm{d}v,\quad \bar{y}=\frac{1}{M}\iiint\limits_\Omega y\mu(x,y,z)\mathrm{d}v,\quad \bar{z}=\frac{1}{M}\iiint\limits_\Omega z\mu(x,y,z)\mathrm{d}v,$$

其中 $M=\iiint\limits_\Omega \mu(x,y,z)\mathrm{d}v$.

例 3 求在 $r=1,r=2$ 之间的均匀半圆环薄片的质心.

解 设闭区域 D 为圆 $x^2+y^2=1$ 及 $x^2+y^2=4$ 所围成的上半圆环（图 10.41），则闭区域 D 为薄片所占区域，$D=\{(x,y)\mid 1\leqslant x^2+y^2\leqslant 4,y\geqslant 0\}$，$D$ 的面积为 $A=\frac{1}{2}(4\pi-\pi)=\frac{3\pi}{2}$. 因为 D 关于 y 轴对称，所以质心必位于 y 轴上，于是质心的坐标为

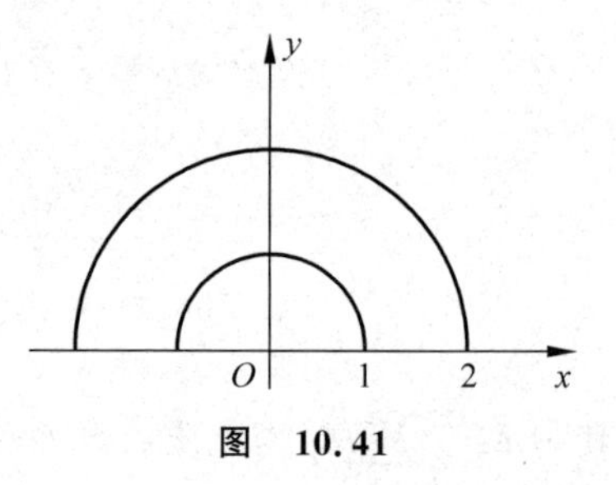

图 10.41

$$\bar{x}=\frac{1}{A}\iint\limits_D x\,\mathrm{d}\sigma=0,$$

$$\bar{y}=\frac{1}{A}\iint\limits_D y\,\mathrm{d}\sigma=\frac{2}{3\pi}\int_0^{\pi}\sin\theta\,\mathrm{d}\theta\int_1^2\rho^2\,\mathrm{d}\rho=\frac{2}{3\pi}(-\cos\theta)\Big|_0^{\pi}\left(\frac{1}{3}\rho^3\right)\Big|_1^2=\frac{2}{3\pi}\times\frac{14}{3}=\frac{28}{9\pi},$$

故薄片质心为 $\left(0,\frac{28}{9\pi}\right)$.

接下来讨论转动惯量，先讨论平面薄片的转动惯量.

设在 xOy 平面上有 n 个质点，它们分别位于点 $(x_1,y_1),(x_2,y_2),\cdots,(x_n,y_n)$ 处，质量分别为 $m_1,m_2,\cdots,m_n$. 由力学知识知，该质点系对于 x 轴和 y 轴的转动惯量依次为

$$I_x=\sum_{i=1}^{n}y_i^2m_i,\quad I_y=\sum_{i=1}^{n}x_i^2m_i.$$

设有一薄片，占有 xOy 面上的闭区域 D，面密度函数为 $\mu(x,y)$，$\mu(x,y)$ 在 D 上连续. 求该薄片对于 x 轴的转动惯量 I_x 以及对于 y 轴的转动惯量 I_y.

应用元素法. 在闭区域 D 上任取一直径很小的闭区域 $\mathrm{d}\sigma$（该小闭域的面积也记作 $\mathrm{d}\sigma$），

(x,y)是 $\mathrm{d}\sigma$ 上的一个点.由于 $\mathrm{d}\sigma$ 直径很小,且 $\mu(x,y)$在 D 上连续,所以薄片中相应于 $\mathrm{d}\sigma$ 的部分的质量近似等于$\mu(x,y)\mathrm{d}\sigma$,这部分质量可近似看作集中在点(x,y)上,于是薄片对于 x 轴以及对于 y 轴的转动惯量元素为

$$\mathrm{d}I_x=y^2\mu(x,y)\mathrm{d}\sigma,\quad \mathrm{d}I_y=x^2\mu(x,y)\mathrm{d}\sigma.$$

以这些元素为被积表达式,在闭区域 D 上积分,便得薄片对于 x 轴及对于 y 轴的**转动惯量**为

$$I_x=\iint_D y^2\mu(x,y)\mathrm{d}\sigma,\quad I_y=\iint_D x^2\mu(x,y)\mathrm{d}\sigma.$$

类似地,占有空间有界闭区域 Ω、密度函数为 $\mu(x,y,z)$(假定 $\mu(x,y,z)$在 Ω 上连续)的空间物体对于 x,y,z 轴的**转动惯量**为

$$I_x=\iiint_\Omega (y^2+z^2)\mu(x,y,z)\mathrm{d}v,$$

$$I_y=\iiint_\Omega (x^2+z^2)\mu(x,y,z)\mathrm{d}v,$$

$$I_z=\iiint_\Omega (x^2+y^2)\mu(x,y,z)\mathrm{d}v.$$

例 4 求由 $y^2=4ax$,$y=2a$ 及 y 轴所围成的均质薄片(面密度为常量 μ)关于 y 轴的转动惯量(图 10.42).

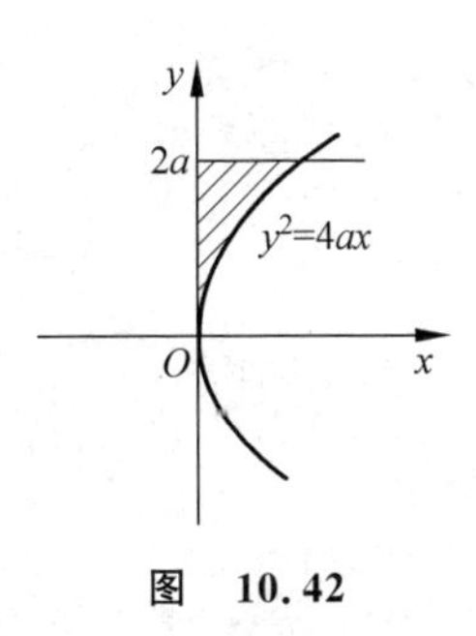

图 10.42

解 设薄片所占闭区域为 D,则区域 $D=\left\{(x,y)\mid 0\leqslant x\leqslant\dfrac{y^2}{4a},0\leqslant y\leqslant 2a\right\}$,由转动惯量 I_y 的计算公式得

$$I_y=\iint_D x^2\mu\mathrm{d}\sigma=\int_0^{2a}\mathrm{d}y\int_0^{\frac{y^2}{4a}}x^2\mu\mathrm{d}x=\frac{2}{21}a^4\mu.$$

习题 10.4

1. 求球面 $x^2+y^2+z^2=4$ 含在圆柱面 $x^2+y^2=2x$ 内部的那部分面积.

2. 求锥面 $z=\sqrt{x^2+y^2}$ 被柱面 $z^2=4x$ 所割下部分的曲面面积.

3. 求旋转抛物面 $z=x^2+y^2$ 含在球面 $x^2+y^2+z^2=2$ 内的那部分面积.

*4. 设均匀薄片所占区域为 $D=\left\{(x,y)\mid \dfrac{x^2}{4}+y^2\leqslant 1,y\geqslant 0\right\}$,求该薄片的质心.

*5. 设立体 Ω 由曲面 $z^2=x^2+y^2$ 和平面 $z=1$ 所围成,其密度均匀,为 $\rho=1$,求该立体的质心.

*6. 设均匀薄片(面密度为 1)所占闭区域 D 由抛物线 $y^2=\dfrac{9}{4}x$ 与直线 $x=4$ 所围成,求转动惯量 I_x 和 I_y.

总习题10

1. 填空题

(1) 设 D 是由 $y=x, y=0$ 及 $x=1$ 所围成的闭区域，则 $\iint\limits_D xy^2\,dx\,dy=$________.

(2) 设 D 是由 $x=2, y=x$ 及 $xy=1$ 所围成的闭区域，则 $\iint\limits_D \frac{x^2}{y^2}\,d\sigma=$________.

(3) 设 $I=\int_1^2 dx\int_{2-x}^{\sqrt{2x-x^2}} f(x,y)\,dy$，则交换积分次序后，$I=$________.

(4) 设 $I=\int_1^e dx\int_0^{\ln x} f(x,y)\,dy$，则交换积分次序后，$I=$________.

(5) 设 $D=\{(x,y)\,|\,0\leqslant y\leqslant 1-x, 0\leqslant x\leqslant 1\}$，将 $\iint\limits_D f(x,y)\,dx\,dy$ 化为极坐标系下的二次积分为________.

(6) 设 D 是由圆周 $x^2+y^2=1$ 及坐标轴围成的在第一象限内的闭区域，则 $\iint\limits_D \ln(1+x^2+y^2)\,d\sigma=$________.

(7) 若函数 $f(x,y,z)$ 连续，闭区域 Ω 由平面 $x+y+z=1$ 与三个坐标面围成，则将三重积分 $\iiint\limits_\Omega f(x,y,z)\,dv$ 改写成累次积分是________.

2. 选择题

(1) 由三个坐标面及平面 $x+y+4z=1$ 所围成的立体的体积是(　　).

A. $\int_0^1 dx\int_0^{1-x}\frac{1}{4}(1-x-y)\,dy$；　B. $\int_0^1 dx\int_0^{x}\frac{1}{4}(1-x-y)\,dy$；

C. $\int_0^1 dy\int_0^{1}\frac{1}{4}(1-x-y)\,dx$；　D. $\int_0^1 dx\int_0^{y}\frac{1}{4}(1-x-y)\,dy$.

(2) 设 $f(x,y)$ 为连续函数，则 $\int_0^1 dx\int_{x^2}^{3-2x} f(x,y)\,dy=$(　　).

A. $\int_0^3 dy\int_0^{\sqrt{y}} f(x,y)\,dx$；

B. $\int_0^1 dy\int_0^{\sqrt{y}} f(x,y)\,dx+\int_1^3 dy\int_0^{-\frac{1}{2}(y-3)} f(x,y)\,dx$；

C. $\int_0^3 dy\int_0^{-\frac{1}{2}(y-3)} f(x,y)\,dx$；

D. $\int_0^1 dy\int_0^{-\frac{1}{2}(y-3)} f(x,y)\,dx+\int_1^3 dy\int_0^{\sqrt{y}} f(x,y)\,dx$.

(3) 设 $f(x,y)$ 是连续函数，则 $I=\int_{-2}^0 dy\int_0^{y+2} f(x,y)\,dx+\int_0^4 dy\int_0^{\sqrt{4-y}} f(x,y)\,dx=$(　　).

A. $\int_{-2}^4 dx\int_0^{\sqrt{4-y^2}} f(x,y)\,dy$；　B. $\int_0^2 dx\int_{x-2}^{4-x^2} f(x,y)\,dy$；

C. $\int_0^2 dx\int_0^{\sqrt{4-y^2}} f(x,y)\,dy$；　D. $\int_{-2}^4 dx\int_0^{y+2} f(x,y)\,dy$.

(4) 设 D 是由 $x^2+(y-1)^2=1$ 所围成的右半区域，将 $\iint\limits_D f(x,y)\,d\sigma$ 化成极坐标系下的

二次积分为(　　).

A. $\int_0^{\frac{\pi}{2}} d\theta \int_0^{2\sin\theta} f(r\cos\theta, r\sin\theta) r dr$；　　B. $\int_0^{\pi} d\theta \int_0^{2\sin\theta} f(r\cos\theta, r\sin\theta) r dr$；

C. $\int_0^{\frac{\pi}{2}} d\theta \int_0^{\sin\theta} f(r\cos\theta, r\sin\theta) r dr$；　　D. $\int_0^{\frac{\pi}{2}} d\theta \int_0^{2\sin\theta} f(r\cos\theta, r\sin\theta) dr$.

(5) 若区域 Ω 是球体 $x^2+y^2+z^2 \leqslant a^2 (a>0)$，$\Omega_1$ 是 Ω 位于第一卦限的部分，则三重积分 $\iiint\limits_{\Omega}(x^2+y^2+z^2) dv =$(　　).

A. $4\iiint\limits_{\Omega_1}(x^2+y^2+z^2) dv$；　　B. $4\iiint\limits_{\Omega_1} a^2 dv$；

C. $8\iiint\limits_{\Omega_1}(x^2+y^2+z^2) dv$；　　D. $8\iiint\limits_{\Omega_1} a^2 dv$.

3. 选用适当的坐标计算下列二重积分：

(1) $\iint\limits_{D} x\sqrt{y} d\sigma$，其中 D 是由两条抛物线 $y=\sqrt{x}$，$y=x^2$ 所围成的闭区域；

(2) $\iint\limits_{D} |\cos(x+y)| d\sigma$，其中 D 是由 $y=x$，$y=0$ 及 $x=\dfrac{\pi}{2}$ 所围成的闭区域；

(3) $\iint\limits_{D}(x^2+y^2-x) d\sigma$，其中 D 是由直线 $y=2$，$y=x$ 及 $y=2x$ 轴所围成的闭区域；

(4) $\iint\limits_{D} \dfrac{\sin y}{y} dx dy$，其中 D 是由 $y=\sqrt{x}$ 和 $y=x$ 所围成的闭区域；

(5) $\iint\limits_{D} e^{x^2} d\sigma$，其中 D 是由 $x=2$，$y=x$ 及 x 轴所围成的闭区域；

(6) $\iint\limits_{D} \arctan\dfrac{y}{x} d\sigma$，其中 D 是由圆周 $x^2+y^2=9$，$x^2+y^2=1$ 及直线 $y=\dfrac{x}{\sqrt{3}}$，$y=\sqrt{3}x$ 所围成的第一象限内的闭区域；

(7) $\iint\limits_{D} |xy| d\sigma$，其中 $D=\{(x,y) \mid x^2+y^2 \leqslant 1\}$.

4. 将二次积分 $\int_0^1 dy \int_{1-\sqrt{1-y^2}}^{2-y} f(x^2+y^2) dx$ 化为极坐标系下的二次积分.

5. 利用极坐标计算下列二次积分：

(1) $\int_0^{2a} dx \int_0^{\sqrt{2ax-x^2}} (x^2+y^2) dy$；(2) $\int_0^1 dx \int_{x^2}^{x} (x^2+y^2)^{-\frac{1}{2}} dy$.

6. 计算由四个平面 $x=0$，$y=0$，$x=1$，$y=1$ 所围成的柱体被平面 $z=0$ 及 $2x+3y+z=6$ 截得的立体的体积.

7. 计算以 xOy 平面上圆域 $x^2+y^2=ax$ 围成的闭区域为底、以曲面 $z=x^2+y^2$ 为顶的曲顶柱体的体积.

8. 计算三重积分 $\iiint\limits_{\Omega} y\cos(x+z) dv$，其中 Ω 是由 $y=0$，$z=0$，$y=\sqrt{x}$ 及平面 $x+z=\dfrac{\pi}{2}$ 围成的立体.

9. 计算三重积分$\iiint\limits_{\Omega} e^{x+y+z}\,dv$，其中$\Omega$由平面$y=1, y=-x, z=0$及$z=-x$围成.

10. 计算三重积分$\iiint\limits_{\Omega}(x^2+y^2+z^2)\,dv$，其中$\Omega$为球体$x^2+y^2+z^2\leqslant z$.

11. 求平面$\frac{x}{a}+\frac{y}{b}+\frac{z}{c}=1$被三个坐标面所割出的有限部分的面积.

12. 设有一颗地球同步轨道通信卫星，距地面的高度为$h=36000\text{km}$，运行的角速度与地球自转的角速度相同.试计算该通信卫星的覆盖面积与地球表面积的比值（地球半径为$R=6400\text{km}$）.

*13. 设平面薄片所占的闭区域D由抛物线$y=x^2$及直线$y=2x$所围成，密度函数为$\mu(x,y)=xy$，求该薄片的质心.

*14. 均匀圆柱体（设密度$\rho=1$）所占闭区域为$\Omega=\{(x,y)\mid x^2+y^2\leqslant a^2, 0\leqslant z\leqslant h\}$，求该圆柱体关于$z$轴的转动惯量$I_z$.

曲线积分与曲面积分

第10章所讲的二重积分已经把积分概念从积分范围是数轴上一个区间的情形推广到积分范围是平面内的一个闭区域的情形. 本章将把积分概念推广到积分范围是一段曲线弧的情形,这样推广后的积分称为曲线积分,本章讲述曲线积分和曲面积分的基本内容.

11.1 对弧长的曲线积分

11.1.1 对弧长的曲线积分的概念

概念的引入——曲线形构件的质量

在设计曲线形构件时,为了合理使用材料,应该根据构件各部分受力情况,把构件上各点处的粗细程度设计得不完全一样. 因此,可以认为构件的线密度(即单位长度的质量)是变量. 假设这一曲线形构件所处的位置在 xOy 面内的一段曲线弧 L 上,它的端点是 A,B,在 L 上任一点 (x,y) 处,它的线密度为 $\rho(x,y)$. 现在要计算这个曲线形构件的质量 m(图11.1).

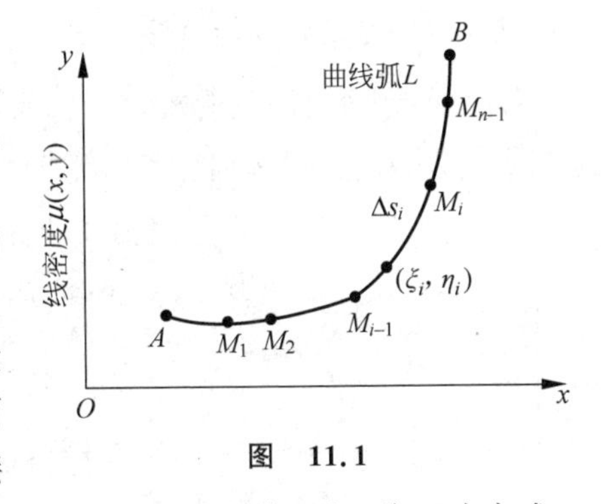

图 11.1

如果构件的线密度为常量 ρ,那么此构件的质量 m 就等于它的线密度 ρ 与长度 s 的乘积即 $m=\rho s$. 而构件上各点处的线密度是变量 $\rho(x,y)$,就不能直接用上述方法来求构件的质量了. 为了克服这个困难,仍采用求**定积分的思想**,分四步完成:

(1) **分割**:在曲线上插入 $n-1$ 个分点 $M_1,M_2,\cdots,M_{n-1},M_0=A,M_n=B$,把 L 分成 n 个小弧段 $\overset{\frown}{M_{i-1}M_i}(i=1,2,\cdots,n)$,用 $\Delta s_i=M_i-M_{i-1}$ 表示第 i 个小曲线段的长度,$i=1,2,\cdots,n$.

(2) **近似代替**:取其中一小弧段构件 $\overset{\frown}{M_{i-1}M_i}(i=1,2,\cdots,n)$来分析,在线密度连续变化的前提下,只要这小段很短,就可以用这小段上任意一点 (ξ_i,η_i) 的线密度 $\rho(\xi_i,\eta_i)$ 近似代替这小段上其他各点处的线密度,从而得到这小段构件质量的近似值为

$$\rho(\xi_i,\eta_i)\Delta s_i.$$

(3) **求和**:整个曲线构件的质量近似值为

$$m\approx\sum_{i=1}^{n}\rho(\xi_i,\eta_i)\Delta s_i.$$

(4) **取极限**：用 λ 表示这 n 个小弧段长度的最大值，为了计算质量的精确值，取近似值当 $\lambda\to 0$ 时的极限，即令 $\lambda=\max\{\Delta s_1,\Delta s_2,\cdots,\Delta s_n\}\to 0$，则整个曲线构件的质量为

$$m=\lim_{\lambda\to 0}\sum_{i=1}^{n}\rho(\xi_i,\eta_i)\Delta s_i.$$

这种和的极限在研究其他问题时也会遇到，现在引进下面的定义.

定义 1 设 L 为 xOy 面内的一条光滑曲线弧，函数 $f(x,y)$ 在 L 上有界(图 11.2)，在 L 上任意插入一点列 $M_1,M_2,\cdots,M_{n-1}$ 把 L 分成 n 个小段. 设第 i 个小段的长度为 Δs_i，在第 i 个小段上任意取定一点 (ξ_i,η_i)，作乘积 $f(\xi_i,\eta_i)\Delta s_i\ (i=1,2,\cdots,n)$，并作和 $\sum\limits_{i=1}^{n}f(\xi_i,\eta_i)\Delta s_i$，如果当各小弧段长度的最大值 $\lambda\to 0$ 时，此和式的极限总存在，则称此极限为函数 $f(x,y)$ 在曲线弧 L 上对弧长的曲线积分或第一类曲线积分，记作 $\int_L f(x,y)\mathrm{d}s$，即

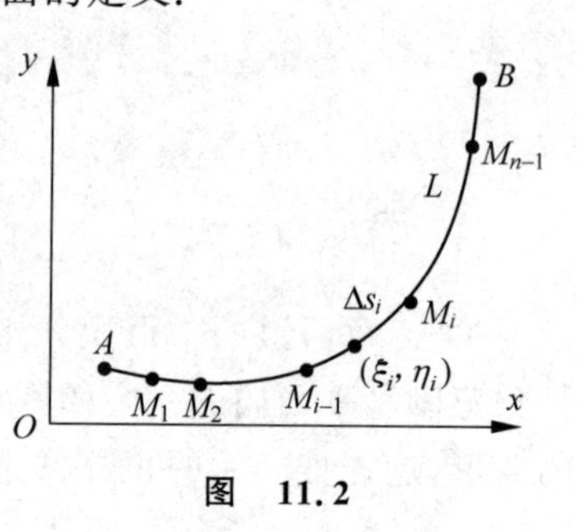

图 11.2

$$\int_L f(x,y)\mathrm{d}s=\lim_{\lambda\to 0}\sum_{i=1}^{n}f(\xi_i,\eta_i)\Delta s_i,$$

其中 $f(x,y)$ 称为被积函数，L 称为积分弧段.

曲线积分的存在性：当 $f(x,y)$ 在光滑曲线弧 L 上连续时，对弧长的曲线积分 $\int_L f(x,y)\mathrm{d}s$ 是存在的. 以后我们总假定 $f(x,y)$ 在 L 上是连续的.

根据对弧长的曲线积分的定义，曲线形构件的质量就是曲线积分 $\int_L \rho(x,y)\mathrm{d}s$ 的值，其中 $\rho(x,y)$ 为线密度，在曲线 L 上连续.

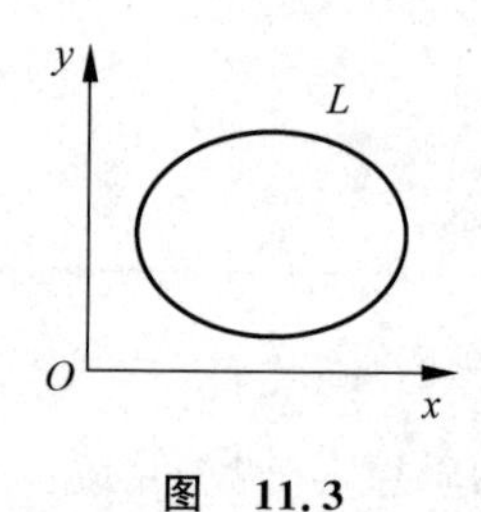

图 11.3

对弧长的曲线积分的推广：(1) 积分弧段为空间曲线弧 Γ 时，函数 $f(x,y,z)$ 在空间曲线弧 Γ 上对弧长的曲线积分

$$\int_\Gamma f(x,y,z)\mathrm{d}s=\lim_{\lambda\to 0}\sum_{i=1}^{n}f(\xi_i,\eta_i,\zeta_i)\Delta s_i.$$

(2) 如果 L 是闭曲线，那么函数 $f(x,y)$ 在闭曲线 L 上对弧长的曲线积分记作 $\oint_L f(x,y)\mathrm{d}s$ (图 11.3).

11.1.2 对弧长的曲线积分的性质

性质 1(线性性质) 设 C_1,C_2 为任意常数，则

$$\int_L[C_1f(x,y)+C_2g(x,y)]\mathrm{d}s=C_1\int_L f(x,y)\mathrm{d}s+C_2\int_L g(x,y)\mathrm{d}s.$$

性质 2(可加性) 若积分弧段 L 可分成两段光滑曲线弧 L_1 和 L_2，则

$$\int_L f(x,y)\mathrm{d}s=\int_{L_1}f(x,y)\mathrm{d}s+\int_{L_2}f(x,y)\mathrm{d}s.$$

性质 3(保号性) 设在 L 上 $f(x,y)\leqslant g(x,y)$，则

$$\int_L f(x,y)\mathrm{d}s\leqslant\int_L g(x,y)\mathrm{d}s.$$

特别地,有

$$\left|\int_L f(x,y)\mathrm{d}s\right| \leqslant \int_L |f(x,y)|\mathrm{d}s.$$

性质 4 $\int_L 1\mathrm{d}s = s$, 其中 s 为曲线 L 的弧长.

11.1.3 对弧长的曲线积分的计算方法

根据对弧长的曲线积分的定义,如果曲线形构件 L 的线密度为 $\rho(x,y)$,则曲线形构件 L 的质量为

$$m=\int_L \rho(x,y)\mathrm{d}s.$$

另一方面,若曲线 L 的参数方程为

$$x=\varphi(t),\quad y=\psi(t),\quad \alpha\leqslant t\leqslant \beta,$$

质量元素为

$$\rho(x,y)\mathrm{d}s=\rho[\varphi(t),\psi(t)]\sqrt{\varphi'^2(t)+\psi'^2(t)}\,\mathrm{d}t,$$

则曲线形构件 L 的质量为

$$m=\int_L \rho(x,y)\mathrm{d}s=\int_\alpha^\beta \rho[\varphi(t),\psi(t)]\sqrt{\varphi'^2(t)+\psi'^2(t)}\,\mathrm{d}t\quad(\alpha<\beta).$$

定理 1 设 $f(x,y)$ 在曲线弧 L 上有定义且连续,L 的参数方程为

$$x=\varphi(t),\quad y=\psi(t),\quad \alpha\leqslant t\leqslant \beta,$$

其中 $\varphi(t),\psi(t)$ 在 $[\alpha,\beta]$ 上具有一阶连续导数,且 $\varphi'^2(t)+\psi'^2(t)\neq 0$,则曲线积分 $\int_L f(x,y)\mathrm{d}s$ 存在,且

$$\int_L f(x,y)\mathrm{d}s=\int_\alpha^\beta f[\varphi(t),\psi(t)]\sqrt{\varphi'^2(t)+\psi'^2(t)}\,\mathrm{d}t\quad(\alpha<\beta).$$

证 假定当参数 t 由 α 变至 β 时,L 上的点 $M(x,y)$ 依点 A 至点 B 的方向描出曲线 L. 在 L 上取一列点:

$$A=M_0,M_1,M_2,\cdots,M_{n-1},M_n=B,$$

它们对应于一列单调增加的参数值

$$\alpha=t_0<t_1<t_2<\cdots<t_{n-1}<t_n=\beta.$$

根据对弧长的曲线积分的定义,有

$$\int_L f(x,y)\mathrm{d}s=\lim_{\lambda\to 0}\sum_{i=1}^n f(\xi_i,\eta_i)\Delta s_i.$$

设点 (ξ_i,η_i) 对应于参数值 τ_i,即 $\xi_i=\varphi(\tau_i)$,$\eta_i=\psi(\tau_i)$,这里 $t_{i-1}\leqslant\tau_i\leqslant t_i$. 由于 $\Delta s_i=\int_{t_{i-1}}^{t_i}\sqrt{\varphi'^2(t)+\psi'^2(t)}\,\mathrm{d}t$,应用积分中值定理,得 $\Delta s_i=\sqrt{\varphi'^2(\tau_i')+\psi'^2(\tau_i')}\,\Delta t_i$,其中 $\Delta t_i=t_i-t_{i-1}$,$t_{i-1}\leqslant\tau_i'\leqslant t_i$. 于是

$$\int_L f(x,y)\mathrm{d}s=\lim_{\lambda\to 0}\sum_{i=1}^n f[\varphi(\tau_i),\psi(\tau_i)]\sqrt{\varphi'^2(\tau'_i)+\psi'^2(\tau'_i)}\,\Delta t_i.$$

由于函数 $\sqrt{\varphi'^2(t)+\psi'^2(t)}$ 在闭区间 $[\alpha,\beta]$ 上连续,故把上式中的 τ_i' 换成 τ_i,从而

$$\int_L f(x,y)\mathrm{d}s=\lim_{\lambda\to 0}\sum_{i=1}^n f[\varphi(\tau_i),\psi(\tau_i)]\sqrt{\varphi'^2(\tau_i)+\psi'^2(\tau_i)}\,\Delta t_i.$$

上式右端和式的极限就是函数 $f[\varphi(t),\psi(t)]\sqrt{\varphi'^2(t)+\psi'^2(t)}$ 在区间 $[\alpha,\beta]$ 上的定积分，由于这个函数在 $[\alpha,\beta]$ 上连续，所以这个定积分是存在的，因此上式左端的曲线积分 $\int_L f(x,y)\mathrm{d}s$ 也存在，并且有

$$\int_L f(x,y)\mathrm{d}s=\int_\alpha^\beta f[\varphi(t),\psi(t)]\sqrt{\varphi'^2(t)+\psi'^2(t)}\,\mathrm{d}t\quad(\alpha<\beta).\qquad\square$$

定理1表明，计算对弧长的曲线积分时，只要把 $x,y,\mathrm{d}s$ 依次换成 $\varphi(t),\psi(t)$，$\sqrt{\varphi'^2(t)+\psi'^2(t)}\,\mathrm{d}t$，然后从 α 到 β 作定积分就可以了.

注 定积分的下限 α 一定要小于上限 β.

分类讨论：

(1) 若曲线 L 的方程为 $y=\psi(x)$ $(a\leqslant x\leqslant b)$，则 $\int_L f(x,y)\mathrm{d}s=?$

提示：可设 L 的参数方程为 $x=x,y=\psi(x),a\leqslant x\leqslant b$，则有

$$\int_L f(x,y)\mathrm{d}s=\int_a^b f[x,\psi(x)]\sqrt{1+\psi'^2(x)}\,\mathrm{d}x.$$

(2) 若曲线 L 的方程为 $x=\varphi(y),c\leqslant y\leqslant d$，则 $\int_L f(x,y)\mathrm{d}s=?$

提示：可设 L 的参数方程为 $x=\varphi(y),y=y,c\leqslant y\leqslant d$，则有

$$\int_L f(x,y)\mathrm{d}s=\int_c^d f[\varphi(y),y]\sqrt{\varphi'^2(y)+1}\,\mathrm{d}y.$$

(3) 若空间曲线弧 Γ 的方程为 $x=\varphi(t),y=\psi(t),z=\omega(t),\alpha\leqslant t\leqslant\beta$，则 $\int_\Gamma f(x,y,z)\mathrm{d}s=?$

提示：$\int_\Gamma f(x,y,z)\mathrm{d}s=\int_\alpha^\beta f[\varphi(t),\psi(t),\omega(t)]\sqrt{\varphi'^2(t)+\psi'^2(t)+\omega'^2(t)}\,\mathrm{d}t.$

例1 计算 $\int_L\sqrt{y}\,\mathrm{d}s$，其中 L 是抛物线 $y=x^2$ 上点 $O(0,0)$ 与点 $B(2,4)$ 之间的一段弧(图11.4).

解 曲线的方程为 $y=x^2(0\leqslant x\leqslant 2)$，因此

$$\int_L\sqrt{y}\,\mathrm{d}s=\int_0^2\sqrt{x^2}\sqrt{1+(x^2)'^2}\,\mathrm{d}x=\int_0^2 x\sqrt{1+4x^2}\,\mathrm{d}x=\frac{1}{8}\int_0^2\sqrt{1+4x^2}\,\mathrm{d}(1+4x^2)$$
$$=\frac{1}{8}\times\frac{2}{3}(1+4x^2)^{\frac{3}{2}}\Big|_0^2=\frac{17}{12}\sqrt{17}-\frac{1}{12}.$$

例2 计算 $\int_L y\mathrm{d}s$，其中 L 是半径为 R、中心角为 α 的圆弧(图11.5).

解 取坐标系如图11.5所示，曲线 L 的参数方程为

$$x=R\cos\theta,\quad y=R\sin\theta,\quad -\frac{\alpha}{2}\leqslant\theta\leqslant\frac{\alpha}{2}.$$

故

$$\int_L y\mathrm{d}s=\int_{-\frac{\alpha}{2}}^{\frac{\alpha}{2}}R\sin\theta\sqrt{(-R\sin\theta)^2+(R\cos\theta)^2}\,\mathrm{d}\theta=\int_{-\frac{\alpha}{2}}^{\frac{\alpha}{2}}R^2\sin\theta\mathrm{d}\theta$$
$$=-R^2\cos\theta\Big|_{-\frac{\alpha}{2}}^{\frac{\alpha}{2}}=0.$$

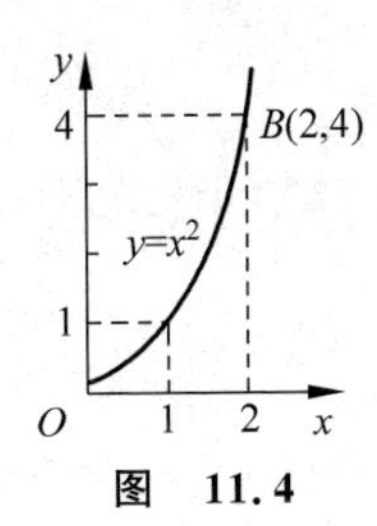

图 11.4

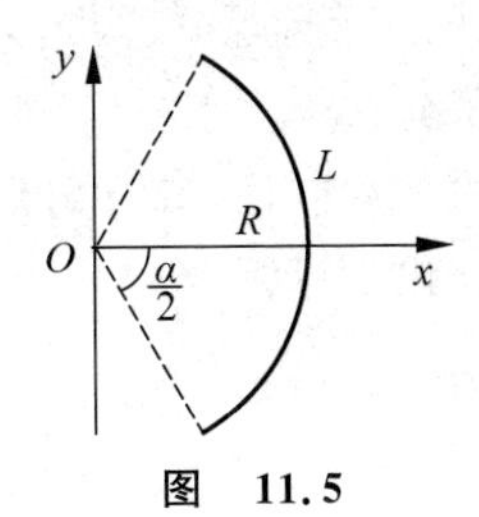

图 11.5

例 3 计算曲线积分$\oint_L x\,\mathrm{d}s$，其中 L 为由 $O(0,0)$、$A(2,0)$、$B(2,2)$为顶点的三角形边界.

解 如图 11.6 所示，L 为由直线段

$$\overline{OA}: x=x, y=0(0\leqslant x\leqslant 2),\quad \overline{AB}: x=2, y=y(0\leqslant y\leqslant 2),$$

$$\overline{BO}: x=x, y=x(0\leqslant x\leqslant 2)$$

所组成的分段光滑的闭曲线，由路径的可加性得

$$\begin{aligned}\oint_L x\,\mathrm{d}s &= \int_{\overline{OA}} x\,\mathrm{d}s+\int_{\overline{AB}} x\,\mathrm{d}s+\int_{\overline{BO}} x\,\mathrm{d}s\\ &=\int_0^2 x\sqrt{1^2+0^2}\,\mathrm{d}x+\int_0^2 2\sqrt{0^2+1^2}\,\mathrm{d}y+\int_0^2 x\sqrt{1^2+1^2}\,\mathrm{d}x\\ &=\int_0^2 x\,\mathrm{d}x+4+\sqrt{2}\int_0^2 x\,\mathrm{d}x=6+2\sqrt{2}.\end{aligned}$$

例 4 计算曲线积分$\int_\Gamma (x^2+y^2+z^2)^2\mathrm{d}s$，其中 Γ 为螺旋线 $x=a\cos t$，$y=a\sin t$，$z=kt$ 上相应于 t 从 0 到 2π 的一段弧(图 11.7).

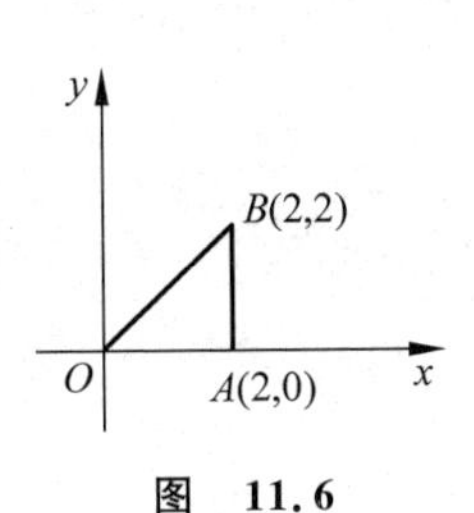

图 11.6

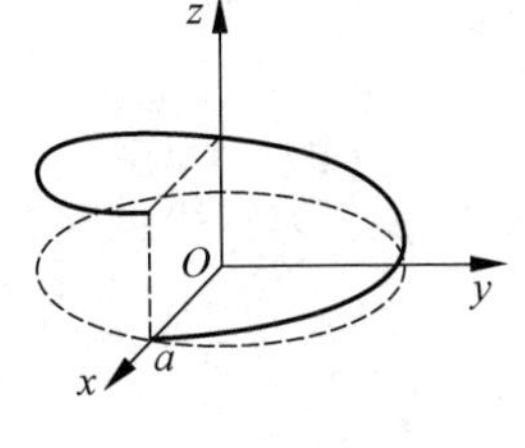

图 11.7

解 在曲线 Γ 上有

$$(x^2+y^2+z^2)^2=(a^2\cos^2 t+a^2\sin^2 t+k^2t^2)^2=(a^2+k^2t^2)^2,$$

并且
$$\mathrm{d}s=\sqrt{(-a\sin t)^2+(a\cos t)^2+k^2}\,\mathrm{d}t=\sqrt{a^2+k^2}\,\mathrm{d}t,$$

故
$$\begin{aligned}\int_\Gamma (x^2+y^2+z^2)^2\mathrm{d}s &= \int_0^{2\pi}(a^2+k^2t^2)^2\sqrt{a^2+k^2}\,\mathrm{d}t\\ &=\sqrt{a^2+k^2}\left(a^4t+\frac{2}{3}a^2k^2t^3+\frac{1}{5}k^4t^5\right)\Big|_0^{2\pi}\\ &=\sqrt{a^2+k^2}\left(2\pi a^4+\frac{16}{3}a^2k^2\pi^3+\frac{32}{5}k^4\pi^5\right).\end{aligned}$$

用曲线积分解决实际问题分四步：

(1) 建立曲线积分；

(2) 写出曲线的参数方程(或直角坐标方程)，确定参数的变化范围；

(3) 将曲线积分化为定积分；

(4) 计算定积分.

习题 11.1

1. 利用对弧长的曲线积分的定义证明性质 3.

2. 计算下列对弧长的曲线积分：

(1) $\int_L (x-y)\mathrm{d}s$，其中 L 为连接点 $A(2,0)$ 与点 $B(0,2)$ 的直线段；

(2) $\oint_L x\mathrm{d}s$，其中 L 为由直线 $y=x$ 及抛物线 $y=x^2$ 所围成区域的整个边界；

(3) $\oint_L (x^2+y^2)^n \mathrm{d}s$，其中 L 为圆弧 $x=a\cos t, y=a\sin t \left(0\leqslant t\leqslant \dfrac{\pi}{2}\right)$；

(4) $\oint_L \mathrm{e}^{\sqrt{x^2+y^2}}\mathrm{d}s$，其中 L 为圆周 $x^2+y^2=a^2(a>0)$，直线 $y=x$ 及 x 轴在第一象限内所围成的扇形的整个边界.

3. 计算下列对弧长的曲线积分：

(1) $\int_L y^2\mathrm{d}s$，其中 L 为摆线的一拱 $x=a(t-\sin t), y=a(1-\cos t)(0\leqslant t\leqslant 2\pi)$；

(2) $\int_L (x^2+y^2)\mathrm{d}s$，其中 L 为曲线 $x=a(\cos t+t\sin t), y=a(\sin t-t\cos t)(0\leqslant t\leqslant 2\pi)$；

(3) $\int_\Gamma \dfrac{1}{x^2+y^2+z^2}\mathrm{d}s$，其中 Γ 为曲线 $x=\mathrm{e}^t\cos t, y=\mathrm{e}^t\sin t, z=\mathrm{e}^t$ 上相应于 t 从 0 到 2π 的一段弧；

(4) $\int_\Gamma x^2yz\mathrm{d}s$，其中 Γ 为折线 $ABCD$，A、B、C、D 依次为点(0,0,0)、(0,0,2)、(1,0,2)、(1,3,2).

11.2 对坐标的曲线积分

11.2.1 对坐标的曲线积分的概念

变力沿曲线所做的功 设一个质点在 xOy 面内从点 A 沿光滑曲线弧 L 移动到点 B. 在移动过程中，此质点受到力

$$\boldsymbol{F}(x,y)=P(x,y)\boldsymbol{i}+Q(x,y)\boldsymbol{j}$$

的作用，其中函数 $P(x,y)$，$Q(x,y)$ 在 L 上连续，要计算在移动过程中变力 $\boldsymbol{F}(x,y)$ 所做的功.

如果力 $\boldsymbol{F}$ 是常力，且质点从 A 沿直线移动到 B，那么，$\boldsymbol{F}$ 所做的功 W 等于向量 $\boldsymbol{F}$ 与向量 $\overrightarrow{AB}$ 的数量积，即

$$W=\boldsymbol{F}\cdot\overrightarrow{AB}.$$

现在 $\boldsymbol{F}(x,y)$是变力，且质点沿曲线 L 移动，功 W 不能直接按以上公式计算. 下面利用 11.1 节中用来处理构件质量的方法求 W.

首先做分割：在曲线 L 内插入 $n-1$ 个点 $M_i(i=1,2,\cdots,n-1)$，将曲线依次分成 n 个有向小弧段 $\overparen{M_{i-1}M_i}(i=1,2,\cdots,n)$，这里 $M_0=A,M_n=B$(图 11.8). 由于 $\overparen{M_{i-1}M_i}$ 光滑而且很短，可以用有向线段 $\overrightarrow{M_{i-1}M_i}=(\Delta x_i)\boldsymbol{i}+(\Delta y_i)\boldsymbol{j}$ 来近似代替，其中 $\Delta x_i=x_i-x_{i-1}$，$\Delta y_i=y_i-y_{i-1}$. 又由于函数 $P(x,y)$，$Q(x,y)$在 L 上连续，可以用 $\overparen{M_{i-1}M_i}$ 上任意取定的一点(ξ_i,η_i)处的力 $\boldsymbol{F}(\xi_i,\eta_i)=P(\xi_i,\eta_i)\boldsymbol{i}+Q(\xi_i,\eta_i)\boldsymbol{j}$ 来近似代替这个小弧段上各点处的力. 这样，变力$\boldsymbol{F}(x,y)$沿有向小弧段 $\overparen{M_{i-1}M_i}$ 所做的功 ΔW_i 可以认为近似等于常力 $\boldsymbol{F}(\xi_i,\eta_i)$沿 $\overrightarrow{M_{i-1}M_i}$ 所做的功：

$$\Delta W_i \approx \boldsymbol{F}(\xi_i,\eta_i)\cdot\overrightarrow{M_{i-1}M_i},$$

即

$$\Delta W_i \approx P(\xi_i,\eta_i)\Delta x_i + Q(\xi_i,\eta_i)\Delta y_i.$$

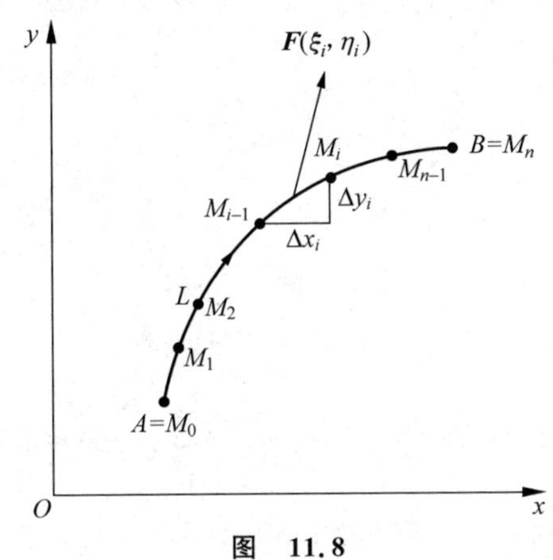

图 11.8

因而，$\boldsymbol{F}(x,y)=P(x,y)\boldsymbol{i}+Q(x,y)\boldsymbol{j}$ 沿曲线 L 由 A 点移动到 B 点所做的功

$$W=\sum_{i=1}^{n}\Delta W_i \approx \sum_{i=1}^{n}P(\xi_i,\eta_i)\Delta x_i+\sum_{i=1}^{n}Q(\xi_i,\eta_i)\Delta y_i.$$

用 λ 表示 n 个小弧段的最大长度，令 $\lambda\to 0$，取上述极限，所得到的极限就是变力 F 沿有向曲线弧 L 所做的功，即

$$W=\lim_{\lambda\to 0}\sum_{i=1}^{n}[P(\xi_i,\eta_i)\Delta x_i+Q(\xi_i,\eta_i)\Delta y_i].$$

这就是下面我们要讨论的对坐标的曲线积分.

定义 1 设 L 为 xOy 面内从点 A 到点 B 的一条有向光滑曲线弧，函数 $P(x,y)$，$Q(x,y)$ 在 L 上有界. 在 L 上沿 L 的方向任意插入一列点 $M_1(x_1,y_1)$，$M_2(x_2,y_2)$，$\cdots$，$M_{n-1}(x_{n-1},y_{n-1})$，把 L 分成 n 个有向小弧段 $\overparen{M_{i-1}M_i}(i=1,2,\cdots,n;M_0=A,M_n=B)$，设 $\Delta x_i=x_i-x_{i-1}$，$\Delta y_i=y_i-y_{i-1}$. 点(ξ_i,η_i)为 $\overparen{M_{i-1}M_i}$ 上任意取定的点. 如果当各小弧段长度的最大值 $\lambda\to 0$ 时，$\sum\limits_{i=1}^{n}P(\xi_i,\eta_i)\Delta x_i$ 的极限总存在，则称此极限为函数 $P(x,y)$

在有向曲线弧 L 上对坐标 x 的曲线积分，记作 $\int_L P(x,y)\mathrm{d}x$.

类似地，如果 $\lim\limits_{\lambda\to 0}\sum\limits_{i=1}^{n}Q(\xi_i,\eta_i)\Delta y_i$ 总存在，则称此极限为函数 $Q(x,y)$ 在有向曲线弧 L 上对坐标 y 的曲线积分，记作 $\int_L Q(x,y)\mathrm{d}y$. 即

$$\int_L P(x,y)\mathrm{d}x=\lim_{\lambda\to 0}\sum_{i=1}^{n}P(\xi_i,\eta_i)\Delta x_i,$$

$$\int_L Q(x,y)\mathrm{d}y=\lim_{\lambda\to 0}\sum_{i=1}^{n}Q(\xi_i,\eta_i)\Delta y_i,$$

其中 $P(x,y)$，$Q(x,y)$ 称为被积函数，L 称为积分弧段，对坐标的曲线积分称为第二类曲线积分.

根据定义 1，可知变力 $\boldsymbol{F}(x,y)=P(x,y)\boldsymbol{i}+Q(x,y)\boldsymbol{j}$ 在 L 上所做的功为

$$W=\int_L P(x,y)\mathrm{d}x+\int_L Q(x,y)\mathrm{d}y.$$

为简便起见，把上式写成

$$W=\int_L P(x,y)\mathrm{d}x+Q(x,y)\mathrm{d}y,$$

或

$$W=\int_L P\mathrm{d}x+Q\mathrm{d}y.$$

同样可以定义积分弧段为空间有向曲线弧 Γ 的情形：

$$\int_\Gamma P(x,y,z)\mathrm{d}x=\lim_{\lambda\to 0}\sum_{i=1}^{n}P(\xi_i,\eta_i,\zeta_i)\Delta x_i,$$

$$\int_\Gamma Q(x,y,z)\mathrm{d}y=\lim_{\lambda\to 0}\sum_{i=1}^{n}Q(\xi_i,\eta_i,\zeta_i)\Delta y_i,$$

$$\int_\Gamma Q(x,y,z)\mathrm{d}z=\lim_{\lambda\to 0}\sum_{i=1}^{n}R(\xi_i,\eta_i,\zeta_i)\Delta z_i.$$

记作

$$\begin{aligned}&\int_\Gamma P(x,y,z)\mathrm{d}x+\int_\Gamma Q(x,y,z)\mathrm{d}y+\int_\Gamma R(x,y,z)\mathrm{d}z\\=&\int_\Gamma P(x,y,z)\mathrm{d}x+Q(x,y,z)\mathrm{d}y+R(x,y,z)\mathrm{d}z.\end{aligned}$$

为简便起见，把上式写成

$$\int_\Gamma P(x,y,z)\mathrm{d}x+\int_\Gamma Q(x,y,z)\mathrm{d}y+\int_\Gamma R(x,y,z)\mathrm{d}z=\int_\Gamma P\mathrm{d}x+\int_\Gamma Q\mathrm{d}y+\int_\Gamma R\mathrm{d}z.$$

如果曲线弧 L（或 Γ）是分段光滑的，则规定函数在有向曲线弧 L（或 Γ）上对坐标的曲线积分等于在光滑的各段上对坐标的曲线积分之和.

11.2.2 对坐标的曲线积分的性质

性质 1 若 $\int_L P_i\mathrm{d}x+Q_i\mathrm{d}y\,(i=1,2,\cdots,k)$ 存在，则

$$\int_L \left(\sum_{i=1}^{k} C_i P_i\right) dx + \left(\sum_{i=1}^{k} C_i Q_i\right) dy$$

也存在,且

$$\int_L \left(\sum_{i=1}^{k} C_i P_i\right) dx + \left(\sum_{i=1}^{k} C_i Q_i\right) dy = \sum_{i=1}^{k} C_i \left(\int_L P_i dx + Q_i dy\right),$$

其中 $C_i(i=1,2,\cdots,k)$为常数.

性质 2 设 L 为有向曲线弧,L^- 为与 L 方向相反的曲线弧,则

$$\int_L P dx + Q dy = -\int_{L^-} P dx + Q dy.$$

性质 3 设 $L=L_1+L_2$,则

$$\int_L P dx + Q dy = \int_{L_1} P dx + Q dy + \int_{L_2} P dx + Q dy.$$

此性质可推广到 $L=L_1+L_2+\cdots+L_n$ 组成的曲线上.

11.2.3 对坐标的曲线积分的计算方法

定理 1 设 $P(x,y)$,$Q(x,y)$在有向曲线弧 L 上有定义且连续,L 的参数方程为

$$\begin{cases} x=\varphi(t), \\ y=\psi(t), \end{cases}$$

当参数 t 单调地由 α 变到 β 时,点 $M(x,y)$从 L 的起点 A 沿 L 运动到终点 B,$\varphi(t)$,$\psi(t)$在以 α 及 β 为端点的闭区间上具有一阶连续导数,且 $\varphi'^2(t)+\psi'^2(t)\neq 0$,则曲线积分 $\int_L P(x,y)dx+Q(x,y)dy$ 存在,且

$$\int_L P(x,y)dx + Q(x,y)dy = \int_\alpha^\beta \{P[\varphi(t),\psi(t)]\varphi'(t) + Q[\varphi(t),\psi(t)]\psi'(t)\}dt.$$

证 在 L 上取一列点

$$A=M_0,M_1,M_2,\cdots,M_n=B,$$

它们对应于一列单调变化的参数值

$$\alpha=t_0,t_1,t_2,\cdots,t_{n-1},t_n=\beta.$$

根据对坐标的曲线积分的定义,

$$\int_L P(x,y)dx = \lim_{\lambda\to 0}\sum_{i=1}^{n} P(\xi_i,\eta_i)\Delta x_i,$$

设点(ξ_i,η_i)对应于参数 τ_i,且 $\xi_i=\varphi(\tau_i)$,$\eta_i=\psi(\tau_i)$,这里 τ_i 在 t_{i-1} 与 t_i 之间,由于 $\Delta x_i = x_i - x_{i-1} = \varphi(t_i)-\varphi(t_{i-1})$,由微分中值定理得,$\Delta x_i=\varphi'(\tau_i')\Delta t_i$,其中 $\Delta t_i = t_i - t_{i-1}$,$\tau_i'$在 t_{i-1} 与 t_i 之间,于是

$$\int_L P(x,y)dx = \lim_{\lambda\to 0}\sum_{i=1}^{n} P[\varphi(\tau_i),\psi(\tau_i)]\varphi'(\tau_i')\Delta t_i.$$

因为函数 $\varphi'(t)$在闭区间$[\alpha,\beta]$(或$[\beta,\alpha]$)上连续,把上式中的 τ_i'换成 τ_i,从而

$$\int_L P(x,y)dx = \lim_{\lambda\to 0}\sum_{i=1}^{n} P[\varphi(\tau_i),\psi(\tau_i)]\varphi'(\tau_i)\Delta t_i = \int_\alpha^\beta P[\varphi(t),\psi(t)]\varphi'(t)dt.$$

同理可证

$$\int_L Q(x,y)\mathrm{d}y=\int_\alpha^\beta Q[\varphi(t),\psi(t)]\psi'(t)\mathrm{d}t.$$

把以上两式相加，得

$$\int_L P(x,y)\mathrm{d}x+Q(x,y)\mathrm{d}y=\int_\alpha^\beta \{P[\varphi(t),\psi(t)]\varphi'(t)+Q[\varphi(t),\psi(t)]\psi'(t)\}\mathrm{d}t. \quad \square$$

注 下限 α 对应于 L 的起点，上限 β 对应于 L 的终点，α 不一定小于 β.

另外，有以下特殊情形：

(1) 设有向光滑曲线 L：$y=g(x)$，即 L：$\begin{cases}x=x,\\ y=g(x),\end{cases}$ 且 x 从 a 变到 b，则

$$\int_L P(x,y)\mathrm{d}x+Q(x,y)\mathrm{d}y=\int_a^b \{P[x,g(x)]+Q[x,g(x)]g'(x)\}\mathrm{d}x.$$

(2) 设有向光滑曲线 L：$x=h(y)$，即 L：$\begin{cases}x=h(y),\\ y=y,\end{cases}$ 且 y 从 c 变到 d，则

$$\int_L P(x,y)\mathrm{d}x+Q(x,y)\mathrm{d}y=\int_c^d \{P[h(y),y]h'(y)+Q[h(y),y]\}\mathrm{d}y.$$

(3) 设空间有向曲线弧 Γ：$\begin{cases}x=\varphi(t),\\ y=\psi(t),\\ z=\omega(t),\end{cases}$ t 从 α 变到 β，

$$\begin{aligned}&\int_\Gamma P(x,y,z)\mathrm{d}x+Q(x,y,z)\mathrm{d}y+R(x,y,z)\mathrm{d}z\\ =&\int_\alpha^\beta \{P[\varphi(t),\psi(t),\omega(t)]\varphi'(t)+Q[\varphi(t),\psi(t),\omega(t)]\psi'(t)+R[\varphi(t),\psi(t),\omega(t)]\omega'(t)\}\mathrm{d}t.\end{aligned}$$

例 1 计算 $\int_L y^4\mathrm{d}x$，其中有向线段 L 为

(1) 按逆时针方向绕行的上半圆周 $x^2+y^2=a^2$；

(2) 从点 $A(a,0)$ 沿 x 轴到点 $B(-a,0)$ 的直线段.

解 (1) L 的参数方程为 $\begin{cases}x=a\cos\theta,\\ y=a\sin\theta,\end{cases}$ 参数 θ 从 0 变到 π. 因此

$$\begin{aligned}\int_L y^4\mathrm{d}x&=\int_0^\pi a^4\sin^4\theta\mathrm{d}(a\cos\theta)=a^5\int_0^\pi(1-\cos^2\theta)^2\mathrm{d}\cos\theta\\ &=a^5\left(\cos\theta-\frac{2}{3}\cos^3\theta+\frac{1}{5}\cos^5\theta\right)\Big|_0^\pi=-\frac{16}{15}a^5.\end{aligned}$$

(2) L 的方程为 $y=0$，参数 x 从 a 变到 $-a$. 因此

$$\int_L y^4\mathrm{d}x=\int_a^{-a}0\mathrm{d}x=0.$$

例 2 计算 $\int_L x^2\mathrm{d}x-3xy\mathrm{d}y$，其中 L 为图 11.9 中：

(1) 抛物线 $y=x^2$ 上从点 $O(0,0)$ 到点 $B(1,1)$ 的一段弧；

(2) 抛物线 $x=y^2$ 上从点 $O(0,0)$ 到点 $B(1,1)$ 的一段弧；

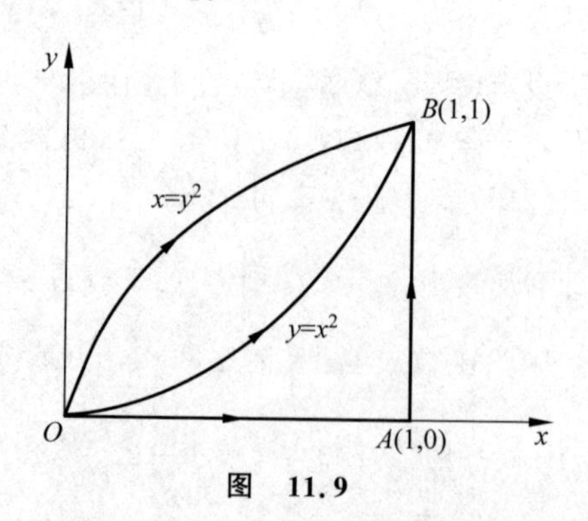

图 11.9

(3) 有向折线 OAB,这里 O,A,B 依次是点 $(0,0),(1,0),(1,1)$.

解 (1) 有向曲线 $L:y=x^2$,即 $L:\begin{cases}x=x,\\ y=x^2,\end{cases}$ 且 x 从 0 变到 1,则

$$\int_L x^2\mathrm{d}x-3xy\mathrm{d}y=\int_0^1(x^2-3x^3\cdot 2x)\mathrm{d}x=\left(\frac{1}{3}x^3-\frac{6}{5}x^5\right)\Big|_0^1=-\frac{13}{15}.$$

(2) 有向曲线 $L:x=y^2$,即 $L:\begin{cases}x=y^2,\\ y=y,\end{cases}$ 且 y 从 0 变到 1,则

$$\int_L x^2\mathrm{d}x-3xy\mathrm{d}y=\int_0^1(y^4\cdot 2y-3y^2\cdot y)\mathrm{d}y=\left(\frac{1}{3}y^6-\frac{3}{4}y^4\right)\Big|_0^1=-\frac{5}{12}.$$

(3) 直线段 $\overrightarrow{OA}$ 的方程为 $y=0$,x 从 0 变到 1,所以

$$\int_{\overrightarrow{OA}} x^2\mathrm{d}x-3xy\mathrm{d}y=\int_0^1 x^2\mathrm{d}x=\frac{1}{3}x^3\Big|_0^1=\frac{1}{3}.$$

直线段 $\overrightarrow{AB}$ 的方程为 $x=1$,y 从 0 变到 1,所以

$$\int_{\overrightarrow{AB}} x^2\mathrm{d}x-3xy\mathrm{d}y=\int_0^1 1^2\mathrm{d}1-3y\mathrm{d}y=-\frac{3}{2}y^2\Big|_0^1=-\frac{3}{2}.$$

从而

$$\int_L x^2\mathrm{d}x-3xy\mathrm{d}y=\int_{\overrightarrow{OA}} x^2\mathrm{d}x-3xy\mathrm{d}y+\int_{\overrightarrow{AB}} x^2\mathrm{d}x-3xy\mathrm{d}y=-\frac{7}{6}.$$

例 3 计算曲线积分 $I=\int_{\overrightarrow{AO}} x^3\mathrm{d}x+3zy^2\mathrm{d}y-x^2y\mathrm{d}z$,其中 $A(6,5,4)$,O 为坐标原点.

解 直线段 $\overrightarrow{AO}$ 的方程为 $\begin{cases}x=6t,\\ y=5t,\\ z=4t,\end{cases}$ 这里参数 t 从 1 变到 0. 于是

$$\begin{aligned}I&=\int_{\overrightarrow{AO}} x^3\mathrm{d}x+3zy^2\mathrm{d}y-x^2y\mathrm{d}z\\&=\int_1^0[(6t)^3(6t)'+12t(5t)^2(5t)'-(6t)^2(5t)(4t)']\mathrm{d}t=\int_1^0 2076t^3\mathrm{d}t=-519.\end{aligned}$$

例 4 设一个质点在点 $M(x,y)$ 处受到力 $\boldsymbol{F}$ 的作用,$\boldsymbol{F}$ 的大小与点 M 到原点 O 的距离成正比,$\boldsymbol{F}$ 的方向与 $\overrightarrow{OM}$ 方向相同. 此质点由点 $A(3,0)$ 沿椭圆 $\frac{x^2}{9}+\frac{y^2}{25}=1$ 按逆时针方向移动到点 $B(0,5)$,求力 $\boldsymbol{F}$ 所做的功 W.

解 $\overrightarrow{OM}=x\boldsymbol{i}+y\boldsymbol{j}$,$|\overrightarrow{OM}|=\sqrt{x^2+y^2}$. 由题设知 $\boldsymbol{F}=k(x\boldsymbol{i}+y\boldsymbol{j})$,其中 $k>0$. 故

$$W=\int_{\overset{\frown}{AB}}\boldsymbol{F}\cdot\mathrm{d}\boldsymbol{r}=\int_{\overset{\frown}{AB}}kx\mathrm{d}x+ky\mathrm{d}y=k\int_{\overset{\frown}{AB}}x\mathrm{d}x+y\mathrm{d}y.$$

利用椭圆的参数方程 $\begin{cases}x=3\cos t,\\ y=5\sin t,\end{cases}$ 参数 t 从 0 到 $\frac{\pi}{2}$. 故

$$W=k\int_0^{\frac{\pi}{2}}(-9\cos t\sin t+25\sin t\cos t)\mathrm{d}t=16k\int_0^{\frac{\pi}{2}}\sin t\cos t\mathrm{d}t=8k.$$

11.2.4 两类曲线积分的联系

虽然两类曲线积分来自不同的物理模型，有不同的特性，但在一定的条件下两者之间能够实现相互转化.

设有向曲线弧 L 的起点为 A，终点为 B. L 的参数方程为 $\begin{cases}x=\varphi(t),\\ y=\psi(t).\end{cases}$ 点 A，B 分别对应参数 α，β. 不妨设 $\alpha<\beta$（否则作变换 $s=-t$ 即可），并设 $\varphi(t)$，$\psi(t)$ 在闭区间 $[\alpha,\beta]$ 上具有一阶连续导数，且 $\varphi'^2(t)+\psi'^2(t)\neq 0$，函数 $P(x,y)$，$Q(x,y)$ 在有向曲线弧 L 上连续. 于是

$$\int_L P(x,y)\mathrm{d}x+Q(x,y)\mathrm{d}y=\int_\alpha^\beta\{P[\varphi(t),\psi(t)]\varphi'(t)+Q[\varphi(t),\psi(t)]\psi'(t)\}\mathrm{d}t.$$

又因为有向曲线弧 L 的切向量为 $\boldsymbol{\tau}=\varphi'(t)\boldsymbol{i}+\psi'(t)\boldsymbol{j}$，它的方向余弦为

$$\cos\alpha=\frac{\varphi'(t)}{\sqrt{\varphi'^2(t)+\psi'^2(t)}},\quad \cos\beta=\frac{\psi'(t)}{\sqrt{\varphi'^2(t)+\psi'^2(t)}},$$

由对弧长的曲线积分的计算公式得

$$\begin{aligned}&\int_L[P(x,y)\cos\alpha+Q(x,y)\cos\beta]\mathrm{d}s\\ =&\int_\alpha^\beta\left\{P[\varphi(t),\psi(t)]\frac{\varphi'(t)}{\sqrt{\varphi'^2(t)+\psi'^2(t)}}+Q[\varphi(t),\psi(t)]\frac{\psi'(t)}{\sqrt{\varphi'^2(t)+\psi'^2(t)}}\right\}\sqrt{\varphi'^2(t)+\psi'^2(t)}\,\mathrm{d}t\\ =&\int_\alpha^\beta\{P[\varphi(t),\psi(t)]\varphi'(t)+Q[\varphi(t),\psi(t)]\psi'(t)\}\,\mathrm{d}t.\end{aligned}$$

由此可见，平面曲线 L 的两类曲线积分之间有如下联系：

$$\int_L P\mathrm{d}x+Q\mathrm{d}y=\int_L(P\cos\alpha+Q\cos\beta)\mathrm{d}s,$$

其中 α，β 为有向曲线弧 L 在点 (x,y) 处的切向量的方向角.

同理可知，空间曲线 Γ 上两类曲线积分之间有如下联系：

$$\int_L P\mathrm{d}x+Q\mathrm{d}y+R\mathrm{d}z=\int_\Gamma(P\cos\alpha+Q\cos\beta+R\cos\gamma)\mathrm{d}s,$$

其中 α，β，γ 为向量弧 Γ 在点 (x,y,z) 处切向量的方向角.

例 5 把对坐标的曲线积分 $\int_L P(x,y)\mathrm{d}x+Q(x,y)\mathrm{d}y$ 化成对弧长的曲线积分，其中 L 为沿抛物线 $x=y^2$ 从点 $(0,0)$ 到点 $(1,1)$ 的一段曲线弧.

解 因为 $\mathrm{d}s=\sqrt{4y^2+1}\,\mathrm{d}y$，所以方向余弦为

$$\cos\alpha=\frac{\mathrm{d}x}{\mathrm{d}s}=\frac{2y}{\sqrt{4y^2+1}},\quad \cos\beta=\frac{\mathrm{d}y}{\mathrm{d}s}=\frac{1}{\sqrt{4y^2+1}},$$

所以

$$\int_L P(x,y)\mathrm{d}x+Q(x,y)\mathrm{d}y=\int_L\left[P(x,y)\frac{2y}{\sqrt{4y^2+1}}+Q(x,y)\frac{1}{\sqrt{4y^2+1}}\right]\mathrm{d}s.$$

习题 11.2

1. 计算下列对坐标的曲线积分：

(1) $\int_L xy\mathrm{d}x$，其中 L 为抛物线 $y^2=x$ 上从点 $A(1,-1)$ 到点 $B(1,1)$ 的一段弧；

(2) $\int_L x\mathrm{d}y$，其中 L 是由坐标轴及直线 $\frac{x}{2}+\frac{y}{3}=1$ 所构成的三角形周界，方向为逆时针方向；

(3) $\int_L (x+y)\mathrm{d}x+(x-y)\mathrm{d}y$，其中 L 为按逆时针方向绕椭圆 $\frac{x^2}{a^2}+\frac{y^2}{b^2}=1$ 一周的路径.

2. 计算 $\int_L xy\mathrm{d}x+(x+y)\mathrm{d}y$，其中 L 为：

(1) 从点(0,0)到点(1,1)的直线段；

(2) 抛物线 $y=x^2$ 从点(0,0)到点(1,1)的一段曲线弧；

(3) 从点(0,0)到点(1,0)再到点(1,1)的折线段.

3. 计算 $\int_L x\mathrm{d}x+y\mathrm{d}y+(x+y-1)\mathrm{d}z$，其中 L 是从点(1,1,1)到点(2,3,4)的直线段.

4. 一力场由沿横轴正方向的常力 $\boldsymbol{F}$ 所构成.试求当一质量为 m 的质点沿圆周 $x^2+y^2=R^2$ 按逆时针方向移过位于第一象限的那一段弧时常力所做的功.

5. 把对坐标的曲线积分 $\int_L P(x,y)\mathrm{d}x+Q(x,y)\mathrm{d}y$ 化成对弧长的曲线积分，其中 L 为：

(1) 在 xOy 面内从点(0,0)到点(1,1)的直线段；

(2) 沿抛物线 $y=x^2$ 从点(0,0)到点(1,1)的一段弧；

(3) 沿上半圆周 $x^2+y^2=2x$ 从点(0,0)到点(1,1)的一段弧.

6. 设 Γ 为曲线 $x=t, y=t^2, z=t^3$ 上相应于 t 从 0 变到 1 的曲线弧，把对坐标的曲线积分 $\int_\Gamma P\mathrm{d}x+Q\mathrm{d}y+R\mathrm{d}z$ 化成对弧长的曲线积分.

11.3 格林公式及其应用

11.3.1 格林公式

格林公式是研究平面闭区域 D 上的二重积分与沿其边界的曲线积分之间的关系，本质上可看作一元函数定积分中的牛顿-莱布尼茨公式的推广.

为此，首先介绍平面单连通区域的概念. 设 D 为平面区域，如果 D 内任一封闭曲线所围的部分都属于 D，则称 D 为单连通区域，否则称为复连通区域. 形象地说，单连通区域就是没有“洞”(包括“点洞”)的平面区域，复连通区域就是含有“洞”(包括“点洞”)的平面区域. 例如平面上的椭圆区域 $\left\{(x,y)\mid\frac{x^2}{a^2}+\frac{y^2}{b^2}<1\right\}$，右半个平面 $\{(x,y)\mid x>0\}$ 都是单连通区域，而圆环形区域 $\{(x,y)\mid 1<x^2+y^2<9\}$ 是复连通区域.

对于平面区域 D 的边界曲线 L 的正方向规定如下：当观察者沿边界曲线 L 的这个方向行走时，区域 D 内在他附近的那一部分总是在他的左侧；与上述规定的方向相反的方向称为负方向，一般用 L^- 表示. 如图 11.10 中，最外层边界曲线 L_1 的正向取逆时针方向，而内层边界曲线 L_2 的正向取顺时针方向.

定理1(格林公式) 设闭区域 D 由分段光滑的曲线 L 围成,函数 $P(x,y)$ 及 $Q(x,y)$ 在 D 上具有一阶连续偏导数,则有

$$\iint_D \left(\frac{\partial Q}{\partial x}-\frac{\partial P}{\partial y}\right)\mathrm{d}x\,\mathrm{d}y=\oint_L P\,\mathrm{d}x+Q\,\mathrm{d}y, \tag{11.1}$$

其中 L 是 D 的取正向的边界曲线.

证 (1) 闭区域 D 既是 X 型又是 Y 型单连通区域. 如图11.11所示,由 D 为 X 型区域,设 $D=\{(x,y)\mid\varphi_1(x)\leqslant y\leqslant\varphi_2(x),a\leqslant x\leqslant b\}$,由于 $\dfrac{\partial P}{\partial y}$ 连续,有

$$\iint_D \frac{\partial P}{\partial y}\mathrm{d}x\,\mathrm{d}y=\int_a^b \mathrm{d}x\int_{\varphi_1(x)}^{\varphi_2(x)}\frac{\partial P}{\partial y}\mathrm{d}y=\int_a^b P(x,y)\Big|_{\varphi_1(x)}^{\varphi_2(x)}\mathrm{d}x=\int_a^b\{P[x,\varphi_2(x)]-P[x,\varphi_1(x)]\}\,\mathrm{d}x.$$

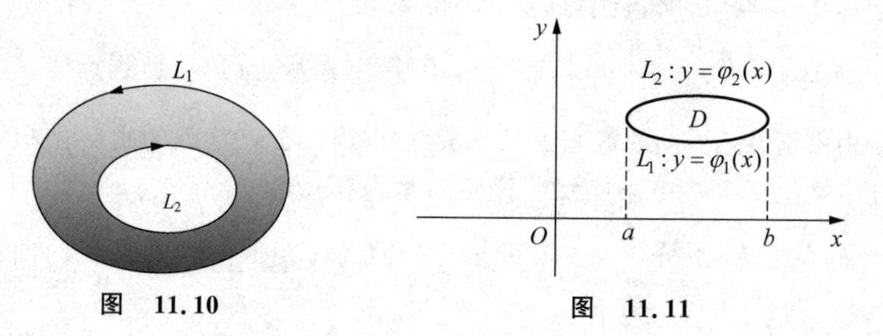

图 11.10　　图 11.11

另一方面,由对坐标的曲线积分的性质及计算方法有

$$\oint_L P\,\mathrm{d}x=\int_{L_1}P\,\mathrm{d}x+\int_{L_2}P\,\mathrm{d}x=\int_a^b P[x,\varphi_1(x)]\mathrm{d}x+\int_b^a P[x,\varphi_2(x)]\mathrm{d}x$$
$$=\int_a^b\{P[x,\varphi_1(x)]-P[x,\varphi_2(x)]\}\,\mathrm{d}x.$$

所以

$$-\iint_D \frac{\partial P}{\partial y}\mathrm{d}x\,\mathrm{d}y=\oint_L P\,\mathrm{d}x. \tag{11.2}$$

由 D 为 Y 型区域,同理可证

$$\iint_D \frac{\partial Q}{\partial x}\mathrm{d}x\,\mathrm{d}y=\oint_L Q\,\mathrm{d}y. \tag{11.3}$$

综合上述结果,可得 $\displaystyle\iint_D \left(\frac{\partial Q}{\partial x}-\frac{\partial P}{\partial y}\right)\mathrm{d}x\,\mathrm{d}y=\oint_L P\,\mathrm{d}x+Q\,\mathrm{d}y$.

(2) 区域 D 是一般型单连通区域. 可引进一条或几条辅助线将区域 D 分成有限个符合上述条件的闭区域. 如图11.12所示,设 D 的边界曲线 L 由 $AMCNBPA$ 构成,将 D 分成 D_1、D_2、D_3 三部分,且每一部分均满足情形(1),得

$$\iint_{D_1}\left(\frac{\partial Q}{\partial x}-\frac{\partial P}{\partial y}\right)\mathrm{d}x\,\mathrm{d}y=\oint_{\widehat{MCBAM}}P\,\mathrm{d}x+Q\,\mathrm{d}y,$$

$$\iint_{D_2}\left(\frac{\partial Q}{\partial x}-\frac{\partial P}{\partial y}\right)\mathrm{d}x\,\mathrm{d}y=\oint_{\widehat{ABPA}}P\,\mathrm{d}x+Q\,\mathrm{d}y,$$

$$\iint_{D_3}\left(\frac{\partial Q}{\partial x}-\frac{\partial P}{\partial y}\right)\mathrm{d}x\,\mathrm{d}y=\oint_{\widehat{BCNB}}P\,\mathrm{d}x+Q\,\mathrm{d}y,$$

故

$$\iint\limits_{D}\left(\frac{\partial Q}{\partial x}-\frac{\partial P}{\partial y}\right)\mathrm{d}x\mathrm{d}y=\iint\limits_{D_1}\left(\frac{\partial Q}{\partial x}-\frac{\partial P}{\partial y}\right)\mathrm{d}x\mathrm{d}y+\iint\limits_{D_2}\left(\frac{\partial Q}{\partial x}-\frac{\partial P}{\partial y}\right)\mathrm{d}x\mathrm{d}y+\iint\limits_{D_3}\left(\frac{\partial Q}{\partial x}-\frac{\partial P}{\partial y}\right)\mathrm{d}x\mathrm{d}y$$

$$=\oint_{\overset{\frown}{AMCNBPA}}P\mathrm{d}x+Q\mathrm{d}y=\oint_{L}P\mathrm{d}x+Q\mathrm{d}y.$$

(3) 区域 D 为复连通区域.若此时 D 是由 L_1、L_2、L_3 围成的,如图 11.13 所示,则 D 的边界曲线由 $\overrightarrow{AB}$、L_2、$\overrightarrow{BA}$、$\overset{\frown}{AFC}$、$\overrightarrow{CE}$、L_3、$\overrightarrow{EC}$ 及 $\overset{\frown}{CGA}$ 构成.

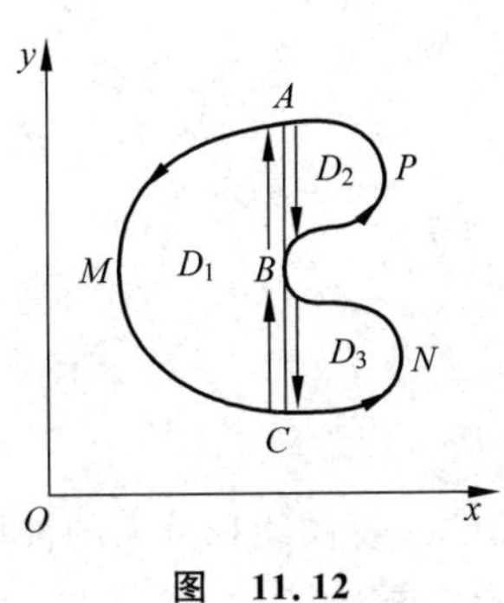

图 11.12

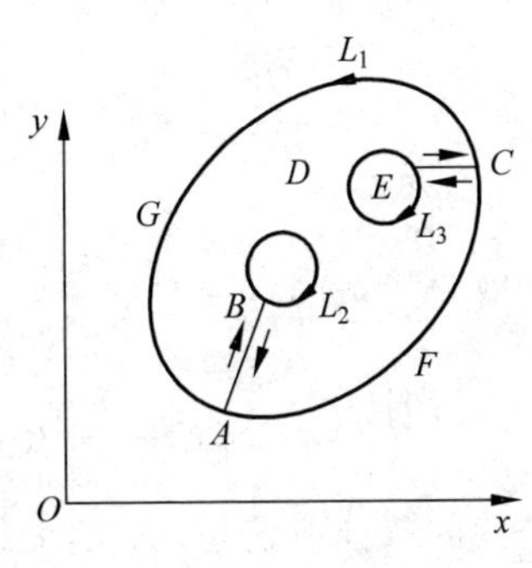

图 11.13

由(2)知,

$$\iint\limits_{D}\left(\frac{\partial Q}{\partial x}-\frac{\partial P}{\partial y}\right)\mathrm{d}x\mathrm{d}y=\int_{\overrightarrow{AB}}P\mathrm{d}x+Q\mathrm{d}y+\oint_{L_2}P\mathrm{d}x+Q\mathrm{d}y+\int_{\overrightarrow{BA}}P\mathrm{d}x+Q\mathrm{d}y+\int_{\overset{\frown}{AFC}}P\mathrm{d}x+Q\mathrm{d}y$$

$$+\int_{\overrightarrow{CE}}P\mathrm{d}x+Q\mathrm{d}y+\oint_{L_3}P\mathrm{d}x+Q\mathrm{d}y+\int_{\overrightarrow{EC}}P\mathrm{d}x+Q\mathrm{d}y+\int_{\overset{\frown}{CGA}}P\mathrm{d}x+Q\mathrm{d}y$$

$$=\oint_{L_2}P\mathrm{d}x+Q\mathrm{d}y+\oint_{L_3}P\mathrm{d}x+Q\mathrm{d}y+\oint_{L_1}P\mathrm{d}x+Q\mathrm{d}y$$

$$=\oint_{L}P\mathrm{d}x+Q\mathrm{d}y.$$

□

特别地,在格林公式中令 $P=-y,Q=x$,则可得到一个计算平面区域 D 面积 A 的公式:

$$A=\iint\limits_{D}\mathrm{d}x\mathrm{d}y=\frac{1}{2}\oint_{L}x\mathrm{d}y-y\mathrm{d}x.\tag{11.4}$$

例 1 求椭圆 $x=a\cos t,y=b\sin t$ 所围图形的面积 A.

解 由式(11.4)可得

$$A=\frac{1}{2}\oint_{L}x\mathrm{d}y-y\mathrm{d}x=\frac{1}{2}\int_{0}^{2\pi}(ab\cos^2t+ab\sin^2t)\mathrm{d}t=\frac{1}{2}\int_{0}^{2\pi}ab\mathrm{d}t=\pi ab.$$

例 2 计算 $\oint_{L}(4y-\sqrt{x^3+1})\mathrm{d}x+(7x-\mathrm{e}^{\sin y})\mathrm{d}y$,其中 L 为圆周 $x^2+y^2=2$,方向为逆时针方向.

解 令 $P=4y-\sqrt{x^3+1},Q=7x-\mathrm{e}^{\sin y}$,则

$$\frac{\partial Q}{\partial x}-\frac{\partial P}{\partial y}=7-4=3.$$

因此,由格林公式有

$$\oint_L (4y-\sqrt{x^3+1})\mathrm{d}x+(7x-\mathrm{e}^{\sin y})\mathrm{d}y=\iint_D 3\mathrm{d}x\mathrm{d}y=3\times 2\pi=6\pi,$$

其中区域 $D=\{(x,y)\mid x^2+y^2\leqslant 2\}$.

例 3 计算 $\iint\limits_D \sin y^2\mathrm{d}x\mathrm{d}y$，其中 D 是由直线 $y=x$，$y=1$ 及 $x=0$ 所围成的区域，如图 11.14 所示.

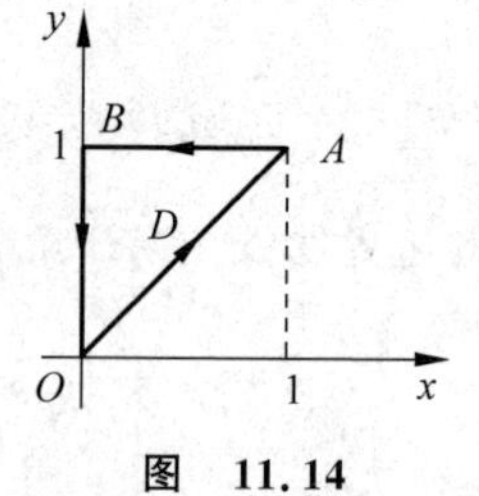

图 11.14

解 令 $P=0,Q=x\sin y^2$，则

$$\frac{\partial Q}{\partial x}-\frac{\partial P}{\partial y}=\sin y^2.$$

因此，由格林公式有

$$\iint\limits_D \sin y^2\mathrm{d}x\mathrm{d}y=\oint_{\overrightarrow{OA}+\overrightarrow{AB}+\overrightarrow{BO}} x\sin y^2\mathrm{d}y=\int_{\overrightarrow{OA}} x\sin y^2\mathrm{d}y+\int_{\overrightarrow{AB}} x\sin y^2\mathrm{d}y+\int_{\overrightarrow{BO}} x\sin y^2\mathrm{d}y$$

$$=\int_0^1 x\sin x^2\mathrm{d}x+0+0=\frac{1}{2}(1-\cos 1).$$

当格林公式的条件不成立，例如，曲线不是封闭曲线或者曲线积分中的被积函数的偏导数在某些点不连续时，可通过添加辅助线使之满足格林公式的条件，然后再使用格林公式.

例 4 计算 $\int_L (\mathrm{e}^x\sin y-b(x+y))\mathrm{d}x+(\mathrm{e}^x\cos y-ax)\mathrm{d}y$，其中 a,b 是正常数，L 为从点 $A(2a,0)$ 沿曲线 $y=\sqrt{2ax-x^2}$ 到点 $O(0,0)$ 的弧.

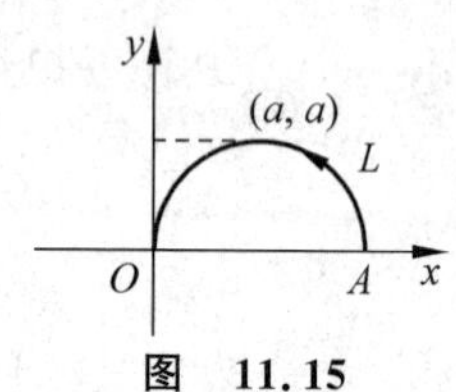

图 11.15

解 该题直接计算曲线积分比较困难，考虑添加辅助线，构造一条封闭的曲线，然后利用格林公式简化计算. 添加一条从点 $O(0,0)$ 到点 $A(2a,0)$ 的有向直线段，记为 $\overrightarrow{OA}$，如图 11.15 所示，令

$$P=\mathrm{e}^x\sin y-b(x+y),\quad Q=\mathrm{e}^x\cos y-ax,$$

则

$$\frac{\partial Q}{\partial x}-\frac{\partial P}{\partial y}=(\mathrm{e}^x\cos y-a)-(\mathrm{e}^x\cos y-b)=b-a.$$

由格林公式有

$$\begin{aligned}
&\int_L [\mathrm{e}^x\sin y-b(x+y)]\mathrm{d}x+(\mathrm{e}^x\cos y-ax)\mathrm{d}y\\
=&\int_L [\mathrm{e}^x\sin y-b(x+y)]\mathrm{d}x+(\mathrm{e}^x\cos y-ax)\mathrm{d}y+\\
&\int_{\overrightarrow{OA}} [\mathrm{e}^x\sin y-b(x+y)]\mathrm{d}x+(\mathrm{e}^x\cos y-ax)\mathrm{d}y-\\
&\int_{\overrightarrow{OA}} [\mathrm{e}^x\sin y-b(x+y)]\mathrm{d}x+(\mathrm{e}^x\cos y-ax)\mathrm{d}y\\
=&\iint\limits_D \left(\frac{\partial Q}{\partial x}-\frac{\partial P}{\partial y}\right)\mathrm{d}x\mathrm{d}y-\int_{\overrightarrow{OA}} [\mathrm{e}^x\sin y-b(x+y)]\mathrm{d}x+(\mathrm{e}^x\cos y-ax)\mathrm{d}y\\
=&\iint\limits_D (b-a)\mathrm{d}x\mathrm{d}y-\int_{\overrightarrow{OA}} [\mathrm{e}^x\sin y-b(x+y)]\mathrm{d}x+(\mathrm{e}^x\cos y-ax)\mathrm{d}y
\end{aligned}$$

$$=\frac{1}{2}\pi a^2(b-a)-\int_0^{2a}(-bx)\mathrm{d}x$$

$$=\frac{1}{2}\pi a^2(b-a)+2a^2b.$$

例 5 计算 $\oint_L\frac{x\mathrm{d}y-y\mathrm{d}x}{x^2+y^2}$，其中 L 为椭圆形区域 $D=\left\{(x,y)\mid\frac{x^2}{25}+\frac{y^2}{9}\leqslant 1\right\}$ 的正向边界(图 11.16).

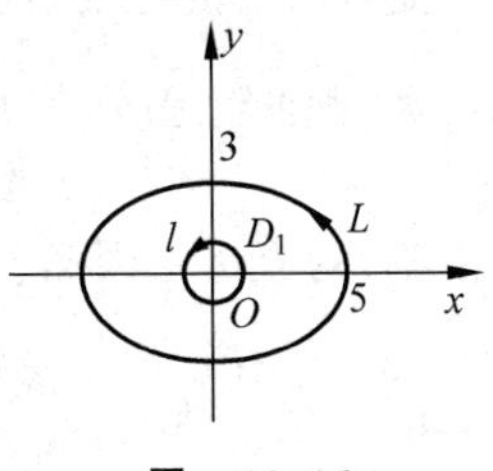

图 11.16

解 令 $P=\frac{-y}{x^2+y^2}$，$Q=\frac{x}{x^2+y^2}$，当 $x^2+y^2\neq 0$ 时，有

$$\frac{\partial Q}{\partial x}=\frac{y^2-x^2}{(x^2+y^2)^2}=\frac{\partial P}{\partial y}.$$

因为区域 D 包含原点，不能满足上式，此时不能直接用格林公式. 故作辅助圆 $l:x^2+y^2=a^2\left(0<a<\frac{1}{2}\right)$，$l$ 取逆时针方向，由 L 和 l 所围成的复连通区域 D_1 不包含原点. 在 D_1 上应用格林公式，得

$$0=\iint_{D_1}\left(\frac{\partial Q}{\partial x}-\frac{\partial P}{\partial y}\right)\mathrm{d}x\mathrm{d}y=\oint_{L+l^-}\frac{x\mathrm{d}y-y\mathrm{d}x}{x^2+y^2},$$

故

$$\oint_L\frac{x\mathrm{d}y-y\mathrm{d}x}{x^2+y^2}-\oint_l\frac{x\mathrm{d}y-y\mathrm{d}x}{x^2+y^2}=0,$$

$$\oint_L\frac{x\mathrm{d}y-y\mathrm{d}x}{x^2+y^2}=\oint_l\frac{x\mathrm{d}y-y\mathrm{d}x}{x^2+y^2}=\oint_l\frac{x\mathrm{d}y-y\mathrm{d}x}{a^2}=\frac{1}{a^2}\iint_{D_2}[1-(-1)]\mathrm{d}x\mathrm{d}y=\frac{1}{a^2}\cdot 2\cdot\pi a^2=2\pi,$$

其中 $D_2=\{(x,y)\mid x^2+y^2\leqslant a^2\}$.

11.3.2 平面曲线积分与路径无关的条件

设 G 为一区域，函数 $P(x,y)$ 及 $Q(x,y)$ 在 G 上具有一阶连续偏导数，若对 G 内任意指定两点 A，B 以及 G 内从点 A 到 B 的任意两条曲线 L_1 及 L_2，等式 $\int_{L_1}P\mathrm{d}x+Q\mathrm{d}y=\int_{L_2}P\mathrm{d}x+Q\mathrm{d}y$ 恒成立，则称曲线积分 $\int_L P\mathrm{d}x+Q\mathrm{d}y$ 在 G 内与路径无关，否则与路径有关.

当满足 $\int_{L_1}P\mathrm{d}x+Q\mathrm{d}y=\int_{L_2}P\mathrm{d}x+Q\mathrm{d}y$ 时，

$$\int_{L_1}P\mathrm{d}x+Q\mathrm{d}y=-\int_{L_2^-}P\mathrm{d}x+Q\mathrm{d}y,$$

$$\int_{L_1}P\mathrm{d}x+Q\mathrm{d}y+\int_{L_2^-}P\mathrm{d}x+Q\mathrm{d}y=0,$$

即

$$\oint_{L_1+L_2^-}P\mathrm{d}x+Q\mathrm{d}y=0.$$

所以有以下结论：

曲线积分 $\int_L P\mathrm{d}x+Q\mathrm{d}y$ 在 G 内与路径无关，相当于对沿一条全部含在 G 内的闭曲线 C 有 $\oint_C P\mathrm{d}x+Q\mathrm{d}y$ 等于零.

定理 2 设区域 G 为一个单连通区域，函数 $P(x,y)$ 及 $Q(x,y)$ 在 G 上具有一阶连续偏导数，则曲线积分 $\int_L P\mathrm{d}x+Q\mathrm{d}y$ 在 G 内与路径无关(或沿 G 内的任意闭曲线的曲线积分等于零)的充分必要条件是等式 $\frac{\partial Q}{\partial x}=\frac{\partial P}{\partial y}$ 在 G 内恒成立.

证 充分性 若 $\frac{\partial Q}{\partial x}=\frac{\partial P}{\partial y}$，则 $\frac{\partial Q}{\partial x}-\frac{\partial P}{\partial y}=0$. 由格林公式，对 G 内的任意闭曲线 L 有

$$\oint_L P\mathrm{d}x+Q\mathrm{d}y=\iint_D\left(\frac{\partial Q}{\partial x}-\frac{\partial P}{\partial y}\right)\mathrm{d}x\mathrm{d}y=0\quad(D\text{ 为边界 }L\text{ 所围区域}).$$

必要性 用反证法. 假设存在一点 $M_0\in G$，使 $\frac{\partial Q}{\partial x}-\frac{\partial P}{\partial y}=\eta\neq 0$，不妨设 $\eta>0$，则由 $\frac{\partial P}{\partial y}$，$\frac{\partial Q}{\partial x}$ 在 G 内连续可知，存在点 M_0 的一个 δ 邻域 $U(M_0,\delta)=K$，在该邻域内，有 $\frac{\partial Q}{\partial x}-\frac{\partial P}{\partial y}\geqslant\frac{\eta}{2}$，由格林公式及二重积分性质有

$$\oint_L P\mathrm{d}x+Q\mathrm{d}y=\iint_K\left(\frac{\partial Q}{\partial x}-\frac{\partial P}{\partial y}\right)\mathrm{d}x\mathrm{d}y\geqslant\iint_K\frac{\eta}{2}\mathrm{d}x\mathrm{d}y=\frac{\eta}{2}\cdot\sigma>0.$$

这里 L 是邻域 $U(M_0,\delta)$ 的正向边界曲线，K 为 L 所围闭区域，σ 为 K 的面积. 这与闭曲线积分为零相矛盾，因此，等式 $\frac{\partial Q}{\partial x}=\frac{\partial P}{\partial y}$ 在 G 内恒成立. □

注 定理的成立是建立在两个假定之上：

(1) 所考虑的区域 G 为一个单连通区域，即没有“洞”；

(2) 函数 $P(x,y)$ 及 $Q(x,y)$ 在 G 上具有一阶连续偏导数.

如果上述两个条件之一不能满足，定理的结论不能保证成立.

当曲线积分与路径无关时，通常选取参数方程比较简单的路径进行积分，如沿平行于坐标轴的直线段、圆周等.

在区域 G 内破坏函数 $P(x,y)$，$Q(x,y)$ 及 $\frac{\partial P}{\partial y}$，$\frac{\partial Q}{\partial x}$ 连续性条件的点称为奇点.

例 6 计算积分 $I=\int_L(\mathrm{e}^y+3x)\mathrm{d}x+(x\mathrm{e}^y-7y)\mathrm{d}y$，其中 L 为过点 $O(0,0)$、$A(0,1)$、$B(1,2)$ 的有向曲线弧，取顺时针方向(图 11.17).

解 令 $P=\mathrm{e}^y+3x$，$Q=x\mathrm{e}^y-7y$，则 $\frac{\partial P}{\partial y}=\mathrm{e}^y=\frac{\partial Q}{\partial x}$，所以曲线积分 I 与路径无关. 取点 $C(1,0)$，积分路径为 $\overrightarrow{OC}+\overrightarrow{CB}$，则

$$\begin{aligned}I&=\int_{\overrightarrow{OC}}P\mathrm{d}x+Q\mathrm{d}y+\int_{\overrightarrow{CB}}P\mathrm{d}x+Q\mathrm{d}y\\&=\int_0^1(1+3x)\mathrm{d}x+\int_0^2(\mathrm{e}^y-7y)\mathrm{d}y=\left(x+\frac{3}{2}x^2\right)\Big|_0^1+\left(\mathrm{e}^y-\frac{7}{2}y^2\right)\Big|_0^2=\mathrm{e}^2-\frac{23}{2}.\end{aligned}$$

例 7 证明曲线积分 $I=\int_{(1,2)}^{(3,4)}(6xy^2-y^3)\mathrm{d}x+(6x^2y-3xy^2)\mathrm{d}y$ 与路径无关,并计算积分值.

解 令 $P=6xy^2-y^3, Q=6x^2y-3xy^2$,则$\dfrac{\partial P}{\partial y}=12xy-3y^2=\dfrac{\partial Q}{\partial x}$,所以曲线积分 I 与路径无关.取积分路径为平行于坐标轴的折线 ACB(图 11.18)来计算积分,其中$\overrightarrow{AC}$ 方程为 $y=2$, x 从 1 到 3, $\overrightarrow{BC}$ 方程为 $x=3$, y 从 2 到 4.

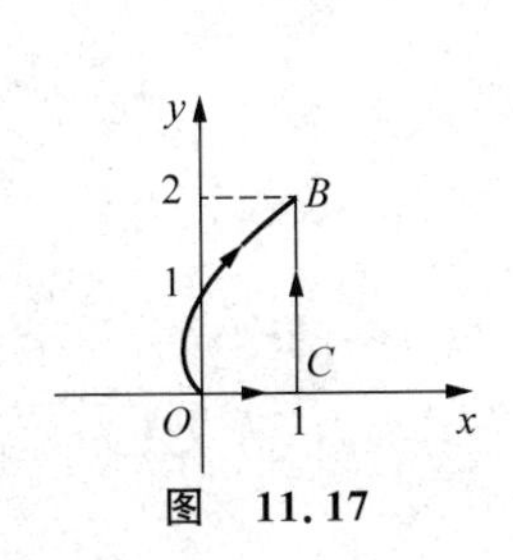

图 11.17

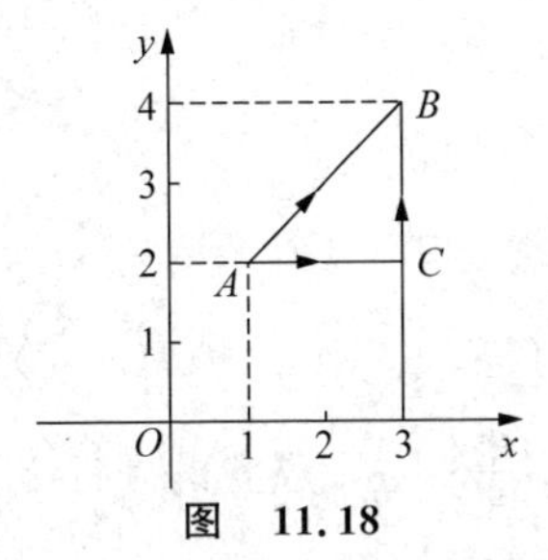

图 11.18

$$I=\int_1^3(24x-8)\mathrm{d}x+\int_2^4(54y-9y^2)\mathrm{d}y=(12x^2-8x)\Big|_1^3+(27y^2-3y^3)\Big|_2^4=236.$$

11.3.3 二元函数的全微分求积

对于二元函数 $u(x,y)$,其全微分为 $\mathrm{d}u(x,y)=u_x(x,y)\mathrm{d}x+u_y(x,y)\mathrm{d}y$,表达式与函数的全微分有相同的结构,但它未必就是某个函数的全微分.现在要讨论的是:函数 $P(x,y)$, $Q(x,y)$要满足什么条件时,表达式 $P(x,y)\mathrm{d}x+Q(x,y)\mathrm{d}y$ 才是某个二元函数 $u(x,y)$的全微分;当这样的二元函数存在时,把它求出来.

定理 3 设区域 G 为一个单连通区域,函数 $P(x,y)$及 $Q(x,y)$在 G 内具有一阶连续偏导数,则 $P(x,y)\mathrm{d}x+Q(x,y)\mathrm{d}y$ 在 G 内为某一函数 $u(x,y)$的全微分的充分必要条件是等式$\dfrac{\partial Q}{\partial x}=\dfrac{\partial P}{\partial y}$在 G 内恒成立.

证 必要性 假设存在某一函数 $u(x,y)$,使 $\mathrm{d}u=P(x,y)\mathrm{d}x+Q(x,y)\mathrm{d}y$,则必有

$$\frac{\partial u}{\partial x}=P(x,y),\frac{\partial u}{\partial y}=Q(x,y),$$

$$\frac{\partial P}{\partial y}=\frac{\partial}{\partial y}\left(\frac{\partial u}{\partial x}\right)=\frac{\partial^2 u}{\partial x\partial y},$$

$$\frac{\partial Q}{\partial x}=\frac{\partial}{\partial x}\left(\frac{\partial u}{\partial y}\right)=\frac{\partial^2 u}{\partial y\partial x}.$$

因为$\dfrac{\partial P}{\partial y}$, $\dfrac{\partial Q}{\partial x}$连续,所以$\dfrac{\partial^2 u}{\partial y\partial x}=\dfrac{\partial^2 u}{\partial x\partial y}$,即$\dfrac{\partial Q}{\partial x}=\dfrac{\partial P}{\partial y}$.

充分性 因为在 G 内$\dfrac{\partial Q}{\partial x}=\dfrac{\partial P}{\partial y}$,所以积分 $\int_L P\mathrm{d}x+Q\mathrm{d}y$ 在 G 内与路径无关.在 G 内,当起点 $M_0(x_0,y_0)$固定时,这个积分的值取决于终点 $M(x,y)$,它是 x,y 的函数,把它记作$u(x,y)$,则

$$u(x,y)=\int_{(x_0,y_0)}^{(x,y)}P(x,y)\mathrm{d}x+Q(x,y)\mathrm{d}y.$$

由于这里的曲线积分与路径无关,可以取平行于 x 轴与 y 轴的直线段作为曲线积分的路径(图 11.19).

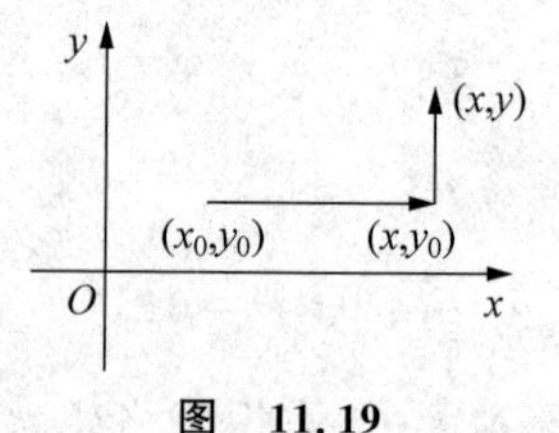

图 11.19

此时,

$$u(x,y)=\int_{x_0}^{x}P(x,y_0)\mathrm{d}x+\int_{y_0}^{y}Q(x,y)\mathrm{d}y,$$

所以,

$$\frac{\partial u}{\partial y}=\frac{\partial}{\partial y}\int_{x_0}^{x}P(x,y_0)\mathrm{d}x+\frac{\partial}{\partial y}\int_{y_0}^{y}Q(x,y)\mathrm{d}y=Q(x,y).$$

同理可证

$$\frac{\partial u}{\partial x}=P(x,y).$$

这就证明了 $P(x,y)\mathrm{d}x+Q(x,y)\mathrm{d}y$ 是某一函数 $u(x,y)$ 的全微分. □

注 在等式$\frac{\partial Q}{\partial x}=\frac{\partial P}{\partial y}$成立的条件下,$\mathrm{d}u(x,y)=u_x(x,y)\mathrm{d}x+u_y(x,y)\mathrm{d}y$ 是某个函数的全微分,则 $u(x,y)$ 可用下列方式求出:

$$u(x,y)=\int_{(x_0,y_0)}^{(x,y)}P(x,y)\mathrm{d}x+Q(x,y)\mathrm{d}y,$$

$$u(x,y)=\int_{x_0}^{x}P(x,y_0)\mathrm{d}x+\int_{y_0}^{y}Q(x,y)\mathrm{d}y,$$

$$u(x,y)=\int_{y_0}^{y}Q(x_0,y)\mathrm{d}y+\int_{x_0}^{x}P(x,y)\mathrm{d}x.$$

例 8 验证 $(x^4+4xy^3)\mathrm{d}x+(6x^2y^2+5y^4)\mathrm{d}y$ 在整个 xOy 平面内是某个函数的全微分,并求出一个这样的函数.

解 令 $P=x^4+4xy^3,Q=6x^2y^2+5y^4$,就有

$$\frac{\partial P}{\partial y}=12xy^2=\frac{\partial Q}{\partial x},$$

所以在整个 xOy 平面内,$(x^4+4xy^3)\mathrm{d}x+(6x^2y^2+5y^4)\mathrm{d}y$ 是某个函数的全微分.

对任意一点 $B(x,y)$,

$$u(x,y)=\int_{(0,0)}^{(x,y)}(x^4+4xy^3)\mathrm{d}x+(6x^2y^2+5y^4)\mathrm{d}y.$$

取点 $A(x,0)$,取折线段 OAB 为一条先水平方向后垂直方向的折线段,此时

$$\begin{aligned}u(x,y)&=\int_{\overrightarrow{OA}}(x^4+4xy^3)\mathrm{d}x+(6x^2y^2+5y^4)\mathrm{d}y+\int_{\overrightarrow{AB}}(x^4+4xy^3)\mathrm{d}x+(6x^2y^2+5y^4)\mathrm{d}y\\&=\int_0^x x^4\mathrm{d}x+\int_0^y(6x^2y^2+5y^4)\mathrm{d}y=\frac{1}{5}x^5+2x^2y^3+y^5.\end{aligned}$$

注 积分的起点取在上半平面即可,点(0,0)只是满足条件的一个,若取其他点时,与上例中所求出的函数 $u(x,y)$ 会差一个常数.

习题 11.3

1. 应用格林公式计算下列曲线积分:

(1) $\oint_L xy^2\mathrm{d}y-x^2y\mathrm{d}x$,其中 L 是圆周 $x^2+y^2=a^2$ 的正向边界;

(2) $\oint_L (2x-y+4)\mathrm{d}x+(5y+3x-6)\mathrm{d}y$，其中 L 为三顶点分别为 $O(0,0)$，$A(3,0)$，$B(3,2)$ 的直角三角形的正向边界.

2. 计算曲线积分 $\int_{\widehat{AMO}}(\mathrm{e}^x\sin y-my)\mathrm{d}x+(\mathrm{e}^x\cos y-m)\mathrm{d}y$，其中 $\widehat{AMO}$ 为从点 $A(a,0)$ 沿上半圆周 $x^2+y^2=ax$ 到点 $O(0,0)$ 的弧(提示：添上 x 轴上的线段 OA 使之成闭路).

3. 证明下列曲线积分在整个 xOy 平面内与路径无关,并计算积分值：

(1) $I=\int_{(1,1)}^{(2,3)}(x+y)\mathrm{d}x+(x-y)\mathrm{d}y$；

(2) $I=\int_{(2,1)}^{(1,2)}\dfrac{y\mathrm{d}x-x\mathrm{d}y}{x^2}$.

4. 设曲线积分 $I=\int_{\widehat{AB}}\dfrac{-xy\varphi(x)}{1+x^2}\mathrm{d}x+\varphi(x)\mathrm{d}y$ 与路径无关，$\varphi(x)$ 具有连续导数，且 $\varphi(0)=1$，求 $\varphi(x)$.

5. 验证 $xy^2\mathrm{d}x+x^2y\mathrm{d}y$ 在整个 xOy 平面内是某个函数的全微分，并求出一个这样的函数.

6. 验证 $\dfrac{x\mathrm{d}y-y\mathrm{d}x}{x^2+y^2}$ 在右半平面($x>0$)内是某个函数的全微分，并求出一个这样的函数.

11.4 对面积的曲面积分

11.4.1 对面积的曲面积分的概念与性质

曲面形构件的质量 设构件在空间直角坐标系 $Oxyz$ 中占有曲面 Σ，面密度函数为 $\mu(x,y,z)$，现在计算该构件的质量 m.

如果构件的面密度为常量，那么此构件的质量等于它的面密度与面积的乘积. 而构件上各点处的面密度是变量，就不能直接用上述方法来计算.

仿照 11.1 节中讨论曲线形构件求质量的方法，将曲面 Σ 分成 n 个小曲面，取其中一块小曲面形构件 ΔS_i(面积也为 ΔS_i)来分析. 在面密度连续变化的前提下，只要此小曲面直径很小，就可以用此小曲面上任一点(ξ_i,η_i,ζ_i)处的面密度 $\mu(\xi_i,\eta_i,\zeta_i)$ 代替此小曲面上其他各点处的面密度，从而得到这小曲面形构件的质量的近似值为

$$\mu(\xi_i,\eta_i,\zeta_i)\Delta S_i,$$

于是整个曲面形构件的质量

$$m\approx\sum_{i=1}^{n}\mu(\xi_i,\eta_i,\zeta_i)\Delta S_i.$$

用 λ 表示 n 个小曲面的最大直径. 为了计算 m 的精确值，取上式右端之和当 $\lambda\to 0$ 时的极限，从而得到

$$m=\lim_{\lambda\to 0}\sum_{i=1}^{n}\mu(\xi_i,\eta_i,\zeta_i)\Delta S_i.$$

这种和的极限在研究其他问题时也会遇到，为描述这种和式的极限，抽象出下述对面积的曲面积分的定义.

定义 设曲面Σ是光滑的，函数$f(x,y,z)$在Σ上有界. 把Σ任意分成n小块ΔS_i（ΔS_i同时也代表第i小块曲面的面积），在ΔS_i上任取一点(ξ_i,η_i,ζ_i)，作乘积$f(\xi_i,\eta_i,\zeta_i)\Delta S_i(i=1,2,3,\cdots,n)$，并求和$\sum\limits_{i=1}^{n}f(\xi_i,\eta_i,\zeta_i)\Delta S_i$，如果当各小块曲面的直径的最大值$\lambda\to 0$时，和的极限$\lim\limits_{\lambda\to 0}\sum\limits_{i=1}^{n}f(\xi_i,\eta_i,\zeta_i)\Delta S_i$总存在，且与曲面$\Sigma$的分法及点$(\xi_i,\eta_i,\zeta_i)$的取法无关，那么称此极限为函数$f(x,y,z)$在曲面$\Sigma$上**对面积的曲面积分**或**第一类曲面积分**，记作$\iint\limits_{\Sigma}f(x,y,z)\mathrm{d}S$，即

$$\iint\limits_{\Sigma}f(x,y,z)\mathrm{d}S=\lim_{\lambda\to 0}\sum_{i=1}^{n}f(\xi_i,\eta_i,\zeta_i)\Delta S_i,$$

其中$f(x,y,z)$称为**被积函数**，Σ称为**积分曲面**.

当$f(x,y,z)$在光滑曲面Σ上连续时，对面积的曲面积分总是存在的. 以后我们总假定$f(x,y,z)$在Σ上连续.

面密度为连续函数$\mu(x,y,z)$的光滑曲面Σ的质量可表示为$\mu(x,y,z)$在Σ上对面积的曲面积分：

$$m=\iint\limits_{\Sigma}\mu(x,y,z)\mathrm{d}S.$$

特别地，当$f(x,y,z)=1$时，曲面积分$\iint\limits_{\Sigma}\mathrm{d}S$为曲面$\Sigma$的面积.

若曲面Σ分片光滑，则规定函数在Σ上对面积的曲面积分等于函数在光滑的各片曲面上对面积的曲面积分之和. 例如，设Σ可分成两片光滑曲面Σ_1及Σ_2（记作$\Sigma=\Sigma_1+\Sigma_2$），则规定

$$\iint\limits_{\Sigma_1+\Sigma_2}f(x,y,z)\mathrm{d}S=\iint\limits_{\Sigma_1}f(x,y,z)\mathrm{d}S+\iint\limits_{\Sigma_2}f(x,y,z)\mathrm{d}S.$$

仿照对弧长的曲线积分的性质，可以给出对面积的曲面积分的性质.

11.4.2 对面积的曲面积分的计算

设曲面Σ的方程为$z=z(x,y)$，Σ在xOy面上的投影区域为D_{xy}（图11.20），函数$z=z(x,y)$在D_{xy}上具有连续偏导数，函数$f(x,y,z)$在Σ上连续.

由定义知

$$\iint\limits_{\Sigma}f(x,y,z)\mathrm{d}S=\lim_{\lambda\to 0}\sum_{i=1}^{n}f(\xi_i,\eta_i,\zeta_i)\Delta S_i.$$

设Σ上第i块小曲面ΔS_i（面积也记为ΔS_i）在xOy面上的投影区域为$(\Delta\sigma_i)_{xy}$（面积也记为$(\Delta\sigma_i)_{xy}$），则由曲面面积的计算公式得

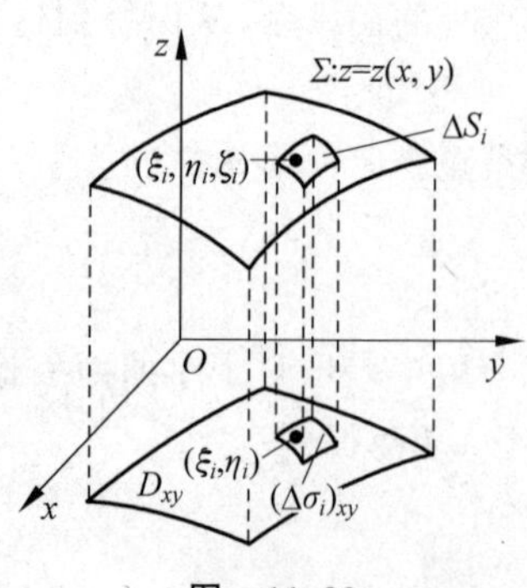

图 11.20

$$\Delta S_i = \iint\limits_{(\Delta\sigma_i)_{xy}} \sqrt{1+z_x^2(x,y)+z_y^2(x,y)}\,\mathrm{d}x\mathrm{d}y.$$

由二重积分的中值定理知，存在$(\Delta\sigma_i)_{xy}$ 上的一点(ξ_i',η_i')，使得

$$\Delta S_i = \sqrt{1+z_x^2(\xi_i',\eta_i')+z_y^2(\xi_i',\eta_i')}\,(\Delta\sigma_i)_{xy},$$

又因为(ξ_i,η_i,ζ_i)是 Σ 上的一点，故有 $\zeta_i=z(\xi_i,\eta_i)$，$(\xi_i,\eta_i,0)$是小闭区域$(\Delta\sigma_i)_{xy}$ 上的点. 于是

$$\sum_{i=1}^{n} f(\xi_i,\eta_i,\zeta_i)\Delta S_i = \sum_{i=1}^{n} f[\xi_i,\eta_i,z(\xi_i,\eta_i)]\sqrt{1+z_x^2(\xi_i',\eta_i')+z_y^2(\xi_i',\eta_i')}\,(\Delta\sigma_i)_{xy}.$$

因为函数 $f[x,y,z(x,y)]$以及函数$\sqrt{1+z_x^2(x,y)+z_y^2(x,y)}$都在闭区域 D_{xy} 上连续，则

$$\begin{aligned}
&\lim_{\lambda\to 0}\sum_{i=1}^{n} f[\xi_i,\eta_i,z(\xi_i,\eta_i)]\sqrt{1+z_x^2(\xi_i',\eta_i')+z_y^2(\xi_i',\eta_i')}\,(\Delta\sigma_i)_{xy}\\
&=\lim_{\lambda\to 0}\sum_{i=1}^{n} f[\xi_i,\eta_i,z(\xi_i,\eta_i)]\sqrt{1+z_x^2(\xi_i,\eta_i)+z_y^2(\xi_i,\eta_i)}\,(\Delta\sigma_i)_{xy}\\
&=\iint\limits_{D_{xy}} f[x,y,z(x,y)]\sqrt{1+z_x^2(x,y)+z_y^2(x,y)}\,\mathrm{d}x\mathrm{d}y,
\end{aligned}$$

从而得到**对面积的曲面积分的计算公式**：

$$\iint\limits_{\Sigma} f(x,y,z)\mathrm{d}S = \iint\limits_{D_{xy}} f[x,y,z(x,y)]\sqrt{1+z_x^2(x,y)+z_y^2(x,y)}\,\mathrm{d}x\mathrm{d}y.$$

类似地，如果曲面 Σ 的方程为 $x=x(y,z)$，Σ 在 yOz 面上的投影区域为 D_{yz}，函数 $x=x(y,z)$在 D_{yz} 上具有连续偏导数，被积函数 $f(x,y,z)$在 Σ 上连续，则

$$\iint\limits_{\Sigma} f(x,y,z)\mathrm{d}S = \iint\limits_{D_{yz}} f[x(y,z),y,z]\sqrt{1+x_y^2(y,z)+x_z^2(y,z)}\,\mathrm{d}y\mathrm{d}z.$$

如果曲面 Σ 的方程为 $y=y(z,x)$，Σ 在 zOx 面上的投影区域为 D_{zx}，函数 $y=y(z,x)$在 D_{zx} 上具有连续偏导数，被积函数 $f(x,y,z)$在 Σ 上连续，则

$$\iint\limits_{\Sigma} f(x,y,z)\mathrm{d}S = \iint\limits_{D_{zx}} f[x,y(z,x),z]\sqrt{1+y_z^2(z,x)+y_x^2(z,x)}\,\mathrm{d}z\mathrm{d}x.$$

如果曲面 Σ 为闭曲面，则对面积的曲面积分也可表示为 $\oint\!\!\oint\limits_{\Sigma} f(x,y,z)\mathrm{d}S$.

例 1 计算曲面积分 $\iint\limits_{\Sigma}\left(z+2x+\frac{4}{3}y\right)\mathrm{d}S$，其中 Σ 为平面 $\frac{x}{2}+\frac{y}{3}+\frac{z}{4}=1$ 在第一卦限中的部分.

解 曲面 Σ 的方程为：$z=4-2x-\frac{4}{3}y$，Σ 在 xOy 面上的投影区域为

$$D_{xy}=\left\{(x,y)\,\middle|\,\frac{x}{2}+\frac{y}{3}\leqslant 1, x\geqslant 0, y\geqslant 0\right\},$$

$$\sqrt{1+z_x^2+z_y^2}=\sqrt{1+(-2)^2+\left(-\frac{4}{3}\right)^2}=\frac{\sqrt{61}}{3},$$

于是

$$\iint\limits_{\Sigma}\left(z+2x+\frac{4}{3}y\right)\mathrm{d}S=\iint\limits_{D_{xy}}\frac{\sqrt{61}}{3}\mathrm{d}x\mathrm{d}y=\frac{\sqrt{61}}{3}\iint\limits_{D_{xy}}\mathrm{d}x\mathrm{d}y=4\sqrt{61}.$$

例2 求$\iint\limits_{\Sigma}(x+y+z)\mathrm{d}S$，其中$\Sigma$为$y+z=5$被柱面$x^2+y^2=25$所截得的部分.

解 曲面Σ的方程为：$z=5-y$，Σ在xOy面上的投影区域为$D_{xy}=\{(x,y)\mid x^2+y^2\leqslant 25\}$，$\sqrt{1+z_x^2+z_y^2}=\sqrt{1+0^2+(-1)^2}=\sqrt{2}$，于是

$$\begin{aligned}\iint\limits_{\Sigma}(x+y+z)\mathrm{d}S&=\iint\limits_{D_{xy}}[x+y+(5-y)]\sqrt{2}\,\mathrm{d}x\mathrm{d}y\\&=\sqrt{2}\iint\limits_{D_{xy}}(5+x)\mathrm{d}x\mathrm{d}y\\&=5\sqrt{2}\iint\limits_{D_{xy}}\mathrm{d}x\mathrm{d}y+\sqrt{2}\iint\limits_{D_{xy}}x\mathrm{d}x\mathrm{d}y\\&=125\sqrt{2}\pi.\end{aligned}$$

例3 计算曲面积分$\iint\limits_{\Sigma}(x^2+z)\mathrm{d}S$，其中$\Sigma$是柱面$x^2+y^2=a^2(a>0)$在$0\leqslant z\leqslant h$的部分.

解 $\iint\limits_{\Sigma}(x^2+z)\mathrm{d}S=\iint\limits_{\Sigma}x^2\mathrm{d}S+\iint\limits_{\Sigma}z\mathrm{d}S$，由对称性得

$$\iint\limits_{\Sigma}x^2\mathrm{d}S=\iint\limits_{\Sigma}y^2\mathrm{d}S=\frac{1}{2}\iint\limits_{\Sigma}(x^2+y^2)\mathrm{d}S=\frac{1}{2}\iint\limits_{\Sigma}a^2\mathrm{d}S=\pi a^3h.$$

对于$\iint\limits_{\Sigma}z\mathrm{d}S$，有

$$\iint\limits_{\Sigma}z\mathrm{d}S=\iint\limits_{\Sigma_1}z\mathrm{d}S+\iint\limits_{\Sigma_2}z\mathrm{d}S,$$

其中，$\Sigma_1: x=\sqrt{a^2-y^2}$，$\Sigma_2: x=-\sqrt{a^2-y^2}$，$\Sigma_1$与$\Sigma_2$在$yOz$面上的投影区域相同，为$D_{yz}=\{(y,z)\mid -a\leqslant y\leqslant a, 0\leqslant z\leqslant h\}$，$\sqrt{1+z_x^2+z_y^2}=\dfrac{a}{\sqrt{a^2-y^2}}$，于是

$$\begin{aligned}\iint\limits_{\Sigma}z\mathrm{d}S&=\iint\limits_{\Sigma_1}z\mathrm{d}S+\iint\limits_{\Sigma_2}z\mathrm{d}S\\&=\iint\limits_{D_{yz}}z\frac{a}{\sqrt{a^2-y^2}}\mathrm{d}y\mathrm{d}z+\iint\limits_{D_{yz}}z\frac{a}{\sqrt{a^2-y^2}}\mathrm{d}y\mathrm{d}z\\&=2\iint\limits_{D_{yz}}z\frac{a}{\sqrt{a^2-y^2}}\mathrm{d}y\mathrm{d}z\\&=2\int_{-a}^{a}\frac{a}{\sqrt{a^2-y^2}}\mathrm{d}y\int_0^h z\mathrm{d}z\\&=\pi ah^2.\end{aligned}$$

综上

$$\begin{aligned}\iint\limits_{\Sigma}(x^2+z)\mathrm{d}S&=\iint\limits_{\Sigma}x^2\mathrm{d}S+\iint\limits_{\Sigma}z\mathrm{d}S\\&=\pi a^3h+\pi ah^2.\end{aligned}$$

习题 11.4

1. 计算曲面积分 $\iint\limits_{\Sigma}(z+2x^2+y)\mathrm{d}S$，其中 Σ 为平面 $x+y+z=1$ 在第一卦限的部分.

2. 计算曲面积分 $\iint\limits_{\Sigma}z^2\mathrm{d}S$，其中 Σ 是圆锥面 $z=\sqrt{x^2+y^2}$ 位于平面 $z=1$ 下方的部分.

3. 求 $\iint\limits_{\Sigma}xyz\mathrm{d}S$. 其中 Σ 是由平面 $x=0,y=0,z=0$ 及 $x+2y+z=2$ 所围成的四面体的整个边界曲面.

4. 计算 $\iint\limits_{\Sigma}(x+y+z)\mathrm{d}S$，其中 Σ 为上半球面 $x^2+y^2+z^2=a^2,z\geqslant 0$.

5. 计算曲面积分 $\iint\limits_{\Sigma}f(x,y,z)\mathrm{d}S$，其中 Σ 为抛物面 $z=x^2+y^2$ 在 $z=2$ 下方的部分，$f(x,y,z)$ 分别如下：

(1) $f(x,y,z)=2$；

(2) $f(x,y,z)=x^2+y^2$；

(3) $f(x,y,z)=4z$.

6. 计算曲面积分 $\iint\limits_{\Sigma}\dfrac{1}{x^2+y^2+z^2}\mathrm{d}S$，其中 Σ 是

(1) 球面 $x^2+y^2+z^2=R^2$；

(2) 介于平面 $z=0,z=1$ 之间的圆柱面 $x^2+y^2=R^2$.

11.5 对坐标的曲面积分

11.5.1 对坐标的曲面积分的概念与性质

一般的曲面都是双侧的，例如由方程 $z=z(x,y)$ 表示的曲面分为上侧与下侧. 封闭的曲面分为内侧与外侧. 总假定曲面是光滑的且是双侧的. 在讨论对坐标的曲面积分时，需要指定曲面的侧，可以通过曲面上法向量的指向来定出曲面的侧. 例如，曲面 $z=z(x,y)$，若取法向量 $\boldsymbol{n}$ 的指向朝上，则曲面取上侧；对于闭曲面，如果取它的法向量的指向朝外，则曲面取外侧. 这种取定了法向量即选定了侧的曲面，称为有向曲面.

设 Σ 是有向曲面，曲面上取定的法向量为 $\boldsymbol{n}$，在 Σ 上任取一小块曲面 ΔS，ΔS 在 xOy 面上的投影区域面积记为 $(\Delta\sigma)_{xy}$，假定 ΔS 上各点处的法向量与 z 轴的夹角 γ 的余弦 $\cos\gamma$ 有相同的符号. 规定 ΔS 在 xOy 面上的投影 $(\Delta S)_{xy}$ 为

$$(\Delta S)_{xy}=\begin{cases}(\Delta\sigma)_{xy}, & \cos\gamma>0,\\ 0, & \cos\gamma=0,\\ -(\Delta\sigma)_{xy}, & \cos\gamma<0.\end{cases}$$

ΔS 在 yOz 面上的投影 $(\Delta S)_{yz}$ 为

$$(\Delta S)_{yz}=\begin{cases}(\Delta\sigma)_{yz}, & \cos\alpha>0,\\ 0, & \cos\alpha=0,\\ -(\Delta\sigma)_{yz}, & \cos\alpha<0.\end{cases}$$

ΔS 在 zOx 面上的投影 $(\Delta S)_{zx}$ 为

$$(\Delta S)_{zx}=\begin{cases}(\Delta\sigma)_{zx}, & \cos\beta>0,\\ 0, & \cos\beta=0,\\ -(\Delta\sigma)_{zx}, & \cos\beta<0.\end{cases}$$

有了上面的说明我们就可以解决这样的问题,设稳定流动的不可压缩流体(密度为1)的速度场由

$$\boldsymbol{v}(x,y,z)=P(x,y,z)\boldsymbol{i}+Q(x,y,z)\boldsymbol{j}+R(x,y,z)\boldsymbol{k}$$

给出,求在单位时间内流向 Σ 指定侧的流体的质量,即流量 Φ.

把曲面 Σ 分成 n 小块:$\Delta S_1,\Delta S_2,\cdots,\Delta S_n$($\Delta S_i$ 同时也代表第 i 小块曲面的面积). 在 Σ 是光滑的和 $\boldsymbol{v}$ 是连续的前提下,只要 ΔS_i 的直径很小,我们就可以用 ΔS_i 上任一点 (ξ_i,η_i,ζ_i) 处的流速

$$\begin{aligned}\boldsymbol{v}_i&=\boldsymbol{v}_i(\xi_i,\eta_i,\zeta_i)\\&=P(\xi_i,\eta_i,\zeta_i)\boldsymbol{i}+Q(\xi_i,\eta_i,\zeta_i)\boldsymbol{j}+R(\xi_i,\eta_i,\zeta_i)\boldsymbol{k}\end{aligned}$$

代替 ΔS_i 上其他各点处的流速,以该点 (ξ_i,η_i,ζ_i) 处的单位法向量

$$\boldsymbol{n}_i=(\cos\alpha_i,\cos\beta_i,\cos\gamma_i)$$

代替 ΔS_i 上其他各点处的单位法向量(图 11.21). 从而得到通过 ΔS_i 流向指定侧的流量的近似值

$$\boldsymbol{v}_i\cdot\boldsymbol{n}_i\Delta S_i,\quad i=1,2,\cdots,n.$$

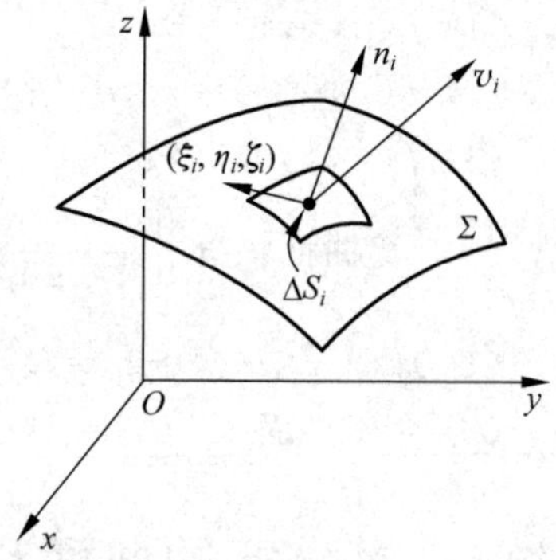

图 11.21

于是,通过曲面 Σ 流向指定侧的流量为

$$\begin{aligned}\Phi&\approx\sum_{i=1}^{n}\boldsymbol{v}_i\cdot\boldsymbol{n}_i\Delta S_i\\&=\sum_{i=1}^{n}[P(\xi_i,\eta_i,\zeta_i)\cos\alpha_i+Q(\xi_i,\eta_i,\zeta_i)\cos\beta_i+R(\xi_i,\eta_i,\zeta_i)\cos\gamma_i]\Delta S_i,\end{aligned}$$

又因为

$$\cos\alpha_i\cdot\Delta S_i\approx(\Delta S_i)_{yz},\quad \cos\beta_i\cdot\Delta S_i\approx(\Delta S_i)_{zx},\quad \cos\gamma_i\cdot\Delta S_i\approx(\Delta S_i)_{xy},$$

则

$$\Phi\approx\sum_{i=1}^{n}[P(\xi_i,\eta_i,\zeta_i)(\Delta S_i)_{yz}+Q(\xi_i,\eta_i,\zeta_i)(\Delta S_i)_{zx}+R(\xi_i,\eta_i,\zeta_i)(\Delta S_i)_{xy}].$$

取 λ 为各小块曲面直径的最大值,令 $\lambda\to 0$ 取上述和式的极限,就得到流量 Φ 的精确值:

$$\Phi=\lim_{\lambda\to 0}\sum_{i=1}^{n}[P(\xi_i,\eta_i,\zeta_i)(\Delta S_i)_{yz}+Q(\xi_i,\eta_i,\zeta_i)(\Delta S_i)_{zx}+R(\xi_i,\eta_i,\zeta_i)(\Delta S_i)_{xy}].$$

这样的极限还会在其他问题中遇到,去掉其具体意义,抽象出如下对坐标的曲面积分的概念.

定义 设 Σ 为光滑的有向曲面，函数 $R(x,y,z)$ 在 Σ 上有界. 把 Σ 任意分成 n 块小曲面 ΔS_i（ΔS_i 又代表第 i 小块曲面的面积）. ΔS_i 在 xOy 面上的投影为 $(\Delta S_i)_{xy}$，(ξ_i,η_i,ζ_i) 是 ΔS_i 上任意取定的一点. 如果当各小块曲面直径的最大值 $\lambda\to 0$ 时，极限 $\lim\limits_{\lambda\to 0}\sum\limits_{i=1}^{n}R(\xi_i,\eta_i,\zeta_i)(\Delta S_i)_{xy}$ 总存在，则称此极限为函数 $R(x,y,z)$ 在有向曲面 Σ 上**对坐标 x,y 的曲面积分**，记作 $\iint\limits_{\Sigma}R(x,y,z)\mathrm{d}x\mathrm{d}y$，并有

$$\iint\limits_{\Sigma}R(x,y,z)\mathrm{d}x\mathrm{d}y=\lim_{\lambda\to 0}\sum_{i=1}^{n}R(\xi_i,\eta_i,\zeta_i)(\Delta S_i)_{xy},$$

其中 $R(x,y,z)$ 为**被积函数**，Σ 为**积分曲面**.

类似地可定义函数 $P(x,y,z)$ 在有向曲面 Σ 上的**对坐标 y,z 的曲面积分**为

$$\iint\limits_{\Sigma}P(x,y,z)\mathrm{d}y\mathrm{d}z=\lim_{\lambda\to 0}\sum_{i=1}^{n}P(\xi_i,\eta_i,\zeta_i)(\Delta S_i)_{yz},$$

函数 $Q(x,y,z)$ 在有向曲面 Σ 上的**对坐标 z,x 的曲面积分**为

$$\iint\limits_{\Sigma}Q(x,y,z)\mathrm{d}y\mathrm{d}z=\lim_{\lambda\to 0}\sum_{i=1}^{n}Q(\xi_i,\eta_i,\zeta_i)(\Delta S_i)_{yz}.$$

以上三个曲面积分也称为**第二类曲面积分**.

当 $P(x,y,z)$、$Q(x,y,z)$、$R(x,y,z)$ 在有向光滑曲面 Σ 上连续时，对坐标的曲面积分存在，以后总假设 P,Q,R 在 Σ 上连续.

对坐标的曲面积分常常以

$$\iint\limits_{\Sigma}P(x,y,z)\mathrm{d}y\mathrm{d}z+Q(x,y,z)\mathrm{d}z\mathrm{d}x+R(x,y,z)\mathrm{d}x\mathrm{d}y$$

或

$$\iint\limits_{\Sigma}P(x,y,z)\mathrm{d}y\mathrm{d}z+\iint\limits_{\Sigma}Q(x,y,z)\mathrm{d}z\mathrm{d}x+\iint\limits_{\Sigma}R(x,y,z)\mathrm{d}x\mathrm{d}y$$

形式出现.

因此，上述流向 Σ 指定侧的流量 Φ 可表示为

$$\Phi=\iint\limits_{\Sigma}P(x,y,z)\mathrm{d}y\mathrm{d}z+Q(x,y,z)\mathrm{d}z\mathrm{d}x+R(x,y,z)\mathrm{d}x\mathrm{d}y.$$

若记 $\boldsymbol{A}=(P(x,y,z),Q(x,y,z),R(x,y,z))$，$\mathrm{d}\boldsymbol{S}=(\mathrm{d}y\mathrm{d}z,\mathrm{d}z\mathrm{d}x,\mathrm{d}x\mathrm{d}y)$，则对坐标的曲面积分也可写成向量形式

$$\iint\limits_{\Sigma}\boldsymbol{A}\cdot\mathrm{d}\boldsymbol{S}$$

对坐标的曲面积分具有与对坐标的曲线积分类似的一些性质. 例如：

性质 1（方向性） 设 Σ 是有向曲面，Σ^{-} 表示与 Σ 取相反侧的有向曲面，则

$$\iint\limits_{\Sigma^{-}}P\mathrm{d}y\mathrm{d}z+Q\mathrm{d}z\mathrm{d}x+R\mathrm{d}x\mathrm{d}y=-\iint\limits_{\Sigma}P\mathrm{d}y\mathrm{d}z+Q\mathrm{d}z\mathrm{d}x+R\mathrm{d}x\mathrm{d}y.$$

性质2(可加性) 如果把 Σ 分成 Σ_1 和 Σ_2,则

$$\begin{aligned}&\iint_{\Sigma} P\,\mathrm{d}y\,\mathrm{d}z + Q\,\mathrm{d}z\,\mathrm{d}x + R\,\mathrm{d}x\,\mathrm{d}y \\ =&\iint_{\Sigma_1} P\,\mathrm{d}y\,\mathrm{d}z + Q\,\mathrm{d}z\,\mathrm{d}x + R\,\mathrm{d}x\,\mathrm{d}y + \iint_{\Sigma_2} P\,\mathrm{d}y\,\mathrm{d}z + Q\,\mathrm{d}z\,\mathrm{d}x + R\,\mathrm{d}x\,\mathrm{d}y.\end{aligned}$$

11.5.2 对坐标的曲面积分的计算

设积分曲面 Σ 是由方程 $z=z(x,y)$ 给出的,Σ 在 xOy 面上的投影区域为 D_{xy},函数 $z=z(x,y)$ 在 D_{xy} 上具有一阶连续偏导数,被积函数 $R(x,y,z)$ 在 Σ 上连续.

由对坐标的曲面积分的定义得

$$\iint_{\Sigma} R(x,y,z)\,\mathrm{d}x\,\mathrm{d}y = \lim_{\lambda\to 0}\sum_{i=1}^{n} R(\xi_i,\eta_i,\zeta_i)(\Delta S_i)_{xy}.$$

如果 Σ 取上侧,$\cos\gamma>0$,则

$$(\Delta S)_{xy} = (\Delta\sigma)_{xy}.$$

又因为 (ξ_i,η_i,ζ_i) 是 Σ 上的一点,故 $\zeta_i = z(\xi_i,\eta_i)$,从而有

$$\sum_{i=1}^{n} R(\xi_i,\eta_i,\zeta_i)(\Delta S_i)_{xy} = \sum_{i=1}^{n} R[\xi_i,\eta_i,z(\xi_i,\eta_i)](\Delta\sigma_i)_{xy}.$$

令各小块曲面直径的最大值 $\lambda\to 0$ 时取极限,得

$$\lim_{\lambda\to 0}\sum_{i=1}^{n} R(\xi_i,\eta_i,\zeta_i)(\Delta S_i)_{xy} = \lim_{\lambda\to 0}\sum_{i=1}^{n} R[\xi_i,\eta_i,z(\xi_i,\eta_i)](\Delta\sigma_i)_{xy},$$

即

$$\iint_{\Sigma} R(x,y,z)\,\mathrm{d}x\,\mathrm{d}y = \iint_{D_{xy}} R[x,y,z(x,y)]\,\mathrm{d}x\,\mathrm{d}y.$$

如果 Σ 取下侧,则

$$\iint_{\Sigma} R(x,y,z)\,\mathrm{d}x\,\mathrm{d}y = -\iint_{D_{xy}} R[x,y,z(x,y)]\,\mathrm{d}x\,\mathrm{d}y.$$

类似地,如果 Σ 由 $x=x(y,z)$ 给出,取前侧,则

$$\iint_{\Sigma} P(x,y,z)\,\mathrm{d}y\,\mathrm{d}z = \iint_{D_{yz}} P[x(y,z),y,z]\,\mathrm{d}y\,\mathrm{d}z,$$

取后侧,则

$$\iint_{\Sigma} P(x,y,z)\,\mathrm{d}y\,\mathrm{d}z = -\iint_{D_{yz}} P[x(y,z),y,z]\,\mathrm{d}y\,\mathrm{d}z,$$

其中,D_{yz} 为曲面 Σ 在 yOz 面上的投影区域.

如果 Σ 由 $y=y(z,x)$ 给出,取右侧,则

$$\iint_{\Sigma} Q(x,y,z)\,\mathrm{d}z\,\mathrm{d}x = \iint_{D_{zx}} Q[x,y(z,x),z]\,\mathrm{d}z\,\mathrm{d}x,$$

取左侧,则

$$\iint_{\Sigma} Q(x,y,z)\,\mathrm{d}z\,\mathrm{d}x = -\iint_{D_{zx}} Q[x,y(z,x),z]\,\mathrm{d}z\,\mathrm{d}x,$$

其中,D_{zx} 为曲面 Σ 在 zOx 面上的投影区域.

例 1 计算曲面积分 $\iint\limits_{\Sigma} z\,\mathrm{d}x\,\mathrm{d}y$,其中 Σ 为旋转抛物面 $z=x^2+y^2$ 在 $0\leqslant z\leqslant 1$ 部分的下侧(图 11.22).

解 Σ 的方程为 $z=x^2+y^2$,取下侧,$D_{xy}=\{(x,y)\mid x^2+y^2\leqslant 1\}$,则

$$\iint\limits_{\Sigma} z\,\mathrm{d}x\,\mathrm{d}y=-\iint\limits_{D_{xy}}(x^2+y^2)\,\mathrm{d}x\,\mathrm{d}y=-\int_0^{2\pi}\mathrm{d}\theta\int_0^1 r^3\,\mathrm{d}r=-\frac{1}{2}\pi.$$

例 2 计算曲面积分 $\iint\limits_{\Sigma} x\,\mathrm{d}y\,\mathrm{d}z+y\,\mathrm{d}z\,\mathrm{d}x+z\,\mathrm{d}x\,\mathrm{d}y$,其中 Σ 为平面 $x+y+z=1$ 在第一卦限部分的上侧(图 11.23).

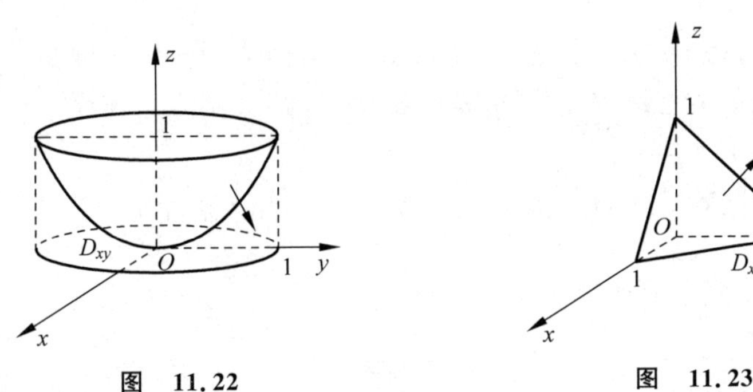

图 11.22　　　　图 11.23

解 Σ 的方程为 $x=1-y-z$,取右侧,$D_{yz}=\{(y,z)\mid y+z\leqslant 1,y\geqslant 0,z\geqslant 0\}$,则

$$\iint\limits_{\Sigma} x\,\mathrm{d}y\,\mathrm{d}z=\iint\limits_{D_{yz}}(1-y-z)\,\mathrm{d}y\,\mathrm{d}z=\int_0^1\mathrm{d}y\int_0^{1-y}(1-y-z)\,\mathrm{d}z=\int_0^1\left(\frac{1}{2}y^2-y+\frac{1}{2}\right)\mathrm{d}y=\frac{1}{6}.$$

Σ 的方程为 $y=1-x-z$,取右侧,$D_{yz}=\{(y,z)\mid y+z\leqslant 1,y\geqslant 0,z\geqslant 0\}$,则

$$\iint\limits_{\Sigma} y\,\mathrm{d}z\,\mathrm{d}x=\iint\limits_{D_{zx}}(1-x-z)\,\mathrm{d}z\,\mathrm{d}x=\int_0^1\mathrm{d}x\int_0^{1-x}(1-x-z)\,\mathrm{d}z=\int_0^1\left(\frac{1}{2}x^2-x+\frac{1}{2}\right)\mathrm{d}x=\frac{1}{6}.$$

Σ 的方程为 $x=1-y-z$,取右侧,$D_{yz}=\{(y,z)\mid y+z\leqslant 1,y\geqslant 0,z\geqslant 0\}$,则

$$\iint\limits_{\Sigma} z\,\mathrm{d}x\,\mathrm{d}y=\iint\limits_{D_{xy}}(1-x-y)\,\mathrm{d}x\,\mathrm{d}y=\int_0^1\mathrm{d}x\int_0^{1-x}(1-x-y)\,\mathrm{d}y=\int_0^1\left(\frac{1}{2}x^2-x+\frac{1}{2}\right)\mathrm{d}x=\frac{1}{6}.$$

故

$$\iint\limits_{\Sigma} x\,\mathrm{d}y\,\mathrm{d}z+y\,\mathrm{d}z\,\mathrm{d}x+z\,\mathrm{d}x\,\mathrm{d}y=\iint\limits_{\Sigma} x\,\mathrm{d}y\,\mathrm{d}z+\iint\limits_{\Sigma} y\,\mathrm{d}z\,\mathrm{d}x+\iint\limits_{\Sigma} z\,\mathrm{d}x\,\mathrm{d}y=\frac{1}{2}.$$

例 3 计算曲面积分 $\iint\limits_{\Sigma} xyz\,\mathrm{d}x\,\mathrm{d}y$,其中 Σ 是球面 $x^2+y^2+z^2=1$ 的外侧在 $x\geqslant 0,y\geqslant 0$ 的部分(图 11.24).

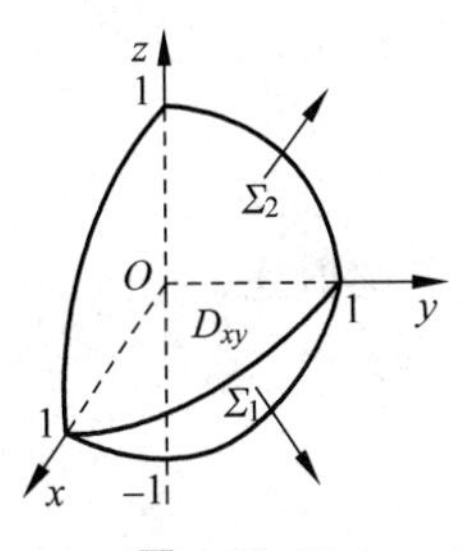

图 11.24

解 把曲面 Σ 分为 Σ_1 和 Σ_2 两部分. Σ_1 方程为 $z=-\sqrt{1-x^2-y^2}$,取下侧,$D_{xy}=\{(x,y)\mid x^2+y^2\leqslant 1,x\geqslant 0,y\geqslant 0\}$;$\Sigma_2$ 方程为 $z=\sqrt{1-x^2-y^2}$,取上侧,投影也为 D_{xy}. 则

$$\iint_{\Sigma} xyz\,\mathrm{d}x\,\mathrm{d}y = \iint_{\Sigma_1} xyz\,\mathrm{d}x\,\mathrm{d}y + \iint_{\Sigma_2} xyz\,\mathrm{d}x\,\mathrm{d}y$$

$$= -\iint_{D_{xy}} xy(-\sqrt{1-x^2-y^2})\,\mathrm{d}x\,\mathrm{d}y +$$

$$\iint_{D_{xy}} xy\sqrt{1-x^2-y^2}\,\mathrm{d}x\,\mathrm{d}y$$

$$= 2\iint_{D_{xy}} xy\sqrt{1-x^2-y^2}\,\mathrm{d}x\,\mathrm{d}y = 2\int_0^{\frac{\pi}{2}}\mathrm{d}\theta\int_0^1 r^2\sin\theta\cos\theta\sqrt{1-r^2}\,r\,\mathrm{d}r = \frac{2}{15}.$$

11.5.3 两类曲面积分之间的联系

设曲面 Σ 是由方程 $z=z(x,y)$ 给出的，Σ 在 xOy 面上的投影区域为 D_{xy}，函数 $z=z(x,y)$ 在 D_{xy} 上具有一阶连续偏导数，被积函数 $R(x,y,z)$ 在 Σ 上连续.

如果 Σ 取上侧，则有

$$\iint_{\Sigma} R(x,y,z)\,\mathrm{d}x\,\mathrm{d}y = \iint_{D_{xy}} R[x,y,z(x,y)]\,\mathrm{d}x\,\mathrm{d}y.$$

有向曲面 Σ 的法向量的方向余弦为

$$\cos\alpha = \frac{-z_x}{\sqrt{1+z_x^2+z_y^2}},\quad \cos\beta = \frac{-z_y}{\sqrt{1+z_x^2+z_y^2}},\quad \cos\gamma = \frac{1}{\sqrt{1+z_x^2+z_y^2}},$$

故由对面积的曲面积分计算公式有

$$\iint_{\Sigma} R(x,y,z)\cos\gamma\,\mathrm{d}S = \iint_{D_{xy}} R[x,y,z(x,y)]\,\mathrm{d}x\,\mathrm{d}y.$$

则

$$\iint_{\Sigma} R(x,y,z)\,\mathrm{d}x\,\mathrm{d}y = \iint_{\Sigma} R(x,y,z)\cos\gamma\,\mathrm{d}S.$$

如果 Σ 取下侧，则有

$$\iint_{\Sigma} R(x,y,z)\,\mathrm{d}x\,\mathrm{d}y = -\iint_{D_{xy}} R[x,y,z(x,y)]\,\mathrm{d}x\,\mathrm{d}y.$$

此时，$\cos\gamma = \dfrac{-1}{\sqrt{1+z_x^2+z_y^2}}$，故仍有

$$\iint_{\Sigma} R(x,y,z)\,\mathrm{d}x\,\mathrm{d}y = \iint_{\Sigma} R(x,y,z)\cos\gamma\,\mathrm{d}S,$$

综上，

$$\iint_{\Sigma} R(x,y,z)\,\mathrm{d}x\,\mathrm{d}y = \iint_{\Sigma} R(x,y,z)\cos\gamma\,\mathrm{d}S.$$

类似地，

$$\iint_{\Sigma} P(x,y,z)\,\mathrm{d}y\,\mathrm{d}z = \iint_{\Sigma} R(x,y,z)\cos\alpha\,\mathrm{d}S,$$

$$\iint_{\Sigma} Q(x,y,z)\,\mathrm{d}z\,\mathrm{d}x = \iint_{\Sigma} R(x,y,z)\cos\beta\,\mathrm{d}S.$$

综合起来，

$$\iint_{\Sigma} P\mathrm{d}y\mathrm{d}z + Q\mathrm{d}z\mathrm{d}x + R\mathrm{d}x\mathrm{d}y = \iint_{\Sigma} (P\cos\alpha + Q\cos\beta + R\cos\gamma)\mathrm{d}S,$$

其中$(\cos\alpha,\cos\beta,\cos\gamma)$是有向曲面$\Sigma$上点$(x,y,z)$处的法向量的方向余弦.

两类曲面积分之间的联系也可写成如下向量的形式：

$$\iint_{\Sigma} \boldsymbol{A}\cdot \mathrm{d}\boldsymbol{S} = \iint_{\Sigma} \boldsymbol{A}\cdot \boldsymbol{n}\mathrm{d}S$$

或

$$\iint_{\Sigma} \boldsymbol{A}\cdot \mathrm{d}\boldsymbol{S} = \iint_{\Sigma} A_n \mathrm{d}S,$$

其中$\boldsymbol{A}=(P(x,y,z),Q(x,y,z),R(x,y,z))$，$\boldsymbol{n}=(\cos\alpha,\cos\beta,\cos\gamma)$是有向曲面$\Sigma$上点$(x,y,z)$处的单位法向量，$\mathrm{d}\boldsymbol{S}=\boldsymbol{n}\mathrm{d}S=(\mathrm{d}y\mathrm{d}z,\mathrm{d}z\mathrm{d}x,\mathrm{d}x\mathrm{d}y)$，称为有向曲面元，$A_n$为向量$\boldsymbol{A}$在向量$\boldsymbol{n}$上的投影，

例 4 计算曲面积分$I=\oiint_{\Sigma} x\mathrm{d}y\mathrm{d}z + y\mathrm{d}z\mathrm{d}x + z\mathrm{d}x\mathrm{d}y$，其中$\Sigma$是球面$x^2+y^2+z^2=a^2$的外侧.

解 曲面Σ的法向量为(x,y,z)，方向余弦为

$$\cos\alpha = \frac{x}{\sqrt{x^2+y^2+z^2}} = \frac{x}{a},\quad \cos\beta = \frac{y}{\sqrt{x^2+y^2+z^2}} = \frac{y}{a},\quad \cos\gamma = \frac{z}{\sqrt{x^2+y^2+z^2}} = \frac{z}{a}.$$

由两类曲面积分之间的关系可得

$$\begin{aligned} I &= \oiint_{\Sigma} x\mathrm{d}y\mathrm{d}z + y\mathrm{d}z\mathrm{d}x + z\mathrm{d}x\mathrm{d}y \\ &= \oiint_{\Sigma} (x\cos\alpha + y\cos\beta + z\cos\gamma)\mathrm{d}S \\ &= \frac{1}{a}\oiint_{\Sigma} (x^2+y^2+z^2)\mathrm{d}S \\ &= a\oiint_{\Sigma} \mathrm{d}S \\ &= 4\pi a^3. \end{aligned}$$

例 5 计算曲面积分$I=\iint_{\Sigma} (z^2+x)\mathrm{d}y\mathrm{d}z - z\mathrm{d}x\mathrm{d}y$，其中$\Sigma$是旋转抛物面$z=\frac{1}{2}(x^2+y^2)$，$(0\leqslant z\leqslant 2)$部分的下侧.

解 曲面Σ的法向量为$(x,y,-1)$，方向余弦为

$$\cos\alpha = \frac{x}{\sqrt{1+x^2+y^2}},\quad \cos\beta = \frac{y}{\sqrt{1+x^2+y^2}},\quad \cos\gamma = \frac{-1}{\sqrt{1+x^2+y^2}}.$$

由两类曲面积分之间的关系可得

$$\iint_{\Sigma} (z^2+x)\mathrm{d}y\mathrm{d}z = \iint_{\Sigma} (z^2+x)\cos\alpha\mathrm{d}S = \iint_{\Sigma} (z^2+x)\frac{\cos\alpha}{\cos\gamma}\mathrm{d}x\mathrm{d}y = -\iint_{\Sigma} (z^2+x)x\mathrm{d}x\mathrm{d}y.$$

因此，

$$I=\iint\limits_{\Sigma}(z^2+x)\mathrm{d}y\mathrm{d}z-z\mathrm{d}x\mathrm{d}y=\iint\limits_{\Sigma}(z^2+x)\mathrm{d}y\mathrm{d}z-\iint\limits_{\Sigma}z\mathrm{d}x\mathrm{d}y$$

$$=-\iint\limits_{\Sigma}(z^2+x)x\mathrm{d}x\mathrm{d}y-\iint\limits_{\Sigma}z\mathrm{d}x\mathrm{d}y$$

$$=-\iint\limits_{\Sigma}(z^2x+x^2+z)\mathrm{d}x\mathrm{d}y$$

Σ 方程为 $z=\frac{1}{2}(x^2+y^2)$，在 xOy 面上的投影区域为 $D_{xy}=\{(x,y)|x^2+y^2\leqslant 4\}$，故

$$I=\iint\limits_{\Sigma}(z^2+x)\mathrm{d}y\mathrm{d}z-z\mathrm{d}x\mathrm{d}y$$

$$=-\iint\limits_{\Sigma}(z^2x+x^2+z)\mathrm{d}x\mathrm{d}y$$

$$=-\iint\limits_{D_{xy}}\left[\frac{1}{4}(x^2+y^2)^2x+x^2+\frac{1}{2}(x^2+y^2)\right]\mathrm{d}x\mathrm{d}y$$

$$=\iint\limits_{D_{xy}}x\left(\frac{x^2+y^2}{2}\right)^2\mathrm{d}x\mathrm{d}y+\iint\limits_{D_{xy}}x^2\mathrm{d}x\mathrm{d}y+\iint\limits_{D_{xy}}\left(\frac{x^2+y^2}{2}\right)\mathrm{d}x\mathrm{d}y$$

由对称性得

$$\iint\limits_{D_{xy}}x\left(\frac{x^2+y^2}{2}\right)^2\mathrm{d}x\mathrm{d}y=0,\iint\limits_{D_{xy}}x^2\mathrm{d}x\mathrm{d}y=\iint\limits_{D_{xy}}y^2\mathrm{d}x\mathrm{d}y=\frac{1}{2}\iint\limits_{D_{xy}}(x^2+y^2)\mathrm{d}x\mathrm{d}y,$$

故

$$I=\iint\limits_{D_{xy}}(x^2+y^2)\mathrm{d}x\mathrm{d}y=\int_0^{2\pi}\mathrm{d}\theta\int_0^2 r^2\cdot r\mathrm{d}r=8\pi.$$

习题 11.5

1. 计算曲面积分 $\iint\limits_{\Sigma}z\mathrm{d}x\mathrm{d}y+x\mathrm{d}y\mathrm{d}z+y\mathrm{d}z\mathrm{d}x$，其中 Σ 是柱面 $x^2+y^2=1$ 被平面 $z=0$ 及 $z=3$ 所截得的第一卦限内部分的前侧.

2. 计算曲面积分 $\iint\limits_{\Sigma}z^2\mathrm{d}x\mathrm{d}y+x^2\mathrm{d}y\mathrm{d}z+y^2\mathrm{d}z\mathrm{d}x$，其中 Σ 是长方体 Ω 的整个表面的外侧，$\Omega=\{(x,y,z)|0\leqslant x\leqslant a,0\leqslant y\leqslant b,0\leqslant z\leqslant c\}$.

3. 计算曲面积分 $\iint\limits_{\Sigma}x^2y^2z\mathrm{d}x\mathrm{d}y$，其中 Σ 是球面 $x^2+y^2+z^2=1$ 的下半部分的上侧.

4. 计算曲面积分 $\iint\limits_{\Sigma}z^2\mathrm{d}x\mathrm{d}y$，其中 Σ 是球面 $x^2+y^2+z^2=R^2$ 的下半部分的下侧.

5. 计算曲面积分 $\iint\limits_{\Sigma}(y+z)\mathrm{d}y\mathrm{d}z+z^2\mathrm{d}x\mathrm{d}y$，其中 Σ 是圆锥面 $z=\sqrt{x^2+y^2}$ 被 $z=1$ 与 $z=2$ 所截部分的下侧.

6. 计算曲面积分 $\iint\limits_{\Sigma}(y-z)\mathrm{d}y\mathrm{d}z+(z-x)\mathrm{d}z\mathrm{d}x+(x-y)\mathrm{d}x\mathrm{d}y$，其中 Σ 是抛物面 $z=$

$\frac{1}{2}(x^2+y^2)$位于$z=h(h>0)$下方的部分取上侧.

7. 计算曲面积分$\iint\limits_{\Sigma}(2x^2+2y^2+z)\mathrm{d}y\mathrm{d}z+z^2\mathrm{d}z\mathrm{d}x$，其中$\Sigma$是抛物面$z=x^2+y^2$位于$z=1$下方的部分取上侧.

11.6 高斯公式和斯托克斯公式

11.6.1 高斯公式

格林公式描述了平面闭区域上的二重积分与其边界曲线上的曲线积分之间的关系，而高斯公式描述了空间闭区域上的三重积分与其边界曲面上的曲面积分之间的关系.

定理 1(高斯公式) 设空间闭区域Ω由分片光滑的闭曲面Σ所围成，若函数$P(x,y,z)$、$Q(x,y,z)$与$R(x,y,z)$在Ω上具有一阶连续偏导数，则

$$\iiint\limits_{\Omega}\left(\frac{\partial P}{\partial x}+\frac{\partial Q}{\partial y}+\frac{\partial R}{\partial z}\right)\mathrm{d}V=\oiint\limits_{\Sigma}P\,\mathrm{d}y\mathrm{d}z+Q\,\mathrm{d}z\mathrm{d}x+R\,\mathrm{d}x\mathrm{d}y \tag{11.5}$$

或

$$\iiint\limits_{\Omega}\left(\frac{\partial P}{\partial x}+\frac{\partial Q}{\partial y}+\frac{\partial R}{\partial z}\right)\mathrm{d}V=\oiint\limits_{\Sigma}(P\cos\alpha+Q\cos\beta+R\cos\gamma)\mathrm{d}S, \tag{11.6}$$

其中，Σ是Ω的整个边界曲面取外侧，$\cos\alpha$，$\cos\beta$与$\cos\gamma$是Σ在点(x,y,z)处的法向量的方向余弦. 式(11.5)或式(11.6)称为高斯公式.

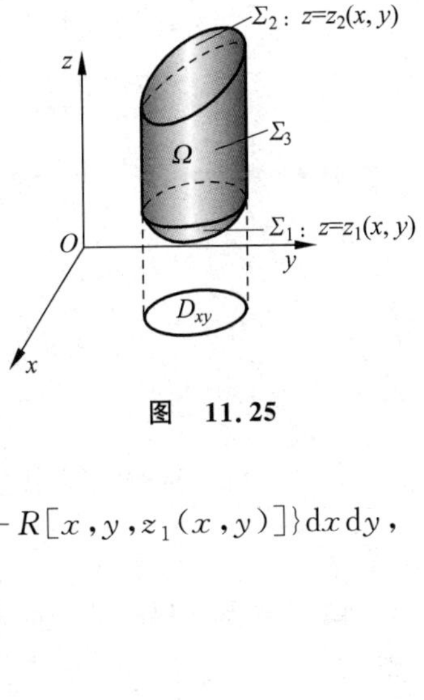

图 11.25

证 如图 11.25 所示，设D_{xy}为Ω在xOy面上的投影区域，穿过Ω内部且平行于z轴的直线与Ω的边界曲面Σ的交点为两个，则可设Σ分成了Σ_1，Σ_2和Σ_3三部分，Σ_1方程为$z=z_1(x,y)$，取下侧，Σ_2方程为$z=z_2(x,y)$，取上侧，且$z_1(x,y)\leqslant z_2(x,y)$，$\Sigma_3$是以$D_{xy}$的边界曲线为准线、母线平行于$z$轴的柱面的一部分，取外侧，则

$$\iiint\limits_{\Omega}\frac{\partial R}{\partial z}\mathrm{d}V=\iint\limits_{D_{xy}}\mathrm{d}x\mathrm{d}y\int_{z_1(x,y)}^{z_2(x,y)}\frac{\partial R}{\partial z}\mathrm{d}z=\iint\limits_{D_{xy}}\{R[x,y,z_2(x,y)]-R[x,y,z_1(x,y)]\}\mathrm{d}x\mathrm{d}y,$$

$$\begin{aligned}\iint\limits_{\Sigma}R\,\mathrm{d}x\mathrm{d}y&=\iint\limits_{\Sigma_1}R\,\mathrm{d}x\mathrm{d}y+\iint\limits_{\Sigma_2}R\,\mathrm{d}x\mathrm{d}y+\iint\limits_{\Sigma_3}R\,\mathrm{d}x\mathrm{d}y\\&=-\iint\limits_{D_{xy}}R[x,y,z_1(x,y)]\mathrm{d}x\mathrm{d}y+\iint\limits_{D_{xy}}R[x,y,z_2(x,y)]\mathrm{d}x\mathrm{d}y+0\\&=\iint\limits_{D_{xy}}\{R[x,y,z_2(x,y)]-R[x,y,z_1(x,y)]\}\mathrm{d}x\mathrm{d}y,\end{aligned}$$

即

$$\iiint\limits_{\Omega}\frac{\partial R}{\partial z}\mathrm{d}V=\iint\limits_{\Sigma}R\,\mathrm{d}x\mathrm{d}y.$$

若穿过 Ω 内部且平行于 x 轴的直线及穿过 Ω 内部且平行于 y 轴的直线与 Ω 的边界曲面 Σ 的交点也为两个,则可得

$$\iiint_{\Omega} \frac{\partial P}{\partial x} \mathrm{d}V = \iint_{\Sigma} P \,\mathrm{d}y \,\mathrm{d}z,$$

$$\iiint_{\Omega} \frac{\partial Q}{\partial y} \mathrm{d}V = \iint_{\Sigma} Q \,\mathrm{d}z \,\mathrm{d}x.$$

综上,得高斯公式

$$\iiint_{\Omega} \left(\frac{\partial P}{\partial x} + \frac{\partial Q}{\partial y} + \frac{\partial R}{\partial z}\right) \mathrm{d}V = \oiint_{\Sigma} P \,\mathrm{d}y \,\mathrm{d}z + Q \,\mathrm{d}z \,\mathrm{d}x + R \,\mathrm{d}x \,\mathrm{d}y. \qquad \square$$

若穿过 Ω 内部且平行于坐标轴的直线与 Ω 的边界曲面 Σ 的交点不是两个,则可通过引进辅助曲面将 Ω 分为有限个闭区域,使穿过每个闭区域且平行于坐标轴的直线与其边界曲面的交点为两个,此时,高斯公式仍成立.

例 1 利用高斯公式计算曲面积分 $I = \oiint_{\Sigma} x^2 \mathrm{d}y \mathrm{d}z + y^2 \mathrm{d}z \mathrm{d}x + z^2 \mathrm{d}x \mathrm{d}y$, 其中 Σ 为三个坐标面与平面 $x+y+z=1$ 围成的四面体的表面,取外侧(图 11.26).

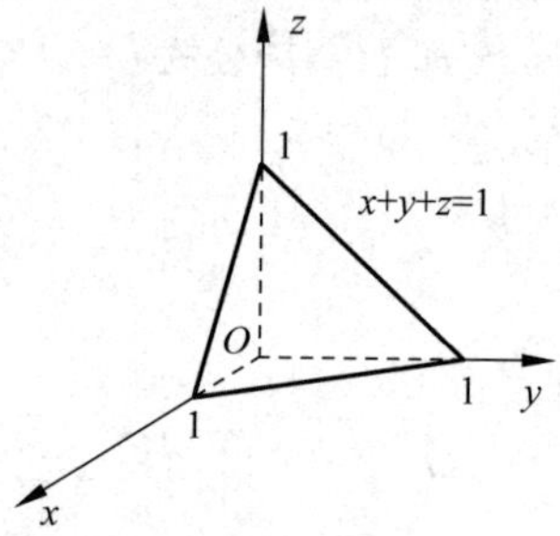

图 11.26

解 $P=x^2, Q=y^2, R=z^2, \frac{\partial P}{\partial x}=2x, \frac{\partial Q}{\partial y}=2y, \frac{\partial R}{\partial z}=2z$, Σ 所围成的立体 $\Omega=\{(x,y,z) \mid 0 \leqslant z \leqslant 1-x-y, (x,y) \in D_{xy}\}$, $D_{xy}=\{(x,y) \mid 0 \leqslant y \leqslant 1-x, 0 \leqslant x \leqslant 1\}$,由高斯公式得

$$\begin{aligned} I &= \oiint_{\Sigma} x^2 \mathrm{d}y \mathrm{d}z + y^2 \mathrm{d}z \mathrm{d}x + z^2 \mathrm{d}x \mathrm{d}y = \iiint_{\Omega} (2x+2y+2z) \mathrm{d}x \mathrm{d}y \mathrm{d}z \\ &= 2 \times 3 \iiint_{\Omega} x \,\mathrm{d}x \mathrm{d}y \mathrm{d}z \\ &= 6\int_0^1 x \,\mathrm{d}x \int_0^{1-x} \mathrm{d}y \int_0^{1-x-y} \mathrm{d}z \\ &= \frac{1}{4}. \end{aligned}$$

例 2 利用高斯公式计算曲面积分 $I = \oiint_{\Sigma} \frac{x \,\mathrm{d}y \mathrm{d}z + y \,\mathrm{d}z \mathrm{d}x + z \,\mathrm{d}x \mathrm{d}y}{\sqrt{x^2+y^2+z^2}}$, 其中 Σ 为球面 $x^2+y^2+z^2=a^2$,取外侧.

解 因为被积函数中的点在球面上,所以有

$$I = \oiint_{\Sigma} \frac{x \,\mathrm{d}y \mathrm{d}z + y \,\mathrm{d}z \mathrm{d}x + z \,\mathrm{d}x \mathrm{d}y}{\sqrt{x^2+y^2+z^2}} = \frac{1}{a} \oiint_{\Sigma} x \,\mathrm{d}y \mathrm{d}z + y \,\mathrm{d}z \mathrm{d}x + z \,\mathrm{d}x \mathrm{d}y,$$

利用高斯公式, $P=x, Q=y, R=z, \frac{\partial P}{\partial x}=1, \frac{\partial Q}{\partial y}=1, \frac{\partial R}{\partial z}=1$, Σ 所围成的立体为球体 Ω,则

$$\begin{aligned} I &= \oiint_{\Sigma} \frac{x \,\mathrm{d}y \mathrm{d}z + y \,\mathrm{d}z \mathrm{d}x + z \,\mathrm{d}x \mathrm{d}y}{\sqrt{x^2+y^2+z^2}} = \frac{1}{a} \oiint_{\Sigma} x \,\mathrm{d}y \mathrm{d}z + y \,\mathrm{d}z \mathrm{d}x + z \,\mathrm{d}x \mathrm{d}y = \frac{1}{a} \iiint_{\Omega} 3 \mathrm{d}x \mathrm{d}y \mathrm{d}z \\ &= \frac{3}{a} \times \frac{4}{3} \pi a^3 \\ &= 4\pi a^2. \end{aligned}$$

例 3 计算曲面积分 $I=\iint\limits_{\Sigma}x^2\mathrm{d}y\mathrm{d}z+y^2\mathrm{d}z\mathrm{d}x+z^2\mathrm{d}x\mathrm{d}y$，其中 Σ 为锥面 $x^2+y^2=z^2$ 介于平面 $z=0$ 和 $z=h(h>0)$ 之间的部分，取下侧(图 11.27).

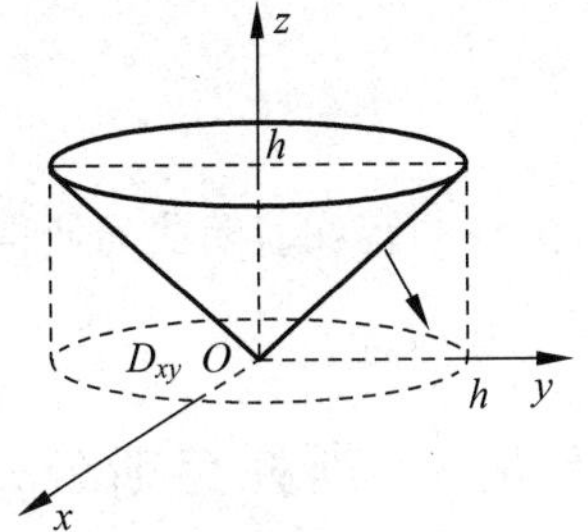

图 11.27

解 曲面 Σ 不是封闭曲面，不能直接使用高斯公式. 设 $\Sigma_1:z=h(x^2+y^2\leqslant h^2)$，取上侧，则 $\Sigma+\Sigma_1$ 构成封闭曲面，设 $\Sigma+\Sigma_1$ 围成的空间闭区域为 Ω，在 $\Sigma+\Sigma_1$ 上使用高斯公式，得

$$\oiint\limits_{\Sigma+\Sigma_1}x^2\mathrm{d}y\mathrm{d}z+y^2\mathrm{d}z\mathrm{d}x+z^2\mathrm{d}x\mathrm{d}y=2\iiint\limits_{\Omega}(x+y+z)\mathrm{d}x\mathrm{d}y\mathrm{d}z,$$

因为 $\iiint\limits_{\Omega}x\mathrm{d}x\mathrm{d}y\mathrm{d}z=\iiint\limits_{\Omega}y\mathrm{d}x\mathrm{d}y\mathrm{d}z=0$，所以

$$\begin{aligned}\oiint\limits_{\Sigma+\Sigma_1}x^2\mathrm{d}y\mathrm{d}z+y^2\mathrm{d}z\mathrm{d}x+z^2\mathrm{d}x\mathrm{d}y&=2\iiint\limits_{\Omega}z\mathrm{d}x\mathrm{d}y\mathrm{d}z\\&=2\int_0^{2\pi}\mathrm{d}\theta\int_0^h r\mathrm{d}r\int_r^h z\mathrm{d}z\\&=\frac{1}{2}\pi h^4.\end{aligned}$$

又因为

$$\iint\limits_{\Sigma_1}x^2\mathrm{d}y\mathrm{d}z+y^2\mathrm{d}z\mathrm{d}x+z^2\mathrm{d}x\mathrm{d}y=\iint\limits_{D_{xy}}h^2\mathrm{d}x\mathrm{d}y=\pi h^4(D_{xy}:x^2+y^2\leqslant h^2),$$

故

$$I=\oiint\limits_{\Sigma+\Sigma_1}-\iint\limits_{\Sigma_1}=\frac{1}{2}\pi h^4-\pi h^4=-\frac{1}{2}\pi h^4.$$

*11.6.2 沿任意闭曲面的曲面积分为零的条件

对于空间区域 G，如果 G 内任一闭曲面所围成的区域完全属于 G，则称 G 为空间二维单连通区域；如果 G 内任一闭曲线总可以张成一片完全属于 G 的曲面，则称 G 为空间一维单连通区域.

对于沿任意闭曲面的曲面积分为零的条件，有如下结论：

定理 2 设 G 为空间二维单连通区域，$P(x,y,z)$、$Q(x,y,z)$ 与 $R(x,y,z)$ 在 G 内具有一阶连续偏导数，则曲面积分

$$\iint\limits_{\Sigma}P\mathrm{d}y\mathrm{d}z+Q\mathrm{d}z\mathrm{d}x+R\mathrm{d}x\mathrm{d}y$$

在 G 内与所取曲面 Σ 无关而只取决于 Σ 的边界曲线(或沿 G 内任一闭曲面的曲面积分为零)的充分必要条件是：

$$\frac{\partial P}{\partial x}+\frac{\partial Q}{\partial y}+\frac{\partial R}{\partial z}=0$$

在 G 内恒成立.

证 充分性：若 $\frac{\partial P}{\partial x}+\frac{\partial Q}{\partial y}+\frac{\partial R}{\partial z}=0$，则由高斯公式可得，沿 G 内的任一闭曲面的曲面积分为零.

必要性：假设$\frac{\partial P}{\partial x}+\frac{\partial Q}{\partial y}+\frac{\partial R}{\partial z}=0$在$G$内不恒成立，即在$G$内至少有一点$M_0$使得

$$\left(\frac{\partial P}{\partial x}+\frac{\partial Q}{\partial y}+\frac{\partial R}{\partial z}\right)_{M_0}\neq 0,$$

则在G内存在着闭曲面使得沿该闭曲面的曲面积分不为零，与条件矛盾，故$\frac{\partial P}{\partial x}+\frac{\partial Q}{\partial y}+\frac{\partial R}{\partial z}=0$在$G$内恒成立. □

11.6.3 斯托克斯公式

格林公式体现了平面闭区域上的二重积分与其边界曲线上的曲线积分之间的关系，高斯公式体现了空间闭区域上的三重积分与其边界曲面上的曲面积分之间的关系，而斯托克斯公式则把曲面Σ上的曲面积分与沿着Σ的边界曲线的曲线积分联系起来. 关系如下：

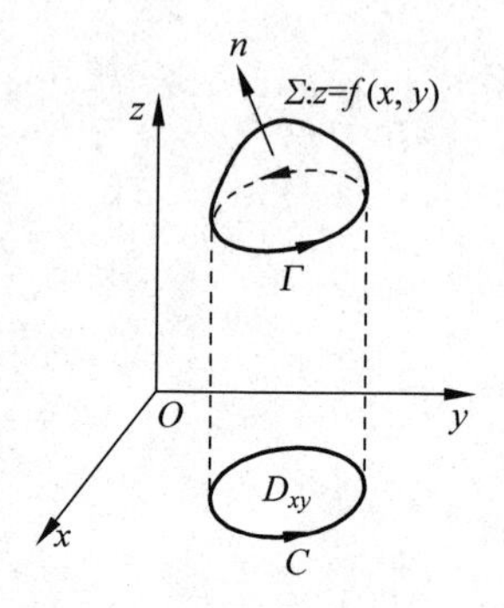

图 11.28

定理3（斯托克斯公式） 设Γ为分段光滑的空间有向闭曲线（图11.28），Σ是以Γ为边界的分片光滑的有向曲面，Γ的正向与Σ的侧符合右手规则，若函数$P(x,y,z)$、$Q(x,y,z)$与$R(x,y,z)$在曲面Σ（连同边界Γ）上具有一阶连续偏导数，则有

$$\iint_{\Sigma}\left(\frac{\partial R}{\partial y}-\frac{\partial Q}{\partial z}\right)\mathrm{d}y\mathrm{d}z+\left(\frac{\partial P}{\partial z}-\frac{\partial R}{\partial x}\right)\mathrm{d}z\mathrm{d}x+\left(\frac{\partial Q}{\partial x}-\frac{\partial P}{\partial y}\right)\mathrm{d}x\mathrm{d}y=\oint_{\Gamma}P\mathrm{d}x+Q\mathrm{d}y+R\mathrm{d}z. \tag{11.7}$$

式(11.7)称为斯托克斯公式.

证 假定Σ与平行于z轴的直线相交不多于一点，并设Σ为曲面$z=f(x,y)$的上侧，Σ的正向边界曲线Γ在xOy面上的投影为平面有向曲线C，C所围成的闭区域为D_{xy}.

下面将曲面积分$\iint_{\Sigma}\frac{\partial P}{\partial z}\mathrm{d}z\mathrm{d}x-\frac{\partial P}{\partial y}\mathrm{d}x\mathrm{d}y$化为闭区域$D_{xy}$上的二重积分，然后通过格林公式使它与曲线积分联系起来.

由对面积的曲面积分与对坐标的曲面积分之间的关系得

$$\iint_{\Sigma}\frac{\partial P}{\partial z}\mathrm{d}z\mathrm{d}x-\frac{\partial P}{\partial y}\mathrm{d}x\mathrm{d}y=\iint_{\Sigma}\left(\frac{\partial P}{\partial z}\cos\beta-\frac{\partial P}{\partial y}\cos\gamma\right)\mathrm{d}S. \tag{11.8}$$

有向曲面Σ的法向量的方向余弦为

$$\cos\alpha=\frac{-f_x}{\sqrt{1+f_x^2+f_y^2}},\quad \cos\beta=\frac{-f_y}{\sqrt{1+f_x^2+f_y^2}},\quad \cos\gamma=\frac{1}{\sqrt{1+f_x^2+f_y^2}},$$

则$\cos\beta=-f_y\cos\gamma$，代入式(11.8)，得

$$\iint_{\Sigma}\frac{\partial P}{\partial z}\mathrm{d}z\mathrm{d}x-\frac{\partial P}{\partial y}\mathrm{d}x\mathrm{d}y=-\iint_{\Sigma}\left(f_y\frac{\partial P}{\partial z}+\frac{\partial P}{\partial y}\right)\cos\gamma\mathrm{d}S=-\iint_{\Sigma}\left(f_y\frac{\partial P}{\partial z}+\frac{\partial P}{\partial y}\right)\mathrm{d}x\mathrm{d}y.$$

因为

$$\frac{\partial}{\partial y}P[x,y,f(x,y)]=\frac{\partial P}{\partial y}+\frac{\partial P}{\partial z}f_y,$$

所以可将曲面积分$-\iint_{\Sigma}\left(f_y\frac{\partial P}{\partial z}+\frac{\partial P}{\partial y}\right)\mathrm{d}x\mathrm{d}y$化为二重积分$-\iint_{D_{xy}}\frac{\partial}{\partial y}P[x,y,f(x,y)]\mathrm{d}x\mathrm{d}y$，即

$$\iint_{\Sigma} \frac{\partial P}{\partial z}\mathrm{d}z\mathrm{d}x - \frac{\partial P}{\partial y}\mathrm{d}x\mathrm{d}y = -\iint_{D_{xy}} \frac{\partial}{\partial y}P[x,y,f(x,y)]\mathrm{d}x\mathrm{d}y.$$

由格林公式可将上述二重积分化为沿闭区域 D_{xy} 的边界 C 的曲线积分：

$$-\iint_{D_{xy}} \frac{\partial}{\partial y}P[x,y,f(x,y)]\mathrm{d}x\mathrm{d}y = \oint_C P[x,y,f(x,y)]\mathrm{d}x,$$

于是，

$$\iint_{\Sigma} \frac{\partial P}{\partial z}\mathrm{d}z\mathrm{d}x - \frac{\partial P}{\partial y}\mathrm{d}x\mathrm{d}y = \oint_C P[x,y,f(x,y)]\mathrm{d}x. \tag{11.9}$$

因为函数 $P[x,y,f(x,y)]$ 在曲线 C 上点 (x,y) 处的值与函数 $P(x,y,z)$ 在曲线上对应点 (x,y,z) 处的值是一样的，并且两曲线上的对应小弧段在 x 轴上的投影也一样，根据曲线积分的定义，式(11.9)右端的曲线积分等于曲线 Γ 上的曲线积分 $\oint_{\Gamma} P(x,y,z)\mathrm{d}x$. 因此，可证得

$$\iint_{\Sigma} \frac{\partial P}{\partial z}\mathrm{d}z\mathrm{d}x - \frac{\partial P}{\partial y}\mathrm{d}x\mathrm{d}y = \oint_{\Gamma} P(x,y,z)\mathrm{d}x. \tag{11.10}$$

如果 Σ 取下侧，Γ 也相应地改成相反的方向，那么式(11.10)两端同时改变符号，等式仍成立.

其次，如果曲面与平行于轴的直线的交点多于一个，那么可以做辅助曲线把曲面分成几个部分，因为沿辅助曲线两方向相反的两个曲线积分相加时正好抵消，所以对于这一类曲面积分式(11.10)仍成立.

按照同样的方法，可以证得

$$\iint_{\Sigma} \frac{\partial Q}{\partial x}\mathrm{d}x\mathrm{d}y - \frac{\partial Q}{\partial z}\mathrm{d}y\mathrm{d}z = \oint_{\Gamma} Q(x,y,z)\mathrm{d}y, \tag{11.11}$$

$$\iint_{\Sigma} \frac{\partial R}{\partial y}\mathrm{d}y\mathrm{d}z - \frac{\partial R}{\partial x}\mathrm{d}z\mathrm{d}x = \oint_{\Gamma} R(x,y,z)\mathrm{d}z. \tag{11.12}$$

将式(11.10)、式(11.11)、式(11.12)相加即为斯托克斯公式. □

为了便于记忆，可以将斯托克斯公式写成行列式的形式：

$$\iint_{\Sigma} \begin{vmatrix} \mathrm{d}y\mathrm{d}z & \mathrm{d}z\mathrm{d}x & \mathrm{d}x\mathrm{d}y \\ \dfrac{\partial}{\partial x} & \dfrac{\partial}{\partial y} & \dfrac{\partial}{\partial z} \\ P & Q & R \end{vmatrix} = \oint_{\Gamma} P\mathrm{d}x + Q\mathrm{d}y + R\mathrm{d}z,$$

利用两类曲面积分间的关系，可得斯托克斯公式的另一形式：

$$\iint_{\Sigma} \begin{vmatrix} \cos\alpha & \cos\beta x & \cos\gamma \\ \dfrac{\partial}{\partial x} & \dfrac{\partial}{\partial y} & \dfrac{\partial}{\partial z} \\ P & Q & R \end{vmatrix} \mathrm{d}S = \oint_{\Gamma} P\mathrm{d}x + Q\mathrm{d}y + R\mathrm{d}z,$$

其中 $\boldsymbol{n}=(\cos\alpha,\cos\beta,\cos\gamma)$ 为有向曲面 Σ 在点 (x,y,z) 处的单位法向量.

如果 Σ 是 xOy 面上的一块平面闭区域，斯托克斯公式就变成了格林公式. 因此，格林公式是斯托克斯公式的一种特殊情形.

例 4 利用斯托克斯公式计算曲线积分 $\oint_{\Gamma} z\mathrm{d}x + 3x\mathrm{d}y + 2y\mathrm{d}z$，其中 Γ 为平面 $x+y+z=1$

被三个坐标面所截成的三角形的整个边界,它的正向与这个平面三角形 Σ 上侧的法向量之间符合右手规则(图 11.29).

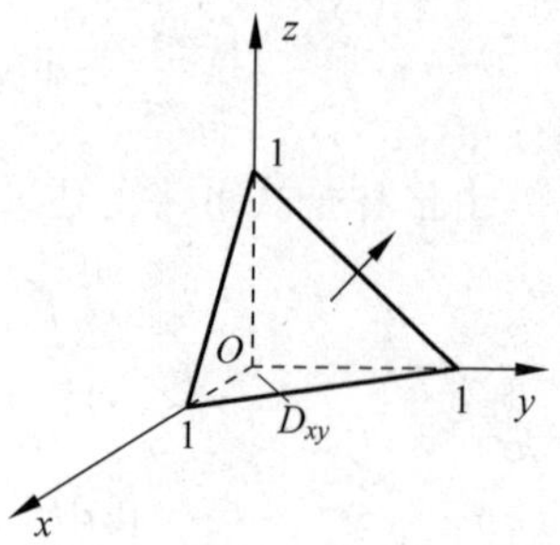

图 11.29

解 由斯托克斯公式有

$$\oint_{\Gamma} z\mathrm{d}x + 3x\mathrm{d}y + 2y\mathrm{d}z = \iint_{\Sigma} 2\mathrm{d}y\mathrm{d}z + \mathrm{d}z\mathrm{d}x + 3\mathrm{d}x\mathrm{d}y$$

$$= \iint_{\Sigma} 2\mathrm{d}y\mathrm{d}z + \iint_{\Sigma} \mathrm{d}z\mathrm{d}x + \iint_{\Sigma} 3\mathrm{d}x\mathrm{d}y.$$

而

$$\iint_{\Sigma} 2\mathrm{d}y\mathrm{d}z = 2\iint_{D_{yz}} \mathrm{d}y\mathrm{d}z = 2 \times \frac{1}{2} = 1,$$

$$\iint_{\Sigma} \mathrm{d}z\mathrm{d}x = \iint_{D_{zx}} \mathrm{d}z\mathrm{d}x = \frac{1}{2},$$

$$\iint_{\Sigma} 3\mathrm{d}x\mathrm{d}y = 3\iint_{D_{xy}} \mathrm{d}x\mathrm{d}y = 3 \times \frac{1}{2} = \frac{3}{2},$$

其中,D_{yz},D_{zx} 与 D_{xy} 分别为 Σ 在 yOz,zOx 与 xOy 面上的投影区域,因此

$$\oint_{\Gamma} z\mathrm{d}x + 3x\mathrm{d}y + 2y\mathrm{d}z = 3.$$

*11.6.4 空间曲线积分与路径无关的条件

利用格林公式,可推得空间曲线积分与路径无关的条件.需要指出的是,空间曲线积分与路径无关相当于沿任意闭曲线的曲线积分为零.关于空间曲线积分与路径无关的条件,有如下结论:

定理 4 设空间区域 G 是一维单连通区域,若函数 $P(x,y,z)$、$Q(x,y,z)$ 与 $R(x,y,z)$ 在 G 内具有一阶连续偏导数,则空间曲线积分 $\int_{\Gamma} P\mathrm{d}x + Q\mathrm{d}y + R\mathrm{d}z$ 在 G 内与路径无关(或沿 G 内任意闭曲线的曲线积分为零)的充分必要条件是:

$$\frac{\partial P}{\partial y} = \frac{\partial Q}{\partial x}, \quad \frac{\partial Q}{\partial z} = \frac{\partial R}{\partial y}, \quad \frac{\partial R}{\partial x} = \frac{\partial P}{\partial z}$$

在 G 内恒成立.

定理 5 设区域 G 是空间一维单连通区域,若函数 $P(x,y,z)$、$Q(x,y,z)$ 与 $R(x,y,z)$ 在 G 内具有一阶连续偏导数,则表达式 $P\mathrm{d}x + Q\mathrm{d}y + R\mathrm{d}z$ 在 G 内成为某一函数 $u(x,y,z)$ 的全微分的充分必要条件是:等式 $\frac{\partial P}{\partial y} = \frac{\partial Q}{\partial x}, \frac{\partial Q}{\partial z} = \frac{\partial R}{\partial y}, \frac{\partial R}{\partial x} = \frac{\partial P}{\partial z}$ 在 G 内恒成立;当条件 $\frac{\partial P}{\partial y} = \frac{\partial Q}{\partial x}, \frac{\partial Q}{\partial z} = \frac{\partial R}{\partial y}, \frac{\partial R}{\partial x} = \frac{\partial P}{\partial z}$ 满足时,函数 $u(x,y,z)$(不计一常数之差)可用下式求出:

$$u(x,y,z) = \int_{(x_0,y_0,z_0)}^{(x,y,z)} P\mathrm{d}x + Q\mathrm{d}y + R\mathrm{d}z$$

或用定积分表示为(积分路径在 G 内)

$$u(x,y,z) = \int_{x_0}^{x} P(x,y_0,z_0)\mathrm{d}x + \int_{y_0}^{y} Q(x,y,z_0)\mathrm{d}y + \int_{z_0}^{z} R(x,y,z)\mathrm{d}z,$$

其中 $M_0(x_0,y_0,z_0)$ 为 G 内某一定点,点 $M(x,y,z) \in G$.

习题 11.6

1. 利用高斯公式计算下列曲面积分：

(1) $\oint\!\!\!\oint_{\Sigma} x^2\mathrm{d}y\mathrm{d}z+y^2\mathrm{d}z\mathrm{d}x+z^2\mathrm{d}x\mathrm{d}y$，其中 Σ 为立方体 $0\leqslant x\leqslant a, 0\leqslant y\leqslant a, 0\leqslant z\leqslant a$ 的表面外侧；

(2) $\oint\!\!\!\oint_{\Sigma} x\mathrm{d}y\mathrm{d}z+y\mathrm{d}z\mathrm{d}x+z\mathrm{d}x\mathrm{d}y$，其中 Σ 是介于 $z=0$ 和 $z=3$ 之间的圆柱体 $x^2+y^2\leqslant 9$ 的整个表面的外侧；

(3) $\oint\!\!\!\oint_{\Sigma}(y-z)x\mathrm{d}y\mathrm{d}z+(x-y)\mathrm{d}x\mathrm{d}y$，其中 Σ 为柱面 $x^2+y^2=1$ 及平面 $z=0$、$z=3$ 所围成的空间闭区域 Ω 的整个边界曲面的外侧；

(4) $\iint_{\Sigma} x\mathrm{d}y\mathrm{d}z+y\mathrm{d}z\mathrm{d}x+z\mathrm{d}x\mathrm{d}y$，其中 Σ 为上半球面 $z=\sqrt{a^2-x^2-y^2}$ 的上侧；

(5) $\iint_{\Sigma}(x^2\cos\alpha+y^2\cos\beta+z^2\cos\gamma)\mathrm{d}S$，其中 Σ 为锥面 $z^2=x^2+y^2$ 介于平面 $z=0$ 及 $z=h(h>0)$ 之间的部分的下侧，$\cos\alpha$，$\cos\beta$ 和 $\cos\gamma$ 是 Σ 在点 (x,y,z) 处的法向量的方向余弦.

2. 利用斯托克斯公式计算下列曲线积分：

(1) $\oint_{\Gamma} z\mathrm{d}x+x\mathrm{d}y+y\mathrm{d}z$，其中 Γ 为平面 $x+y+z=1$ 与三个坐标面的交线，从 z 轴正向看去，取逆时针方向；

(2) $\oint_{\Gamma} y^2\mathrm{d}x+xy\mathrm{d}y+xz\mathrm{d}z$，其中 Γ 为柱面 $x^2+y^2=2y$ 与平面 $y=z$ 的交线，从 z 轴正向看去，取顺时针方向；

(3) $\oint_{\Gamma}(z-y)\mathrm{d}x+(x-z)\mathrm{d}y+(x-y)\mathrm{d}z$，其中 Γ 为柱面 $x^2+y^2=1$ 与平面 $x-y+z=2$ 的交线，从 z 轴正向看去，取顺时针方向.

总 习 题 11

1. 填空题

(1) 设有光滑曲线 L：$\begin{cases}x=\varphi(t),\\ y=\psi(t),\end{cases}$ $t\in[\alpha,\beta]$，函数 $f(x,y)$ 为定义在 L 上的连续函数，则 $\int_L f(x,y)\mathrm{d}s=$________.

(2) 设 L 为正向圆周 $x^2+y^2=2$ 在第一象限中的部分，则曲线积分 $\int_L x\mathrm{d}y-2y\mathrm{d}x=$________.

(3) 第二类曲线积分 $\int_{\Gamma} P\mathrm{d}x+Q\mathrm{d}y+R\mathrm{d}z$ 化成第一类曲线积分是________，其中 α,β,γ 为有向曲线弧 Γ 在点 (x,y,z) 处________的方向角.

(4) 曲线积分 $I=\int_L (x^2+2xy)\mathrm{d}x+(x^2+y^4)\mathrm{d}y$ 的值为________，其中 L 为由点 $O(0,0)$ 到点 $B(1,1)$ 的曲线 $y=x^2$.

(5) 确定当 λ 为________时，曲线积分 $I=\int_A^B (x^4+4xy^\lambda)\mathrm{d}x+(6x^{\lambda-1}y^2-5y^4)\mathrm{d}y$ 与路径无关.

2. 选择题

(1) 设 L 是曲线 $y=x^3$ 与直线 $y=x$ 所围成区域的整个边界曲线，$f(x,y)$ 是连续函数，则曲线积分 $\int_L f(x,y)\mathrm{d}s=($　　$)$.

A. $\int_0^1 f(x,x^3)\mathrm{d}x+\int_0^1 f(x,x)\mathrm{d}x$；

B. $\int_0^1 f(x,x^3)\mathrm{d}x+\int_0^1 f(x,x)\sqrt{2}\,\mathrm{d}x$；

C. $\int_0^1 f(x,x^3)\sqrt{1+9x^4}\,\mathrm{d}x+\int_0^1 f(x,x)\sqrt{2}\,\mathrm{d}x$；

D. $\int_{-1}^1 [f(x,x^3)\sqrt{1+9x^4}+f(x\cdot x)\sqrt{2}]\mathrm{d}x$.

(2) 设 L 为从点(1,1)到点(2,3)的一段直线，则曲线积分 $\int_L y\mathrm{d}x+x\mathrm{d}y$ 为(　　).

A. 4；　　B. 5；　　C. 6；　　D. -5.

(3) 曲线积分 $\oint_L (x+y)\mathrm{d}x-(x-y)\mathrm{d}y$ 的值为(　　)，其中 L 是椭圆 $\dfrac{x^2}{a^2}+\dfrac{y^2}{b^2}=1$ 的正向边界.

A. $-2ab\pi$；　　B. $-ab\pi$；　　C. $-8ab\pi$；　　D. $-4ab\pi$.

(4) 设曲线积分 $\int_L [f(x)-\mathrm{e}^x]\sin y\,\mathrm{d}x-f(x)\cos y\,\mathrm{d}y$ 与路径无关，其中 $f(x)$ 具有一阶连续导数，且 $f(0)=0$，则 $f(x)$ 等于(　　).

A. $\dfrac{\mathrm{e}^{-x}-\mathrm{e}^x}{2}$；　　B. $\dfrac{\mathrm{e}^x-\mathrm{e}^{-x}}{2}$；　　C. $\dfrac{\mathrm{e}^x+\mathrm{e}^{-x}}{2}-1$；　　D. $1-\dfrac{\mathrm{e}^x+\mathrm{e}^{-x}}{2}$.

3. 设 L 是半圆周 $\begin{cases}x=a\cos t,\\ y=a\sin t,\end{cases}$ $0\leqslant t\leqslant\pi$，计算第一类曲线积分 $\int_L (x^2+y^2)\mathrm{d}s$.

4. 设 L 是 $y^2=4x$ 从 $O(0,0)$ 到 $A(1,2)$ 的一段，计算第一类曲线积分 $\int_L y\mathrm{d}s$.

5. 计算 $I=\int_L (x^2+y^2)\mathrm{d}x+(x^2-y^2)\mathrm{d}y$，其中 L 为曲线 $y=1-|1-x|$ 从对应于 $x=0$ 的点到对应于 $x=2$ 的点的一段.

6. 在过点 $O(0,0)$ 和 $A(\pi,0)$ 的曲线族 $y=a\sin x\,(a>0)$ 中，求一条曲线 L，使沿该曲线从 O 到 A 的积分 $\int_L (1+y^3)\mathrm{d}x+(2x+y)\mathrm{d}y$ 的值最小.

7. 已知 L 是第一象限中从点 $O(0,0)$ 沿圆周 $x^2+y^2=2x$ 到点 $A(2,0)$，再沿圆周 $x^2+y^2=4$ 到点 $B(0,2)$ 的曲线段，计算曲线积分 $I=\int_L 3x^2y\mathrm{d}x+(x^3+x-2y)\mathrm{d}y$.

8. 设曲线积分 $\int_L xy^2\mathrm{d}x + y\varphi(x)\mathrm{d}y$ 与路径无关,其中 $\varphi(x)$ 具有连续的导数,且 $\varphi(0)=0$,计算 $\int_{(0,0)}^{(1,1)} xy^2\mathrm{d}x + y\varphi(x)\mathrm{d}y$ 的值.

9. 计算曲线积分 $\oint_{ABCDA} \dfrac{\mathrm{d}x+\mathrm{d}y}{|x|+|y|}$,其中 $ABCDA$ 是分别以 $A(1,0)$、$B(0,1)$、$C(-1,0)$、$D(0,-1)$ 为顶点的区域的正向边界.

10. 设函数 $\varphi(y)$ 具有连续导数,在围绕原点的任意分段光滑简单闭曲线 L 上,曲线积分 $\oint_L \dfrac{\varphi(y)\mathrm{d}x+2xy\mathrm{d}y}{2x^2+y^4}$ 的值恒为同一常数. 证明:对在右半平面 $x>0$ 内的任意分段光滑简单闭曲线 C 上,有 $\oint_C \dfrac{\varphi(y)\mathrm{d}x+2xy\mathrm{d}y}{2x^2+y^4}=0$.

11. 计算曲面积分 $\iint\limits_{\Sigma}\left(z+2x+\dfrac{4}{3}y\right)\mathrm{d}S$,其中 Σ 为平面 $\dfrac{x}{2}+\dfrac{y}{3}+\dfrac{z}{4}=1$ 在第一卦限的部分.

12. 计算曲面积分 $\iint\limits_{\Sigma}\dfrac{1}{z}\mathrm{d}S$,其中 Σ 是球面 $x^2+y^2+z^2=a^2$ 被平面 $z=h\,(0\leqslant h\leqslant a)$ 截出的顶部.

13. 计算曲面积分 $\iint\limits_{\Sigma}2x\,\mathrm{d}y\mathrm{d}z - z\,\mathrm{d}x\mathrm{d}y$,其中 Σ 是柱面 $x^2+y^2=4$ 被平面 $z=0$ 及 $z=1$ 所截下的第一卦限内部分的前侧.

14. 计算曲面积分 $\iint\limits_{\Sigma}xy\,\mathrm{d}x\mathrm{d}y$,其中 Σ 是球面 $x^2+y^2+z^2=R^2$ 的上半部分的下侧.

15. 计算曲面积分 $\oiint\limits_{\Sigma}z\,\mathrm{d}x\mathrm{d}y$,$\Sigma$ 为锥面 $z=\sqrt{x^2+y^2}$ 与平面 $z=1$ 所围曲面的内侧.

16. 计算 $\oiint\limits_{\Sigma}x^3\mathrm{d}y\mathrm{d}z+y^3\mathrm{d}z\mathrm{d}x+z^3\mathrm{d}x\mathrm{d}y$,其中 Σ 为球面 $x^2+y^2+z^2=1$ 的外侧.

17. 计算曲面积分 $\oiint\limits_{\Sigma}(3x+1)\mathrm{d}y\mathrm{d}z+2y\mathrm{d}z\mathrm{d}x+z\mathrm{d}x\mathrm{d}y$,其中 Σ 为三个坐标面与平面 $x+y+z=1$ 所围成的四面体表面的外侧.

18. 计算 $\iint\limits_{\Sigma}(x^2-yz)\mathrm{d}y\mathrm{d}z+(y^2-xz)\mathrm{d}z\mathrm{d}x+2z\mathrm{d}x\mathrm{d}y$,其中 Σ 为锥面 $z^2=x^2+y^2$ 在 $0\leqslant x\leqslant 1$ 部分的上侧.

19. 计算 $\oint_{\Gamma}2y\mathrm{d}x+3x\mathrm{d}y-z\mathrm{d}z$,其中 Γ 为平面 $x+y+z=1$ 被三坐标面所截成的三角形区域的整个边界,从 z 轴正向看去取逆时针方向.

无穷级数

数的加法是人们最早接触到的数字运算之一. 到目前为止,我们只讨论了有限个数作加法,而在实际问题中常常遇到对无穷多个数"相加"的问题. 无穷多个数能否相加呢? 有关这个问题的研究,就是我们下面所要学习的无穷级数问题.

无穷级数是高等数学的一个重要组成部分,它是表示函数、研究函数性质以及进行数值计算的一个重要工具. 本章首先讨论常数项无穷级数,其中主要研究正项无穷级数敛散性的判别法; 然后讨论函数项无穷级数中的幂级数.

12.1 常数项无穷级数的概念和性质

12.1.1 常数项无穷级数举例

我国古代数学家刘徽创造了"割圆术",他用圆内接正多边形的面积来近似圆的面积,并给出了一种计算圆周率的方法.

他首先作圆的内接正三边形(图 12.1),算出该正三边形的面积 a_1; 再分别以该三边形的每一条边为底作顶点在圆周上的等腰三角形,把这三个等腰三角形的面积之和记作 a_2,那么 a_1+a_2(正六边形的面积)比 a_1 更接近于圆的面积; 如此下去,$a_1+a_2+\cdots+a_n$(正 $3\times 2^{n-1}$ 边形的面积)比 $a_1+a_2+\cdots+a_{n-1}$(正 $3\times 2^{n-2}$ 边形的面积)更接近于圆的面积; 随着正多边形边数的增加,正多边形的面积就越接近于圆的面积. 为了得到圆面积的精确值,就把这一过程一直进行下去,便得到

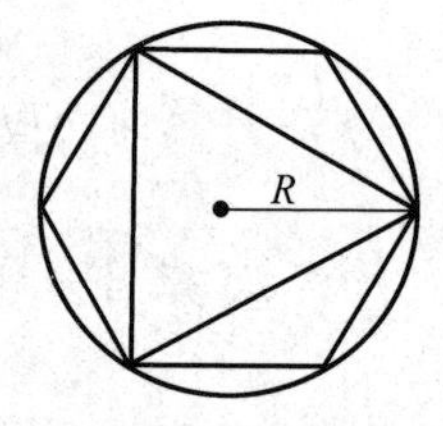

图 12.1

$$a_1+a_2+\cdots+a_n+\cdots$$

由上面的讨论可知,正 $3\times 2^{n-1}$ 边形的面积

$$s_n=a_1+a_2+\cdots+a_n$$

尽管是圆面积的近似值,但随着 n 的增加,正 $3\times 2^{n-1}$ 边形就越接近于圆,正 $3\times 2^{n-1}$ 边形的面积就越接近于圆面积. 这启示我们来求 $\lim\limits_{n\to\infty}s_n$,如果该极限存在,那该极限就是圆的面积.

12.1.2 常数项无穷级数的概念

给定一个数列

$$u_1,u_2,u_3,\cdots,u_n\cdots$$

则由该数列构成的表达式

$$u_1+u_2+u_3+\cdots+u_n+\cdots$$

称为常数项无穷级数,简称为级数,记为 $\sum_{n=1}^{\infty}u_n$,即

$$\sum_{n=1}^{\infty}u_n=u_1+u_2+u_3+\cdots+u_n+\cdots \tag{12.1}$$

其中,第 n 项 u_n 称为级数的一般项.

称 $s_n=\sum_{i=1}^{n}u_i=u_1+u_2+u_3+\cdots+u_n$ 为级数 $\sum_{n=1}^{\infty}u_n$ 的前 n 项和(部分和). 例如,$s_2=u_1+u_2$,$s_3=u_1+u_2+u_3$ 分别是级数的前两项、三项和.

级数的前 n 项和构成一个无穷数列

$$s_1,s_2,s_3,\cdots,s_n\cdots$$

则称该数列 $\{s_n\}$ 为级数 $\sum_{n=1}^{\infty}u_n$ 的部分和数列.

定义 1 如果级数 $\sum_{n=1}^{\infty}u_n$ 的部分和数列 $\{s_n\}$ 有极限 s,即 $\lim_{n\to\infty}s_n=s$,则称无穷级数 $\sum_{n=1}^{\infty}u_n$ 收敛,并称极限 s 为级数的和,并写成

$$s=\sum_{n=1}^{\infty}u_n=u_1+u_2+u_3+\cdots+u_n+\cdots$$

如果部分和数列 $\{s_n\}$ 没有极限,则称无穷级数 $\sum_{n=1}^{\infty}u_n$ 发散.

当级数 $\sum_{n=1}^{\infty}u_n$ 收敛时,称级数 $\sum_{n=1}^{\infty}u_n$ 的和 s 与部分和 s_n 的差 $s-s_n$ 为级数的余项,记作 r_n,即

$$r_n=s-s_n=u_{n+1}+u_{n+2}+\cdots$$

显然,由于 $\lim_{n\to\infty}s_n=s$,因此有

$$\lim_{n\to\infty}r_n=\lim_{n\to\infty}(s-s_n)=s-s=0.$$

例 1 讨论等比级数 $\sum_{n=0}^{\infty}aq^n(a\neq 0)$ 的敛散性,其中 q 称为级数的公比.

解 如果 $q\neq 1$,则部分和

$$s_n=a+aq+aq^2+\cdots+aq^{n-1}=\frac{a-aq^n}{1-q}=\frac{a}{1-q}-\frac{aq^n}{1-q}.$$

当 $|q|<1$ 时,由于 $\lim_{n\to\infty}s_n=\frac{a}{1-q}$,故级数 $\sum_{n=0}^{\infty}aq^n$ 收敛,其和为 $\frac{a}{1-q}$.

当 $|q|>1$ 时,由于 $\lim_{n\to\infty}s_n=\infty$,故级数 $\sum_{n=0}^{\infty}aq^n$ 发散.

当 $q=-1$ 时,有 $s_n=\begin{cases}a, & n\text{ 为奇数},\\ 0, & n\text{ 为偶数}.\end{cases}$ 由于 s_n 的极限不存在,故级数 $\sum_{n=0}^{\infty}aq^n$ 也发散.

如果 $q=1$,由于 $s_n=na\to\infty$,故级数 $\sum\limits_{n=0}^{\infty}aq^n$ 发散.

综上所述,如果 $|q|<1$,则等比级数 $\sum\limits_{n=0}^{\infty}aq^n$ 收敛,其和为 $s=\dfrac{a}{1-q}$;如果 $|q|\geqslant1$,则等比级数 $\sum\limits_{n=0}^{\infty}aq^n$ 发散.

例 2 证明级数

$$\sum_{n=1}^{\infty}n=1+2+3+\cdots+n+\cdots$$

是发散的.

证 此级数的部分和为

$$s_n=1+2+3+\cdots+n=\frac{n(n+1)}{2},$$

由于 $\lim\limits_{n\to\infty}s_n=\infty$,因此级数 $\sum\limits_{n=1}^{\infty}n$ 是发散的. □

例 3 判别无穷级数

$$\sum_{n=1}^{\infty}\frac{1}{n(n+1)}=\frac{1}{1\times2}+\frac{1}{2\times3}+\frac{1}{3\times4}+\cdots+\frac{1}{n(n+1)}+\cdots$$

的收敛性.

解 由于级数的通项满足:

$$u_n=\frac{1}{n(n+1)}=\frac{1}{n}-\frac{1}{n+1},$$

从而部分和为

$$\begin{aligned}s_n&=\frac{1}{1\times2}+\frac{1}{2\times3}+\frac{1}{3\times4}+\cdots+\frac{1}{n(n+1)}\\&=\left(1-\frac{1}{2}\right)+\left(\frac{1}{2}-\frac{1}{3}\right)+\cdots+\left(\frac{1}{n}-\frac{1}{n+1}\right)=1-\frac{1}{n+1},\end{aligned}$$

因此

$$\lim_{n\to\infty}s_n=\lim_{n\to\infty}\left(1-\frac{1}{n+1}\right)=1.$$

故级数 $\sum\limits_{n=1}^{\infty}\dfrac{1}{n(n+1)}$ 收敛,且其和 $s=1$.

12.1.3 收敛级数的基本性质

性质 1 如果级数 $\sum\limits_{n=1}^{\infty}u_n$ 收敛于和 s,其中 k 为常数,则级数 $\sum\limits_{n=1}^{\infty}ku_n$ 也收敛,且其和为 ks.

证 设两级数 $\sum\limits_{n=1}^{\infty}u_n$ 与 $\sum\limits_{n=1}^{\infty}ku_n$ 的部分和分别为 s_n 与 σ_n,则

$$\lim_{n\to\infty}\sigma_n=\lim_{n\to\infty}(ku_1+ku_2+\cdots+ku_n)=k\lim_{n\to\infty}(u_1+u_2+\cdots+u_n)=k\lim_{n\to\infty}s_n=ks.$$

所以，级数 $\sum\limits_{n=1}^{\infty} ku_n$ 也收敛，且其和为 ks. □

性质 2 如果级数 $\sum\limits_{n=1}^{\infty} u_n$ 与 $\sum\limits_{n=1}^{\infty} v_n$ 分别收敛于和 s 和 σ，则级数 $\sum\limits_{n=1}^{\infty}(u_n \pm v_n)$ 也收敛，且其和为 $s \pm \sigma$.

证 设级数 $\sum\limits_{n=1}^{\infty} u_n$，$\sum\limits_{n=1}^{\infty} v_n$，$\sum\limits_{n=1}^{\infty}(u_n \pm v_n)$ 的部分和分别为 s_n, σ_n, τ_n，则

$$\begin{aligned}\lim_{n\to\infty}\tau_n &= \lim_{n\to\infty}[(u_1 \pm v_1)+(u_2 \pm v_2)+\cdots+(u_n \pm v_n)] \\ &= \lim_{n\to\infty}[(u_1+u_2+\cdots+u_n)\pm(v_1+v_2+\cdots+v_n)] \\ &= \lim_{n\to\infty}(s_n \pm \sigma_n) = s \pm \sigma.\end{aligned}$$

所以，级数 $\sum\limits_{n=1}^{\infty}(u_n \pm v_n)$ 也收敛，且其和为 $s \pm \sigma$. □

性质 3 如果在级数 $\sum\limits_{n=1}^{\infty} u_n$ 中去掉、加上或改变有限项，则级数的敛散性不变.

比如，级数 $\frac{1}{1\times 2}+\frac{1}{2\times 3}+\frac{1}{3\times 4}+\cdots+\frac{1}{n(n+1)}+\cdots$ 是收敛的，级数 $10000+\frac{1}{1\times 2}+\frac{1}{2\times 3}+\frac{1}{3\times 4}+\cdots+\frac{1}{n(n+1)}+\cdots$ 也是收敛的，级数 $\frac{1}{3\times 4}+\frac{1}{4\times 5}+\cdots+\frac{1}{n(n+1)}+\cdots$ 也是收敛的.

性质 4 如果级数 $\sum\limits_{n=1}^{\infty} u_n$ 收敛，则对该级数的项任意加括号后所成的新级数仍收敛，且其和不变.

证 设级数 $\sum\limits_{n=1}^{\infty} u_n$ 的前 n 项和为 s_n，加括号后所得新级数的前 k 项和为 A_k，则

$$A_1 = u_1+\cdots+u_{n_1} = s_{n_1},$$

$$A_2 = (u_1+\cdots+u_{n_1})+(u_{n_1+1}+\cdots+u_{n_2}) = s_{n_2},$$

$$\vdots$$

$$A_k = (u_1+\cdots+u_{n_1})+(u_{n_1+1}+\cdots+u_{n_2})+\cdots+(u_{n_{k-1}+1}+\cdots+u_{n_k}) = s_{n_k}.$$

$$\vdots$$

由此可见，数列 $\{A_k\}=\{s_{n_k}\}$ 是数列 $\{s_n\}$ 的一个子数列. 由收敛数列与子数列的关系可知，当数列 $\{s_n\}$ 收敛时，其子数列 $\{A_k\}$ 也收敛，且二者的极限相等，故加括号后的新级数收敛到原级数的和. □

需要注意，该性质的逆命题并不一定成立. 即加括号后所成的新级数收敛，不能断定去括号后的原级数也收敛. 例如，级数

$$1-1+1-1+\cdots+1-1+\cdots$$

加括号后所成的级数

$$(1-1)+(1-1)+\cdots+(1-1)+\cdots$$

收敛于零，但原级数发散.

推论 1 如果加括号后的新级数发散，则原级数一定发散.

性质 5(级数收敛的必要条件) 如果级数 $\sum_{n=1}^{\infty} u_n$ 收敛,则级数的一般项 u_n 趋于零,即 $\lim_{n \to 0} u_n = 0$.

证 设级数 $\sum_{n=1}^{\infty} u_n$ 的部分和为 s_n,且 $\lim_{n \to \infty} s_n = s$,则

$$\lim_{n \to \infty} u_n = \lim_{n \to \infty} (s_n - s_{n-1}) = \lim_{n \to \infty} s_n - \lim_{n \to \infty} s_{n-1} = s - s = 0. \qquad \square$$

需要注意,级数的一般项趋于零并不是级数收敛的充分条件.

例 4 证明调和级数

$$\sum_{n=1}^{\infty} \frac{1}{n} = 1 + \frac{1}{2} + \frac{1}{3} + \cdots + \frac{1}{n} + \cdots$$

是发散的.

证 反证法.假设级数 $\sum_{n=1}^{\infty} \frac{1}{n}$ 收敛于 s,且 $\{s_n\}$ 是它的部分和数列,显然 $\lim_{n \to \infty} s_n = s$ 及 $\lim_{n \to \infty} s_{2n} = s$.因此,有 $\lim_{n \to \infty} (s_{2n} - s_n) = 0$.

但另一方面,因为

$$s_{2n} - s_n = \frac{1}{n+1} + \frac{1}{n+2} + \cdots + \frac{1}{2n} > \frac{1}{2n} + \frac{1}{2n} + \cdots + \frac{1}{2n} = \frac{1}{2},$$

故 $\lim_{n \to \infty} (s_{2n} - s_n) \neq 0$,这与 $\lim_{n \to \infty} (s_{2n} - s_n) = 0$ 矛盾.所以,调和级数 $\sum_{n=1}^{\infty} \frac{1}{n}$ 必定发散. $\square$

例 5 判断级数 $\sum_{n=1}^{\infty} n \sin \frac{1}{n}$ 的敛散性.

证 由于 $\lim_{n \to \infty} n \sin \frac{1}{n} = \lim_{n \to \infty} \frac{\sin \frac{1}{n}}{\frac{1}{n}} = 1 \neq 0$,根据级数收敛的必要条件,故级数 $\sum_{n=1}^{\infty} n \sin \frac{1}{n}$ 发散. $\square$

习题 12.1

1. 填空题

(1) 级数 $\sum_{n=1}^{\infty} \frac{1}{(3n-2)(3n+1)}$ 的部分和 $s_n =$ ________,此级数的和 $s =$ ________.

(2) 如果级数 $\sum_{n=1}^{\infty} u_n$ 收敛于 s,则 $\sum_{n=1}^{\infty} (2u_n + u_{n+1})$ 收敛于________.

2. 写出下列级数的通(一般)项 u_n:

(1) $\frac{1}{1 \times 2} + \frac{1}{2 \times 3} + \frac{1}{3 \times 4} + \frac{1}{4 \times 5} + \cdots$;

(2) $1 + \frac{3}{8} + \frac{5}{27} + \frac{7}{64} + \cdots$;

(3) $\frac{1}{2} - \frac{1}{4} + \frac{1}{8} - \frac{1}{16} + \cdots$;

(4) $\frac{2}{1} + \frac{1}{2} + \frac{4}{3} + \frac{3}{4} + \frac{6}{5} + \frac{5}{6} + \cdots$.

3. 判断下列级数的敛散性，在收敛时，求其和 s：

(1) $\sum\limits_{n=1}^{\infty}\dfrac{1}{1+2+\cdots+n}$；

(2) $\sum\limits_{n=1}^{\infty}\dfrac{3}{(n+2)(n+3)}$；

(3) $\sum\limits_{n=1}^{\infty}\dfrac{3^n}{2^n}$；

(4) $\sum\limits_{n=1}^{\infty}\left(\dfrac{1}{2^n}-\dfrac{1}{4^n}\right)$；

(5) $\sum\limits_{n=1}^{\infty}\dfrac{1}{\sqrt{n+1}+\sqrt{n}}$；

(6) $\sum\limits_{n=1}^{\infty}\dfrac{1}{4n^2-1}$；

(7) $\sum\limits_{n=1}^{\infty}(\sqrt{n+2}-2\sqrt{n+1}+\sqrt{n})$；

(8) $\sum\limits_{n=1}^{\infty}\dfrac{1}{n(n+1)(n+2)}$；

(9) $\sum\limits_{n=1}^{\infty}\cos\dfrac{1}{n^2}$；

(10) $\sum\limits_{n=1}^{\infty}\ln\left(1+\dfrac{1}{n}\right)$.

4. 若级数 $\sum\limits_{n=1}^{\infty}(2+u_n)$ 收敛，求极限 $\lim\limits_{n\to\infty}u_n$.

5. 若级数 $\sum\limits_{n=1}^{\infty}u_n$ 的部分和为 $s_n=1-\dfrac{1}{n^2}$，求级数的一般项 u_n 及级数的和 s.

12.2 常数项级数的审敛法

12.2.1 正项级数及其审敛法

在级数 $\sum\limits_{n=1}^{\infty}u_n$ 中，如果有 $u_n\geqslant 0(n=1,2,\cdots)$，则称级数 $\sum\limits_{n=1}^{\infty}u_n$ 为正项级数. 正项级数是一类特别重要的级数，许多级数的收敛性问题可归结为正项级数的收敛性问题.

正项级数 $\sum\limits_{n=1}^{\infty}u_n$ 的部分和数列 $\{s_n\}$ 是一个单调递增数列，即

$$s_1\leqslant s_2\leqslant\cdots\leqslant s_n\leqslant\cdots$$

如果正项级数的部分和数列 $\{s_n\}$ 有界，即 $|s_n|\leqslant M(n=1,2,\cdots)$. 根据“单调有界数列必有极限”的准则，得部分和数列 $\{s_n\}$ 收敛，因而正项级数 $\sum\limits_{n=1}^{\infty}u_n$ 必收敛. 反之，如果正项级数 $\sum\limits_{n=1}^{\infty}u_n$ 收敛于 s，即 $\lim\limits_{n\to\infty}s_n=s$，根据“收敛数列一定是有界数列”的性质可知，部分和数列 $\{s_n\}$ 有界. 因此，得到判定正项级数收敛的第一个充要条件.

定理 1 正项级数 $\sum\limits_{n=1}^{\infty}u_n$ 收敛的充分必要条件是 $\sum\limits_{n=1}^{\infty}u_n$ 的部分和数列 $\{s_n\}$ 有界.

根据定理 1，可以得到关于正项级数的比较审敛法.

定理 2(比较审敛法) 设 $\sum\limits_{n=1}^{\infty}u_n$ 和 $\sum\limits_{n=1}^{\infty}v_n$ 均为正项级数，且满足 $u_n\leqslant v_n(n=1,2,\cdots)$.

(1) 若级数 $\sum\limits_{n=1}^{\infty}v_n$ 收敛，则级数 $\sum\limits_{n=1}^{\infty}u_n$ 收敛；

(2) 若级数 $\sum\limits_{n=1}^{\infty}u_n$ 发散,则级数 $\sum\limits_{n=1}^{\infty}v_n$ 发散.

证 (1) 设级数 $\sum\limits_{n=1}^{\infty}v_n$ 收敛于σ,则级数 $\sum\limits_{n=1}^{\infty}u_n$ 的部分和

$$s_n=u_1+u_2+\cdots+u_n\leqslant v_1+v_2+\cdots+v_n\leqslant\sigma,n=1,2,\cdots,$$

即正项级数 $\sum\limits_{n=1}^{\infty}u_n$ 的部分和数列$\{s_n\}$有界,由定理1知,级数 $\sum\limits_{n=1}^{\infty}u_n$ 收敛.

(2) 如果级数 $\sum\limits_{n=1}^{\infty}u_n$ 发散,则级数 $\sum\limits_{n=1}^{\infty}v_n$ 必发散.反证法.假设级数 $\sum\limits_{n=1}^{\infty}v_n$ 收敛,根据(1)的结论,则级数 $\sum\limits_{n=1}^{\infty}u_n$ 也收敛,这与已知矛盾,故级数 $\sum\limits_{n=1}^{\infty}v_n$ 必发散. □

推论1 设 $\sum\limits_{n=1}^{\infty}u_n$ 和 $\sum\limits_{n=1}^{\infty}v_n$ 均为正项级数,且存在自然数 N,当 $n\geqslant N$ 时,有 $u_n\leqslant kv_n(k>0)$成立.

(1) 如果级数 $\sum\limits_{n=1}^{\infty}v_n$ 收敛,则级数 $\sum\limits_{n=1}^{\infty}u_n$ 收敛;

(2) 如果级数 $\sum\limits_{n=1}^{\infty}u_n$ 发散,则级数 $\sum\limits_{n=1}^{\infty}v_n$ 发散.

证明略(证明过程类似于定理2的证明).

例1 讨论 p-级数 $\sum\limits_{n=1}^{\infty}\frac{1}{n^p}(p>0)$ 的收敛性.

解 当 $p\leqslant1$ 时,由于$\frac{1}{n}\leqslant\frac{1}{n^p}$,而调和级数 $\sum\limits_{n=1}^{\infty}\frac{1}{n}$ 发散,故由比较审敛法知,p-级数 $\sum\limits_{n=1}^{\infty}\frac{1}{n^p}$ 发散.

当 $p>1$ 时,此时有

$$\frac{1}{n^p}=\int_{n-1}^{n}\frac{1}{n^p}\mathrm{d}x\leqslant\int_{n-1}^{n}\frac{1}{x^p}\mathrm{d}x=\frac{1}{p-1}\left[\frac{1}{(n-1)^{p-1}}-\frac{1}{n^{p-1}}\right],n=2,3,\cdots.$$

对于级数 $\sum\limits_{n=2}^{\infty}\left[\frac{1}{(n-1)^{p-1}}-\frac{1}{n^{p-1}}\right]$,其部分和为

$$s_n=\left[1-\frac{1}{2^{p-1}}\right]+\left[\frac{1}{2^{p-1}}-\frac{1}{3^{p-1}}\right]+\cdots+\left[\frac{1}{n^{p-1}}-\frac{1}{(n+1)^{p-1}}\right]=1-\frac{1}{(n+1)^{p-1}}.$$

由于$\lim\limits_{n\to\infty}s_n=\lim\limits_{n\to\infty}\left[1-\frac{1}{(n+1)^{p-1}}\right]=1$,从而级数 $\sum\limits_{n=2}^{\infty}\left[\frac{1}{(n-1)^{p-1}}-\frac{1}{n^{p-1}}\right]$ 收敛,根据比较审敛法的推论1知,p-级数 $\sum\limits_{n=1}^{\infty}\frac{1}{n^p}$ 收敛.

综上所述,当 $p>1$ 时,p-级数 $\sum\limits_{n=1}^{\infty}\frac{1}{n^p}$ 收敛; 当 $p\leqslant1$ 时,p-级数 $\sum\limits_{n=1}^{\infty}\frac{1}{n^p}$ 发散.

例2 证明级数 $\sum\limits_{n=1}^{\infty}\frac{1}{\sqrt{n(n+1)}}$ 是发散的.

证　由于$\frac{1}{\sqrt{n(n+1)}}>\frac{1}{\sqrt{(n+1)^2}}=\frac{1}{n+1}$,而级数$\sum\limits_{n=1}^{\infty}\frac{1}{n+1}$是发散的,根据比较审敛法知,级数$\sum\limits_{n=1}^{\infty}\frac{1}{\sqrt{n(n+1)}}$是发散的.　□

定理3(比较审敛法的极限形式)　设$\sum\limits_{n=1}^{\infty}u_n$和$\sum\limits_{n=1}^{\infty}v_n$均为正项级数.

(1) 如果$\lim\limits_{n\to\infty}\frac{u_n}{v_n}=l(0\leqslant l<+\infty)$,且级数$\sum\limits_{n=1}^{\infty}v_n$收敛,则级数$\sum\limits_{n=1}^{\infty}u_n$收敛;

(2) 如果$\lim\limits_{n\to\infty}\frac{u_n}{v_n}=l(0<l\leqslant+\infty)$,且级数$\sum\limits_{n=1}^{\infty}v_n$发散,则级数$\sum\limits_{n=1}^{\infty}u_n$发散.

证　假设$\lim\limits_{n\to\infty}\frac{u_n}{v_n}=l(0<l<+\infty)$,由数列极限的定义可知,对于$\varepsilon=\frac{1}{2}l$,存在正整数$N$,当$n>N$时,有不等式

$$l-\frac{1}{2}l<\frac{u_n}{v_n}<l+\frac{1}{2}l,$$

即

$$\frac{1}{2}lv_n<u_n<\frac{3}{2}lv_n,$$

根据比较审敛法的推论1,即得结论.

当$l=0$或$l=+\infty$时,可以类似证明.　□

需要注意的是,当$0<l<+\infty$时,正项级数$\sum\limits_{n=1}^{\infty}u_n$与$\sum\limits_{n=1}^{\infty}v_n$的通项是同阶无穷小量,这两个级数具有相同的敛散性.这为利用比较审敛法的极限形式寻找作为参照物的级数提供了思路.

例3　判别级数$\sum\limits_{n=1}^{\infty}\sin\frac{1}{n}$的收敛性.

解　由于$\lim\limits_{n\to\infty}\frac{\sin\frac{1}{n}}{\frac{1}{n}}=1$,而调和级数$\sum\limits_{n=1}^{\infty}\frac{1}{n}$发散,根据比较审敛法的极限形式知,级数$\sum\limits_{n=1}^{\infty}\sin\frac{1}{n}$发散.

例4　判别级数$\sum\limits_{n=1}^{\infty}\ln\left(1+\frac{2}{n^4}\right)$的收敛性.

解　因为$\lim\limits_{n\to\infty}\frac{\ln\left(1+\frac{2}{n^4}\right)}{\frac{1}{n^4}}=\lim\limits_{n\to\infty}\frac{\frac{2}{n^4}}{\frac{1}{n^4}}=2$,而$\sum\limits_{n=1}^{\infty}\frac{1}{n^4}$是$p=4>1$的$p$-级数,它是收敛的,根据比较审敛法的极限形式知,级数$\sum\limits_{n=1}^{\infty}\ln\left(1+\frac{1}{n^4}\right)$收敛.

利用比较审敛法时需要用到一个敛散性已知的级数作为参照,如何寻找这样的一个级数是应用比较审敛法的困难所在.可是一个级数的敛散性应该是由它本身固有的性质决定的,而不应该取决于另外级数的选择,那么能否通过级数自身的特点来判断它的敛散性呢?这是值得讨论的问题.我们知道,等比级数 $\sum\limits_{n=0}^{\infty}aq^n\ (a>0)$ 的公比是该级数的后一项与前一项的比值,即 $\dfrac{u_{n+1}}{u_n}=\dfrac{aq^n}{aq^{n-1}}=q$.当 $|q|<1$ 时,该级数收敛;当 $|q|\geqslant 1$ 时,该级数发散.这一结论是否具有一般性呢?当然对于正项级数 $\sum\limits_{n=1}^{\infty}u_n$,其后项与前项的比值未必是常数,但如果其极限 $\lim\limits_{n\to\infty}\dfrac{u_{n+1}}{u_n}$ 存在,那么当极限小于1时,是否也有类似的结论呢?这就是下面定理4所解决的问题.

定理4(比值审敛法) 设 $\sum\limits_{n=1}^{\infty}u_n$ 为正项级数,且 $\lim\limits_{n\to\infty}\dfrac{u_{n+1}}{u_n}=\rho$,则:

(1) 当 $\rho<1$ 时,级数 $\sum\limits_{n=1}^{\infty}u_n$ 收敛;

(2) 当 $\rho>1$ $\left(\text{或}\lim\limits_{n\to\infty}\dfrac{u_{n+1}}{u_n}=\infty\right)$ 时,级数 $\sum\limits_{n=1}^{\infty}u_n$ 发散;

(3) 当 $\rho=1$ 时,级数 $\sum\limits_{n=1}^{\infty}u_n$ 可能收敛也可能发散.

证 (1) 由于 $\lim\limits_{n\to\infty}\dfrac{u_{n+1}}{u_n}=\rho$,而 $\rho<1$,取 $q=\dfrac{\rho+1}{2}$,易见 $\rho<q<1$.由数列极限的保序性可知,存在正整数 n_0,当 $n\geqslant n_0$ 时,有 $\dfrac{u_{n+1}}{u_n}<q$,于是

$$\frac{u_{n_0+1}}{u_{n_0}}<q,\frac{u_{n_0+2}}{u_{n_0+1}}<q,\frac{u_{n_0+3}}{u_{n_0+2}}<q,\cdots$$

即得

$$u_{n_0+1}<u_{n_0}q,u_{n_0+2}<u_{n_0+1}q<u_{n_0}q^2,\cdots,u_{n_0+k}<u_{n_0}q^k<\cdots$$

因为 u_{n_0} 是常数,故 $\sum\limits_{k=1}^{\infty}u_{n_0}q^k=u_{n_0}\sum\limits_{k=1}^{\infty}q^k$ 是公比为 $|q|<1$ 的等比级数,因此它是收敛级数,再由收敛级数的基本性质3知,级数 $\sum\limits_{n=1}^{\infty}u_n$ 也收敛.

(2) 当 $\rho>1$ 或 $\lim\limits_{n\to\infty}\dfrac{u_{n+1}}{u_n}=\infty$ 时,由收敛数列的保序性可知,存在正整数 n_0,当 $n\geqslant n_0$ 时,$\dfrac{u_{n+1}}{u_n}>1$,即 $u_{n+1}>u_n$.这说明,当 $n\geqslant n_0$ 时,数列 u_n 是单调递增的,且 $u_n\geqslant u_{n_0}$.因此,当 $n\to\infty$ 时,级数的通项 u_n 不趋于零,故级数 $\sum\limits_{n=1}^{\infty}u_n$ 发散.

(3) 当 $\rho=1$ 时，级数 $\sum_{n=1}^{\infty} u_n$ 可能收敛也可能发散. 例如，对于 p-级数 $\sum_{n=1}^{\infty} \frac{1}{n^p}(p>0)$，无论 $p>1$ 还是 $p\leqslant 1$，都有

$$\lim_{n\to\infty} \frac{\frac{1}{(n+1)^p}}{\frac{1}{n^p}} = \lim_{n\to\infty} \frac{n^p}{(n+1)^p} = 1.$$

当 $p>1$ 时，p-级数 $\sum_{n=1}^{\infty} \frac{1}{n^p}$ 收敛；当 $p\leqslant 1$ 时，p-级数 $\sum_{n=1}^{\infty} \frac{1}{n^p}$ 发散. □

例 5 判别级数 $\sum_{n=1}^{\infty} \frac{4n}{3^n}$ 的收敛性.

解 由于 $\lim_{n\to\infty} \frac{u_{n+1}}{u_n} = \lim_{n\to\infty} \frac{4(n+1)}{3^{n+1}} \cdot \frac{3^n}{4n} = \frac{1}{3} \lim_{n\to\infty} \frac{4(n+1)}{4n} = \frac{1}{3} < 1$，根据比值审敛法知，级数 $\sum_{n=1}^{\infty} \frac{4n}{3^n}$ 收敛.

例 6 判别级数 $\sum_{n=1}^{\infty} \frac{n!}{10^n}$ 的收敛性.

解 由于 $\lim_{n\to\infty} \frac{u_{n+1}}{u_n} = \lim_{n\to\infty} \frac{(n+1)!}{10^{n+1}} \cdot \frac{10^n}{n!} = \lim_{n\to\infty} \frac{n+1}{10} = \infty$，根据比值审敛法知，级数 $\sum_{n=1}^{\infty} \frac{n!}{10^n}$ 发散.

例 7 判别级数 $\sum_{n=1}^{\infty} \frac{1}{(2n-1)\cdot 2n}$ 的收敛性.

解 由于 $\lim_{n\to\infty} \frac{u_{n+1}}{u_n} = \lim_{n\to\infty} \frac{(2n-1)\cdot 2n}{(2n+1)\cdot(2n+2)} = 1$，因而比值审敛法失效，需要用其他方法来判别级数的收敛性.

因为 $\frac{1}{(2n-1)\cdot 2n} < \frac{1}{n^2}$，而级数 $\sum_{n=1}^{\infty} \frac{1}{n^2}$ 收敛，由比较审敛法可知，级数 $\sum_{n=1}^{\infty} \frac{1}{(2n-1)\cdot 2n}$ 收敛.

定理 5(根值审敛法) 设 $\sum_{n=1}^{\infty} u_n$ 为正项级数，且 $\lim_{n\to\infty} \sqrt[n]{u_n} = \rho$，则：

(1) 当 $\rho<1$ 时，级数 $\sum_{n=1}^{\infty} u_n$ 收敛；

(2) 当 $\rho>1$(或 $\lim_{n\to\infty} \sqrt[n]{u_n} = +\infty$)时，级数 $\sum_{n=1}^{\infty} u_n$ 发散；

(3) 当 $\rho=1$ 时，级数 $\sum_{n=1}^{\infty} u_n$ 可能收敛也可能发散.

证明略.

例 8 判别级数 $\sum_{n=1}^{\infty} \left(\frac{2n}{3n+1}\right)^n$ 的收敛性.

解 因为$\lim\limits_{n\to\infty}\sqrt[n]{u_n}=\lim\limits_{n\to\infty}\sqrt[n]{\left(\frac{2n}{3n+1}\right)^n}=\lim\limits_{n\to\infty}\frac{2n}{3n+1}=\frac{2}{3}<1$，由根值审敛法知，级数$\sum\limits_{n=1}^{\infty}\left(\frac{2n}{3n+1}\right)^n$收敛.

例9 判别级数$\sum\limits_{n=1}^{\infty}\frac{2+(-1)^n}{2^n}$的收敛性.

解 由于

$$\lim_{n\to\infty}\sqrt[n]{u_n}=\lim_{n\to\infty}\frac{1}{2}\sqrt[n]{2+(-1)^n}=\frac{1}{2}<1,$$

由根值审敛法知，级数$\sum\limits_{n=1}^{\infty}\frac{2+(-1)^n}{2^n}$收敛.

定理6(极限审敛法) 设$\sum\limits_{n=1}^{\infty}u_n$为正项级数，

(1) 如果$\lim\limits_{n\to\infty}nu_n=l>0$(或$\lim\limits_{n\to\infty}nu_n=+\infty$)，则级数$\sum\limits_{n=1}^{\infty}u_n$发散；

(2) 如果$\lim\limits_{n\to\infty}n^p u_n=l(0\leqslant l<+\infty)$且$p>1$，则级数$\sum\limits_{n=1}^{\infty}u_n$收敛.

证 由p-级数的结论和比较审敛法的极限形式即可证明. □

例10 判别级数$\sum\limits_{n=1}^{\infty}\sqrt{n+1}\left(1-\cos\frac{\pi}{n}\right)$的收敛性.

解 由于$1-\cos\frac{\pi}{n}\sim\frac{1}{2}\left(\frac{\pi}{n}\right)^2$，$(n\to\infty)$，所以

$$\lim_{n\to\infty}n^{\frac{3}{2}}u_n=\lim_{n\to\infty}n^{\frac{3}{2}}\sqrt{n+1}\left(1-\cos\frac{\pi}{n}\right)=\lim_{n\to\infty}n^2\sqrt{\frac{n+1}{n}}\cdot\frac{1}{2}\left(\frac{\pi}{n}\right)^2=\frac{1}{2}\pi^2,$$

根据极限审敛法知，级数$\sum\limits_{n=1}^{\infty}\sqrt{n+1}\left(1-\cos\frac{\pi}{n}\right)$收敛.

12.2.2 交错级数

所谓**交错级数**是指这样的级数，它的各项是正负交错出现的，从而它可以写成下面的形式：

$$u_1-u_2+u_3-u_4+\cdots$$

或

$$-u_1+u_2-u_3+u_4-\cdots$$

其中，$u_1,u_2,\cdots$都是正数.下面我们来证明一个关于交错级数的审敛法.

定理7(莱布尼茨定理) 如果交错级数$\sum\limits_{n=1}^{\infty}(-1)^{n-1}u_n$满足条件：

(1) $u_n\geqslant u_{n+1}(n=1,2,\cdots)$；

(2) $\lim\limits_{n\to\infty}u_n=0$.

则交错级数$\sum\limits_{n=1}^{\infty}(-1)^{n-1}u_n$收敛，且其和$s\leqslant u_1$，余项$r_n$的绝对值$|r_n|\leqslant u_{n+1}$.

证 先证明前 $2n$ 项的和 s_{2n} 的极限存在. 为此把 s_{2n} 写成以下两种形式：

$$s_{2n}=(u_1-u_2)+(u_3-u_4)+\cdots+(u_{2n-1}-u_{2n})$$

或

$$s_{2n}=u_1-(u_2-u_3)-(u_4-u_5)-\cdots-(u_{2n-2}-u_{2n-1})-u_{2n}.$$

根据条件(1)可知所有括号中的差都是非负的. 由第一种形式可见数列$\{s_{2n}\}$是单调增加的，由第二种形式可见 $s_{2n}<u_1$. 于是，根据"单调有界数列必有极限"的判定准则，当 n 无限增大时，数列 s_{2n} 趋于 s，并且 s 不大于 u_1，即 $\lim\limits_{n\to\infty}s_{2n}=s, s\leqslant u_1$.

再证明前 $2n+1$ 项的和 s_{2n+1} 的极限也是 s. 事实上，由条件(2)可知 $\lim\limits_{n\to\infty}u_{2n+1}=0$，因此 $\lim\limits_{n\to\infty}s_{2n+1}=\lim\limits_{n\to\infty}(s_{2n}+u_{2n+1})=s$. 由于级数的前偶数项的和与奇数项的和趋于同一极限 s，故级数 $\sum\limits_{n=1}^{\infty}(-1)^{n-1}u_n$ 的部分和数列$\{s_n\}$收敛于 s. 这就证明了交错级数 $\sum\limits_{n=1}^{\infty}(-1)^{n-1}u_n$ 收敛于和 s，且 $s\leqslant u_1$.

最后，不难看出余项 r_n 可以写成 $r_n=\pm(u_{n+1}-u_{n+2}+\cdots)$，其绝对值为

$$|r_n|=u_{n+1}-u_{n+2}+\cdots$$

上式右端也是一个交错级数，它也满足交错级数收敛的两个条件，所以其和小于级数的第一项，即 $|r_n|\leqslant u_{n+1}$. □

例如，交错级数 $1-\frac{1}{2}+\frac{1}{3}-\frac{1}{4}+\cdots+(-1)^{n-1}\frac{1}{n}+\cdots$满足条件：

(1) $u_n=\frac{1}{n}>\frac{1}{n+1}=u_{n+1}(n=1,2\cdots)$；

(2) $\lim\limits_{n\to\infty}u_n=\lim\limits_{n\to\infty}\frac{1}{n}=0$.

所以该级数是收敛的，且其和 $s<1$.

如果用前 n 项的和 $s_n=1-\frac{1}{2}+\frac{1}{3}-\cdots+(-1)^{n-1}\frac{1}{n}$作为 s 的近似值，所产生的误差 $|r_n|\leqslant\frac{1}{n+1}(=u_{n+1})$.

12.2.3 绝对收敛与条件收敛

现在我们讨论一般的级数

$$u_1+u_2+\cdots+u_n+\cdots,$$

在这里级数的各项为任意实数. 如果由级数 $\sum\limits_{n=1}^{\infty}u_n$ 每一项的绝对值所构成的正项级数 $\sum\limits_{n=1}^{\infty}|u_n|$ 收敛，则称级数 $\sum\limits_{n=1}^{\infty}u_n$ 绝对收敛；如果级数 $\sum\limits_{n=1}^{\infty}u_n$ 收敛，而正项级数 $\sum\limits_{n=1}^{\infty}|u_n|$ 发散，则称级数 $\sum\limits_{n=1}^{\infty}u_n$ 条件收敛. 容易判定，级数 $\sum\limits_{n=1}^{\infty}(-1)^{n-1}\frac{1}{n^2}$ 是绝对收敛，而级数 $\sum\limits_{n=1}^{\infty}(-1)^{n-1}\frac{1}{n}$ 是条件收敛.

级数绝对收敛与级数收敛有以下重要关系.

定理 8 如果级数 $\sum\limits_{n=1}^{\infty}u_n$ 绝对收敛,则级数 $\sum\limits_{n=1}^{\infty}u_n$ 必定收敛.

证 设级数 $\sum\limits_{n=1}^{\infty}|u_n|$ 收敛,令 $v_n=\frac{1}{2}(u_n+|u_n|)(n=1,2,\cdots)$,显然 $v_n\geqslant 0$ 且 $v_n\leqslant |u_n|(n=1,2\cdots)$,由正项级数的比较审敛法可知,级数 $\sum\limits_{n=1}^{\infty}v_n$ 收敛,从而级数 $\sum\limits_{n=1}^{\infty}2v_n$ 也收敛. 而 $\sum\limits_{n=1}^{\infty}u_n=\sum\limits_{n=1}^{\infty}2v_n-\sum\limits_{n=1}^{\infty}|u_n|$,根据收敛级数的基本性质 1,级数 $\sum\limits_{n=1}^{\infty}u_n$ 收敛. □

注意 上述定理的逆定理并不成立,例如,级数 $\sum\limits_{n=1}^{\infty}(-1)^{n-1}\frac{1}{n}$ 收敛而非绝对收敛.

定理 8 说明,对于一个一般的级数 $\sum\limits_{n=1}^{\infty}u_n$,如果我们利用正项级数的审敛法判定正项级数 $\sum\limits_{n=1}^{\infty}|u_n|$ 收敛,则级数 $\sum\limits_{n=1}^{\infty}u_n$ 也收敛. 这样就使得判定一个一般级数的收敛性问题,转化为判定正项级数的收敛性问题.

一般来说,如果正项级数 $\sum\limits_{n=1}^{\infty}|u_n|$ 发散,则不能断定级数 $\sum\limits_{n=1}^{\infty}u_n$ 也发散. 但是,如果我们用比值审敛法或根值审敛法判定正项级数 $\sum\limits_{n=1}^{\infty}|u_n|$ 发散,则我们可以断定级数 $\sum\limits_{n=1}^{\infty}u_n$ 也发散. 这是因为上述两种审敛法判定级数 $\sum\limits_{n=1}^{\infty}|u_n|$ 发散的依据是 $|u_n|$ 不趋于零 $(n\to\infty)$,从而 u_n 不趋于零 $(n\to\infty)$,因此级数 $\sum\limits_{n=1}^{\infty}u_n$ 也是发散的.

例 11 判定级数 $\sum\limits_{n=1}^{\infty}\frac{\sin na}{n^2}$ 的收敛性.

解 由于 $\left|\frac{\sin na}{n^2}\right|\leqslant\frac{1}{n^2}$,而级数 $\sum\limits_{n=1}^{\infty}\frac{1}{n^2}$ 收敛,由比较审敛法知,正项级数 $\sum\limits_{n=1}^{\infty}\left|\frac{\sin na}{n^2}\right|$ 也收敛,即级数 $\sum\limits_{n=1}^{\infty}\frac{\sin na}{n^2}$ 绝对收敛.

由定理 8 知,级数 $\sum\limits_{n=1}^{\infty}\frac{\sin na}{n^2}$ 收敛.

例 12 判定级数 $\sum\limits_{n=1}^{\infty}(-1)^n\frac{1}{3^n}\left(1+\frac{1}{n}\right)^{n^2}$ 的收敛性.

解 由于 $|u_n|=\frac{1}{3^n}\left(1+\frac{1}{n}\right)^{n^2}$,而 $\sqrt[n]{|u_n|}=\frac{1}{3}\left(1+\frac{1}{n}\right)^n\to\frac{1}{3}\mathrm{e}<1(n\to\infty)$,所以级数 $\sum\limits_{n=1}^{\infty}(-1)^n\frac{1}{3^n}\left(1+\frac{1}{n}\right)^{n^2}$ 绝对收敛.

由定理 8 知,级数 $\sum\limits_{n=1}^{\infty}(-1)^n\frac{1}{2^n}\left(1+\frac{1}{n}\right)^{n^2}$ 收敛.

习题 12.2

1. 填空题

(1) 部分和数列$\{s_n\}$有界是正项级数$\sum_{n=1}^{\infty}u_n$收敛的________条件.

(2) 已知正项级数$\sum_{n=1}^{\infty}\frac{n+1}{2^n}$,则$\lim_{n\to\infty}\frac{u_{n+1}}{u_n}=$________,它是________(收敛/发散)级数.

(3) 若级数$\sum_{n=1}^{\infty}u_n$绝对收敛,则级数$\sum_{n=1}^{\infty}u_n$必定________;若级数$\sum_{n=1}^{\infty}u_n$条件收敛,则级数$\sum_{n=1}^{\infty}|u_n|$必定________.

2. 用比较审敛法或其极限形式判别下列级数的敛散性:

(1) $\sum_{n=1}^{\infty}\frac{1}{2n^2+1}$;　(2) $\sum_{n=1}^{\infty}\frac{n^2+1}{\sqrt{n^7+1}}$;

(3) $\sum_{n=1}^{\infty}\frac{1}{(\ln n)^n}$;　(4) $\sum_{n=1}^{\infty}2^n\sin\frac{\pi}{3^n}$;

(5) $\sum_{n=1}^{\infty}\frac{2n^2}{n^3+3n}$;　(6) $\sum_{n=1}^{\infty}\ln\left(1+\frac{1}{2^n}\right)$.

3. 用比值审敛法判别下列级数的敛散性:

(1) $\sum_{n=1}^{\infty}\frac{2n+1}{2^n}$;　(2) $\sum_{n=1}^{\infty}\frac{2^n\cdot n!}{n^n}$;

(3) $\sum_{n=1}^{\infty}\frac{2^{2n}}{3^n n^{10}}$;　(4) $\sum_{n=1}^{\infty}n\sin\frac{\pi}{2^{n+1}}$;

(5) $\sum_{n=1}^{\infty}\frac{n!}{(2n-1)!!}$;　(6) $\sum_{n=1}^{\infty}\frac{a^n}{(1+a)(1+a^2)\cdots(1+a^n)}\ (a>0)$.

4. 用根值审敛法判别下列级数的敛散性:

(1) $\sum_{n=1}^{\infty}\left(\frac{n+1}{2n+3}\right)^n$;　(2) $\sum_{n=1}^{\infty}\left(1+\frac{1}{n}\right)^{n^2}$;

(3) $\sum_{n=1}^{\infty}3^n\left(\frac{n}{n+1}\right)^{n^2}$;　(4) $\sum_{n=1}^{\infty}\frac{2+(-1)^n}{5^n}$.

5. 选用适当的方法判别下列级数的敛散性:

(1) $\sum_{n=1}^{\infty}\frac{1}{(n+1)(n+2)}$;　(2) $\sum_{n=1}^{\infty}(n+1)^2\tan\frac{\pi}{4^n}$;

(3) $\sum_{n=1}^{\infty}(\sqrt{n^2+1}-\sqrt{n^2-1})$;　(4) $\sum_{n=1}^{\infty}\frac{1+n}{2^{2n}}a^n\ (a>0)$.

6. 判别下列级数的敛散性,在收敛时,说明是绝对收敛,还是条件收敛:

(1) $\sum_{n=1}^{\infty}(-1)^{n-1}\frac{n}{3^{n-1}}$;　(2) $\sum_{n=1}^{\infty}(-1)^{n+1}\frac{3^n}{n\cdot 2^n}$;

(3) $\sum_{n=1}^{\infty}\frac{(-1)^n}{\sqrt{n^2+1}}$;　　(4) $\sum_{n=1}^{\infty}\frac{(-1)^{n-1}}{\ln(n+1)}$.

7. 设 $\sum_{n=1}^{\infty}u_n$ 为正项级数,且 $\lim_{n\to\infty}n^p u_n=l(p>0)$,证明:

(1) 当 $0<p\leqslant 1$ 时,级数 $\sum_{n=1}^{\infty}u_n$ 发散;　　(2) 当 $p>1$ 时,级数 $\sum_{n=1}^{\infty}u_n$ 收敛.

8. 证明题

(1) $\lim_{n\to\infty}\frac{n!}{n^n}=0$;　　(2) $\lim_{n\to\infty}\frac{a^n}{n!}=0(a>1)$;

(3) $\lim_{n\to\infty}\frac{n^n}{(n!)^2}=0$.

12.3 幂级数

12.3.1 函数项级数的概念

设在区间 I 上有定义的一列函数

$$u_1(x),u_2(x),u_3(x),\cdots,u_n(x),\cdots$$

则由这列函数构成的表达式

$$u_1(x)+u_2(x)+u_3(x)+\cdots+u_n(x)+\cdots \tag{12.2}$$

称为定义在区间 I 上的函数项无穷级数,简称为函数项级数,记作 $\sum_{n=1}^{\infty}u_n(x)$, 即

$$\sum_{n=1}^{\infty}u_n(x)=u_1(x)+u_2(x)+u_3(x)+\cdots+u_n(x)+\cdots$$

对于每一个确定的值 $x_0\in I$,函数项级数(12.2)成为常数项级数:

$$u_1(x_0)+u_2(x_0)+u_3(x_0)+\cdots+u_n(x_0)+\cdots \tag{12.3}$$

如果常数项级数(12.3)收敛,则称点 x_0 是函数项级数(12.2)的收敛点;如果常数项级数(12.3)发散,则称点 x_0 是函数项级数(12.2)的发散点.函数项级数(12.2)的所有收敛点的全体称为函数项级数(12.2)的收敛域,所有发散点的全体称为函数项级数(12.2)的发散域.

对应于收敛域内的任意一个数 x,函数项级数成为一收敛的常数项级数,因而有一确定的和 s.这样在收敛域上,函数项级数的和是 x 的函数 $s(x)$,通常称 $s(x)$为函数项级数的和函数,该和函数 $s(x)$的定义域就是函数项级数的收敛域,并写成

$$s(x)=u_1(x)+u_2(x)+u_3(x)+\cdots+u_n(x)+\cdots$$

把函数项级数(12.2)的前 n 项和记作 $s_n(x)$,则在收敛域上有

$$\lim_{n\to\infty}s_n(x)=s(x).$$

12.3.2 幂级数

在函数项级数中有一类简单而常见的级数,就是各项都是幂函数的函数项级数,这种形式的函数项级数称为幂级数,即

$$a_0+a_1x+a_2x^2+\cdots+a_nx^n+\cdots$$

其中，常数 $a_0,a_1,a_2,\cdots,a_n\cdots$ 称为幂级数的系数.

例如

$$1+x+x^2+\cdots+x^n+\cdots$$

及

$$1+x+\frac{1}{2!}x^2+\cdots+\frac{1}{n!}x^n+\cdots$$

都是幂级数.

现在来讨论幂级数的收敛域和发散域问题.

先考察幂级数 $1+x+x^2+\cdots+x^n+\cdots$ 的收敛性. 由 12.1 节中等比级数的结论可知，当 $|x|<1$ 时，该级数收敛于和 $\frac{1}{1-x}$；当 $|x|\geqslant 1$ 时，该级数发散. 因此，幂级数的收敛域是开区间 $(-1,1)$，发散域是 $(-\infty,-1]$ 及 $[1,+\infty)$. 如果 x 在区间 $(-1,1)$ 内取值，则有

$$\frac{1}{1-x}=1+x+x^2+\cdots+x^n+\cdots$$

在这个例子中，我们看到该幂级数的收敛域是一个区间. 事实上，这个结论对于一般的幂级数也是成立的，则有如下定理.

定理 1（阿贝尔(Abel)定理） 如果幂级数 $\sum\limits_{n=0}^{\infty}a_nx^n$ 在 $x=x_0\,(x_0\neq 0)$ 处收敛，则对于适合不等式 $|x|<|x_0|$ 的一切 x，幂级数 $\sum\limits_{n=0}^{\infty}a_nx^n$ 绝对收敛；反之，如果幂级数 $\sum\limits_{n=0}^{\infty}a_nx^n$ 在 $x=x_0$ 时发散，则对于适合不等式 $|x|>|x_0|$ 的一切 x，幂级数 $\sum\limits_{n=0}^{\infty}a_nx^n$ 发散.

证 假设 x_0 是幂级数 $\sum\limits_{n=0}^{\infty}a_nx^n$ 的收敛点，即常数项级数

$$a_0+a_1x_0+a_2x_0^2+\cdots+a_nx_0^n+\cdots$$

收敛. 根据级数收敛的必要条件有，$\lim\limits_{n\to\infty}a_nx_0^n=0$，由收敛数列的有界性可知，存在一个常数 M，使得 $|a_nx_0^n|\leqslant M\,(n=0,1,2,\cdots)$. 这样，对于幂级数 $\sum\limits_{n=0}^{\infty}a_nx^n$ 的一般项的绝对值，有

$$|a_nx^n|=\left|a_nx_0^n\cdot\frac{x^n}{x_0^n}\right|=|a_nx_0^n|\cdot\left|\frac{x}{x_0}\right|^n\leqslant M\left|\frac{x}{x_0}\right|^n.$$

当 $|x|<|x_0|$ 时，等比级数 $\sum\limits_{n=0}^{\infty}M\left|\frac{x}{x_0}\right|^n$ 收敛$\left(\text{公比}\left|\frac{x}{x_0}\right|<1\right)$，由正项级数的比较审敛法可知，正项级数 $\sum\limits_{n=0}^{\infty}|a_nx^n|$ 收敛，故级数 $\sum\limits_{n=0}^{\infty}a_nx^n$ 绝对收敛.

定理的第二部分可用反证法证明. 假设幂级数 $\sum\limits_{n=0}^{\infty}a_nx^n$ 在 $x=x_0$ 时发散，且有一点 x_1 适合 $|x_1|>|x_0|$，使得级数 $\sum\limits_{n=0}^{\infty}a_nx_1^n$ 收敛，而根据本定理的第一部分，级数在 $x=x_0$ 时也

应收敛,这与假设矛盾.定理得证. □

推论1 如果幂级数 $\sum\limits_{n=0}^{\infty} a_n x^n$ 不是仅在点 $x=0$ 一点收敛,也不是在整个数轴上都收敛,则必有一个确定的正数 R 存在,使得:

当 $|x|<R$ 时,幂级数 $\sum\limits_{n=0}^{\infty} a_n x^n$ 绝对收敛;

当 $|x|>R$ 时,幂级数 $\sum\limits_{n=0}^{\infty} a_n x^n$ 发散;

当 $x=R$ 与 $x=-R$ 时,幂级数 $\sum\limits_{n=0}^{\infty} a_n x^n$ 可能收敛也可能发散.

正数 R 通常称为幂级数 $\sum\limits_{n=0}^{\infty} a_n x^n$ 的收敛半径.开区间 $(-R,R)$ 称为幂级数 $\sum\limits_{n=0}^{\infty} a_n x^n$ 的收敛区间.再根据幂级数 $\sum\limits_{n=0}^{\infty} a_n x^n$ 在 $x=\pm R$ 处的收敛性来决定它的收敛域.幂级数 $\sum\limits_{n=0}^{\infty} a_n x^n$ 的收敛域是区间 $(-R,R)$,$(-R,R]$,$[-R,R)$,$[-R,R]$ 中之一.

若幂级数 $\sum\limits_{n=0}^{\infty} a_n x^n$ 只在 $x=0$ 点收敛,则规定收敛半径 $R=0$,此时的收敛域为 $\{0\}$.若幂级数 $\sum\limits_{n=0}^{\infty} a_n x^n$ 对于一切的 x 都收敛,则规定收敛半径 $R=+\infty$,此时收敛域为 $(-\infty,+\infty)$.

关于幂级数 $\sum\limits_{n=0}^{\infty} a_n x^n$ 的收敛半径,有下面的定理.

定理2 如果 $\lim\limits_{n\to\infty}\left|\dfrac{a_{n+1}}{a_n}\right|=\rho$,其中 a_n, a_{n+1} 是幂级数 $\sum\limits_{n=0}^{\infty} a_n x^n$ 中相邻两项的系数,则这幂级数的收敛半径为

$$R=\begin{cases}\rho^{-1}, & \rho\neq 0,\\ +\infty, & \rho=0,\\ 0, & \rho=+\infty.\end{cases}$$

证 考察幂级数 $\sum\limits_{n=0}^{\infty} a_n x^n$ 的各项绝对值所构成的级数

$$|a_0|+|a_1 x|+|a_2 x^2|+\cdots+|a_n x^n|+\cdots \tag{12.4}$$

该级数相邻两项之比为 $\dfrac{|a_{n+1}x^{n+1}|}{|a_n x^n|}=\left|\dfrac{a_{n+1}}{a_n}\right||x|$.

(1) 如果 $\lim\limits_{n\to\infty}\left|\dfrac{a_{n+1}}{a_n}\right|=\rho(0<\rho<+\infty)$ 存在,根据比值审敛法知,当 $\rho|x|<1$,即 $|x|<\dfrac{1}{\rho}$ 时,级数(12.4)收敛,从而级数 $\sum\limits_{n=0}^{\infty} a_n x^n$ 绝对收敛;当 $\rho|x|>1$,即 $|x|>\dfrac{1}{\rho}$ 时,级数(12.4)发散,而且该正项级数的发散性是利用比值审敛法得到的,因此原级数 $\sum\limits_{n=0}^{\infty} a_n x^n$ 发散,故收

敛半径 $R=\dfrac{1}{\rho}$.

(2) 如果 $\rho=0$,则对任何 $x\neq 0$,有

$$\lim_{n\to\infty}\frac{|a_{n+1}x^{n+1}|}{|a_nx^n|}=|x|\lim_{n\to\infty}\left|\frac{a_{n+1}}{a_n}\right|=0.$$

所以级数(12.4)收敛,从而级数 $\sum\limits_{n=0}^{\infty}a_nx^n$ 绝对收敛,于是 $R=+\infty$.

(3) 如果 $\rho=+\infty$,则对于任何 $x\neq 0$,有

$$\lim_{n\to\infty}\frac{|a_{n+1}x^{n+1}|}{|a_nx^n|}=|x|\lim_{n\to\infty}\left|\frac{a_{n+1}}{a_n}\right|=+\infty.$$

所以级数(12.4)除 $x=0$ 外发散,从而级数 $\sum\limits_{n=0}^{\infty}a_nx^n$ 除 $x=0$ 外发散,故 $R=0$. □

例 1 求幂级数 $\sum\limits_{n=1}^{\infty}(-1)^{n-1}\dfrac{x^n}{n}$ 的收敛半径与收敛域.

解 因为 $\rho=\lim\limits_{n\to\infty}\left|\dfrac{a_{n+1}}{a_n}\right|=\lim\limits_{n\to\infty}\dfrac{\frac{1}{n+1}}{\frac{1}{n}}=1$,由定理 2 知,收敛半径 $R=\dfrac{1}{\rho}=1$.

对于端点 $x=1$,交错级数 $\sum\limits_{n=1}^{\infty}(-1)^{n-1}\dfrac{1}{n}$ 收敛;对于端点 $x=-1$,调和级数 $-\sum\limits_{n=1}^{\infty}\dfrac{1}{n}$ 发散.因此,级数 $\sum\limits_{n=1}^{\infty}(-1)^{n-1}\dfrac{x^n}{n}$ 的收敛域为$(-1,1]$.

例 2 求幂级数 $\sum\limits_{n=0}^{\infty}\dfrac{1}{n!}x^n$ 的收敛区间.

解 因为

$$\rho=\lim_{n\to\infty}\left|\frac{a_{n+1}}{a_n}\right|=\lim_{n\to\infty}\frac{\frac{1}{(n+1)!}}{\frac{1}{n!}}=\lim_{n\to\infty}\frac{1}{n+1}=0,$$

由定理 2 知,收敛半径 $R=+\infty$,故收敛区间为$(-\infty,+\infty)$.

例 3 求幂级数 $\sum\limits_{n=0}^{\infty}\dfrac{(2n)!}{(n!)^2}x^{2n}$ 的收敛半径.

解 由于该级数缺少奇次幂的项,故不能直接应用定理 2,因而根据比值审敛法来求收敛半径.

由于

$$\lim_{n\to\infty}\frac{\left|\frac{[2(n+1)]!}{[(n+1)!]^2}x^{2(n+1)}\right|}{\left|\frac{(2n)!}{(n!)^2}x^{2n}\right|}=4|x|^2.$$

当 $4|x|^2<1$,即 $|x|<\dfrac{1}{2}$ 时,级数 $\sum\limits_{n=0}^{\infty}\dfrac{(2n)!}{(n!)^2}x^{2n}$ 收敛;当 $4|x|^2>1$,即 $|x|>\dfrac{1}{2}$ 时,级数

$\sum\limits_{n=0}^{\infty}\frac{(2n)!}{(n!)^2}x^{2n}$ 发散.

所以,收敛半径 $R=\frac{1}{2}$.

例 4 求幂级数 $\sum\limits_{n=1}^{\infty}\frac{(x-1)^n}{2^n n}$ 的收敛域.

解 令 $t=x-1$,则上述级数变为

$$\sum_{n=1}^{\infty}\frac{t^n}{2^n n}.$$

因为

$$\rho=\lim_{n\to\infty}\left|\frac{a_{n+1}}{a_n}\right|=\lim_{n\to\infty}\frac{2^n\cdot n}{2^{n+1}(n+1)}=\frac{1}{2},$$

由定理 2 知,收敛半径 $R=2$.

当 $t=2$ 时,级数 $\sum\limits_{n=1}^{\infty}\frac{1}{n}$ 发散;当 $t=-2$ 时,级数 $\sum\limits_{n=1}^{\infty}\frac{(-1)^n}{n}$ 收敛. 因此级数 $\sum\limits_{n=1}^{\infty}\frac{t^n}{2^n n}$ 的收敛域为 $-2\leqslant t<2$. 故原级数 $\sum\limits_{n=1}^{\infty}\frac{(x-1)^n}{2^n n}$ 的收敛域为 $-2\leqslant x-1<2$,即收敛域为 $[-1,3)$.

12.3.3 幂级数的运算

设幂级数 $\sum\limits_{n=0}^{\infty}a_n x^n$ 及 $\sum\limits_{n=0}^{\infty}b_n x^n$ 分别在区间 $(-R,R)$ 及 $(-R',R')$ 内收敛,则在 $(-R,R)$ 与 $(-R',R')$ 中较小的区间内有以下运算.

加法:$\sum\limits_{n=0}^{\infty}a_n x^n+\sum\limits_{n=0}^{\infty}b_n x^n=\sum\limits_{n=0}^{\infty}(a_n+b_n)x^n$;

减法:$\sum\limits_{n=0}^{\infty}a_n x^n-\sum\limits_{n=0}^{\infty}b_n x^n=\sum\limits_{n=0}^{\infty}(a_n-b_n)x^n$;

乘法:
$$\left(\sum_{n=0}^{\infty}a_n x^n\right)\cdot\left(\sum_{n=0}^{\infty}b_n x^n\right)=a_0b_0+(a_0b_1+a_1b_0)x+(a_0b_2+a_1b_1+a_2b_0)x^2+\cdots+(a_0b_n+a_1b_{n-1}+\cdots+a_nb_0)x^n+\cdots$$

性质 1 幂级数 $\sum\limits_{n=0}^{\infty}a_n x^n$ 的和函数 $s(x)$ 在其收敛域 I 上连续.

性质 2 幂级数 $\sum\limits_{n=0}^{\infty}a_n x^n$ 的和函数 $s(x)$ 在其收敛域 I 上可积,并且有逐项积分公式

$$\int_0^x s(x)\mathrm{d}x=\int_0^x\left(\sum_{n=0}^{\infty}a_n x^n\right)\mathrm{d}x=\sum_{n=0}^{\infty}\int_0^x a_n x^n\mathrm{d}x=\sum_{n=0}^{\infty}\frac{a_n}{n+1}x^{n+1},x\in I,$$

逐项积分后所得到的幂级数和原级数有相同的收敛半径.

性质 3 幂级数 $\sum\limits_{n=0}^{\infty}a_n x^n$ 的和函数 $s(x)$ 在其收敛区间 $(-R,R)$ 内可导,并且有逐项求导公式

$$s'(x)=\left(\sum_{n=0}^{\infty}a_nx^n\right)'=\sum_{n=0}^{\infty}(a_nx^n)'=\sum_{n=0}^{\infty}na_nx^{n-1},|x|<R,$$

逐项求导后所得到的幂级数和原级数有相同的收敛半径.

例 5 求幂级数 $\sum\limits_{n=0}^{\infty}\frac{1}{n+1}x^n$ 的和函数.

解 级数 $\sum\limits_{n=0}^{\infty}\frac{1}{n+1}x^n$ 的收敛域为$[-1,1)$. 设和函数为 $s(x)$,即 $s(x)=\sum\limits_{n=0}^{\infty}\frac{1}{n+1}x^n$,$x\in[-1,1)$,显然 $s(0)=1$.

将 $xs(x)=\sum\limits_{n=0}^{\infty}\frac{1}{n+1}x^{n+1}$ 的两边求导,得

$$[xs(x)]'=\sum_{n=0}^{\infty}\left(\frac{1}{n+1}x^{n+1}\right)'=\sum_{n=0}^{\infty}x^n=\frac{1}{1-x}.$$

对上式从 0 到 x 积分,得

$$xs(x)=\int_0^x\frac{1}{1-x}\mathrm{d}x=-\ln(1-x),$$

所以,当 $x\neq0$ 时,有 $s(x)=-\frac{1}{x}\ln(1-x)$.

从而有

$$s(x)=\begin{cases}-\dfrac{1}{x}\ln(1-x), & 0<|x|<1,\\ 1, & x=0.\end{cases}$$

由和函数在收敛域上的连续性得

$$s(-1)=\lim_{x\to-1^+}s(x)=\ln2.$$

综合可得

$$s(x)=\begin{cases}-\dfrac{1}{x}\ln(1-x), & x\in[-1,0)\cup(0,1),\\ 1, & x=0.\end{cases}$$

习题 12.3

1. 填空题

(1) 若幂级数 $\sum\limits_{n=0}^{\infty}a_nx^n$ 在 $x=3$ 处收敛,在 $x=-3$ 处发散,则该级数的收敛半径为________,收敛区间为________,收敛域为________.

(2) 幂级数 $\sum\limits_{n=1}^{\infty}(x-1)^n$ 的和函数 $s(x)=$________,收敛域为________.

(3) 幂级数 $\sum\limits_{n=1}^{\infty}\frac{(-1)^n}{n^2}x^n$ 的收敛半径 $R=$________,收敛区间为________.

2. 求下列幂级数的收敛半径、收敛区间及收敛域:

(1) $\sum\limits_{n=0}^{\infty}\frac{(-1)^n}{\sqrt{1+n^2}}x^n$; (2) $\sum\limits_{n=0}^{\infty}\frac{n^2}{2^n}x^n$;

(3) $\sum\limits_{n=0}^{\infty}\dfrac{n^n}{n!}x^n$；　　(4) $\sum\limits_{n=0}^{\infty}\dfrac{(-1)^{n-1}}{2^n}x^n$；

(5) $\sum\limits_{n=0}^{\infty}\left(1+\dfrac{1}{n}\right)^{-n^2}x^n$；　　(6) $\sum\limits_{n=0}^{\infty}\dfrac{n}{n^2+1}x^{2n+1}$；

(7) $\sum\limits_{n=1}^{\infty}\dfrac{x^{2n-1}}{2^n}$；　　(8) $\sum\limits_{n=1}^{\infty}\dfrac{n(x-2)^n}{2^n}$；

(9) $\sum\limits_{n=1}^{\infty}\dfrac{(x+2)^n}{n}$；　　(10) $\sum\limits_{n=1}^{\infty}\dfrac{(x-5)^n}{\sqrt{n}\cdot 2^n}$.

3. 若幂级数 $\sum\limits_{n=0}^{\infty}a_n(x-1)^n$ 在 $x=-2$ 点收敛，证明该级数在 $x=3$ 处绝对收敛.

4. 已知幂级数 $\sum\limits_{n=0}^{\infty}a_n(x+2)^n$ 在 $x=0$ 点收敛，在 $x=-4$ 点发散，求幂级数 $\sum\limits_{n=0}^{\infty}a_n(x-3)^n$ 的收敛域.

5. 求下列幂级数的和函数 $s(x)$，并指出收敛域：

(1) $\sum\limits_{n=1}^{\infty}nx^{n-1}$；　　(2) $\sum\limits_{n=1}^{\infty}n(n+1)x^{n-1}$；

(3) $\sum\limits_{n=1}^{\infty}(-1)^n\dfrac{x^{2n+1}}{2n+1}$.

*12.4 傅里叶级数

现实生活中存在大量的周期现象：一年四季的轮回，中国农历的二十四节气的周而复始，日出日落的现象等. 正是这些周期现象才使我们的生活既丰富多彩又井然有序. 用数学工具研究周期现象就得到了周期函数，为了更深入地研究周期函数，我们试图把它们展成级数，同时注意到函数的周期性，而我们最熟悉的周期函数是正弦函数和余弦函数，那么我们的问题就是能否用正弦函数和余弦函数来表示一个周期函数呢？下面我们对这一问题进行研究.

12.4.1 三角函数系的正交性与三角级数

为了研究上述问题，我们首先给出三角函数系的相关概念.

称函数序列

$$1,\cos x,\sin x,\cos 2x,\sin 2x,\cdots,\cos nx,\sin nx,\cdots$$

为**三角函数系**.

三角函数系有非常好的性质：

如果定义在区间[a,b]上的两个不同函数 $f(x)$，$g(x)$满足 $\int_a^b f(x)g(x)\mathrm{d}x=0$，则称函数 $f(x)$与 $g(x)$在区间[a,b]上正交.

容易得到三角函数系的正交性，也就是三角函数系中任何两个不同的函数的乘积在区

间$[-\pi,\pi]$上的积分等于零,即

$$\int_{-\pi}^{\pi}\cos nx\,dx=0\quad(n=1,2,\cdots),\quad \int_{-\pi}^{\pi}\sin nx\,dx=0\quad(n=1,2,\cdots),$$

$$\int_{-\pi}^{\pi}\sin kx\cos nx\,dx=0\quad(k,n=1,2,\cdots),$$

$$\int_{-\pi}^{\pi}\sin kx\sin nx\,dx=0\quad(k,n=1,2,\cdots,k\neq n),$$

$$\int_{-\pi}^{\pi}\cos kx\cos nx\,dx=0\quad(k,n=1,2,\cdots,k\neq n).$$

三角函数系中任何两个相同的函数的乘积在区间$[-\pi,\pi]$上的积分不等于零,即

$$\int_{-\pi}^{\pi}1^2\,dx=2\pi,$$

$$\int_{-\pi}^{\pi}\cos^2 nx\,dx=\pi\quad(n=1,2,\cdots),$$

$$\int_{-\pi}^{\pi}\sin^2 nx\,dx=\pi\quad(n=1,2,\cdots).$$

称函数项级数

$$\frac{1}{2}a_0+\sum_{n=1}^{\infty}(a_n\cos nx+b_n\sin nx)$$

为三角级数,其中$a_0,a_n,b_n(n=1,2,\cdots)$都是常数.

12.4.2 周期函数的傅里叶级数

设$f(x)$是以2π为周期,且在区间$[a,b]$上可积的函数,则下列积分都存在:

$$a_0=\frac{1}{\pi}\int_{-\pi}^{\pi}f(x)\,dx,\quad a_n=\frac{1}{\pi}\int_{-\pi}^{\pi}f(x)\cos nx\,dx\quad(n=1,2,\cdots),$$

$$b_n=\frac{1}{\pi}\int_{-\pi}^{\pi}f(x)\sin nx\,dx\quad(n=1,2,\cdots).$$

这样得到两个数列$a_0,a_1,a_2,\cdots$与$b_1,b_2,\cdots$.用它们作为系数构造三角级数

$$\frac{a_0}{2}+\sum_{n=1}^{\infty}(a_n\cos nx+b_n\sin nx),$$

称上式为函数$f(x)$的傅里叶级数,记作

$$f(x)\sim\frac{a_0}{2}+\sum_{n=1}^{\infty}(a_n\cos nx+b_n\sin nx)$$

称系数$a_0,a_1,a_2,\cdots$与$b_1,b_2,\cdots$为函数$f(x)$的傅里叶系数.

一个定义在$(-\infty,+\infty)$内周期为2π的函数$f(x)$,如果它在一个周期上可积,则一定可以作出$f(x)$的傅里叶级数.然而,函数$f(x)$的傅里叶级数是否一定收敛?如果它收敛,它是否一定收敛于函数$f(x)$?一般来说,这两个问题的答案都不是肯定的.

定理1(狄利克雷定理) 设$f(x)$是以2π为周期的周期函数,如果它满足:

(1) 在一个周期内连续或只有有限个第一类间断点;

(2) 在一个周期内至多只有有限个极值点,

则$f(x)$的傅里叶级数收敛,并且当x是$f(x)$的连续点时,级数收敛于$f(x)$;当x是

$f(x)$的间断点时,级数收敛于$\frac{1}{2}[f(x-0)+f(x+0)]$.

对于这个定理不予证明,该定理告诉我们,函数在其连续点处可以用它的傅里叶级数表示,也就是函数在该点可以展成傅里叶级数.

例 1 设$f(x)$是周期为2π的周期函数,它在$[-\pi,\pi)$上的表达式为

$$f(x)=\begin{cases}-1, & -\pi\leqslant x<0,\\ 1, & 0\leqslant x<\pi,\end{cases}$$

将$f(x)$展开成傅里叶级数.

解 所给函数满足狄利克雷定理的条件,它在点$x=n\pi(k=0,\pm1,\pm2,\cdots)$处不连续,在其他点处连续,从而由收敛定理知道$f(x)$的傅里叶级数收敛,并且当$x=n\pi$时,收敛于

$$\frac{1}{2}[f(x-0)+f(x+0)]=\frac{1}{2}(-1+1)=0;$$

当$x\neq n\pi$时,级数收敛于$f(x)$.

傅里叶系数计算如下:

$$a_n=\frac{1}{\pi}\int_{-\pi}^{\pi}f(x)\cos nx\,\mathrm{d}x=\frac{1}{\pi}\int_{-\pi}^{0}(-1)\cos nx\,\mathrm{d}x+\frac{1}{\pi}\int_{0}^{\pi}1\cdot\cos nx\,\mathrm{d}x=0\quad(n=0,1,2,\cdots),$$

$$\begin{aligned}b_n&=\frac{1}{\pi}\int_{-\pi}^{\pi}f(x)\sin nx\,\mathrm{d}x=\frac{1}{\pi}\int_{-\pi}^{0}(-1)\sin nx\,\mathrm{d}x+\frac{1}{\pi}\int_{0}^{\pi}1\cdot\sin nx\,\mathrm{d}x\\&=\frac{1}{\pi}\left[\frac{\cos nx}{n}\right]_{-\pi}^{0}+\frac{1}{\pi}\left[-\frac{\cos nx}{n}\right]_{0}^{\pi}=\frac{1}{n\pi}[1-\cos n\pi-\cos n\pi+1]\\&=\frac{2}{n\pi}[1-(-1)^n]=\begin{cases}\frac{4}{n\pi}, & n=1,3,5,\cdots,\\ 0, & n=2,4,6,\cdots.\end{cases}\end{aligned}$$

于是$f(x)$的傅里叶级数展开式为

$$f(x)=\frac{4}{\pi}\left[\sin x+\frac{1}{3}\sin 3x+\cdots+\frac{1}{2n-1}\sin(2n-1)x+\cdots\right]$$
$$(-\infty<x<+\infty,x\neq0,\pm\pi,\pm2\pi,\cdots)$$

例 2 设$f(x)$是周期为2π的周期函数,它在$[-\pi,\pi)$上的表达式为

$$f(x)=\begin{cases}x, & -\pi\leqslant x<0,\\ 0, & 0\leqslant x<\pi,\end{cases}$$

将$f(x)$展开成傅里叶级数.

解 所给函数满足狄利克雷定理的条件,它在点$x=(2n+1)\pi(n=0,\pm1,\pm2,\cdots)$处不连续,因此,$f(x)$的傅里叶级数在$x=(2n+1)\pi$处收敛于

$$\frac{1}{2}[f(x-0)+f(x+0)]=\frac{1}{2}(0-\pi)=-\frac{\pi}{2};$$

在连续点$x(x\neq(2n+1)\pi)$处级数收敛于$f(x)$.

傅里叶系数计算如下:

$$a_0=\frac{1}{\pi}\int_{-\pi}^{\pi}f(x)\mathrm{d}x=\frac{1}{\pi}\int_{-\pi}^{0}x\,\mathrm{d}x=-\frac{\pi}{2};$$

$$a_n=\frac{1}{\pi}\int_{-\pi}^{\pi}f(x)\cos nx\,\mathrm{d}x=\frac{1}{\pi}\int_{-\pi}^{0}x\cos nx\,\mathrm{d}x=\frac{1}{\pi}\left[\frac{x\sin nx}{n}+\frac{\cos nx}{n^2}\right]_{-\pi}^{0}=\frac{1}{n^2\pi}(1-\cos n\pi)$$

$$=\begin{cases}\dfrac{2}{n^2\pi}, & n=1,3,5,\cdots,\\ 0, & n=2,4,6,\cdots;\end{cases}$$

$$b_n=\frac{1}{\pi}\int_{-\pi}^{\pi}f(x)\sin nx\,\mathrm{d}x=\frac{1}{\pi}\int_{-\pi}^{0}x\sin nx\,\mathrm{d}x=\frac{1}{\pi}\left[-\frac{x\cos nx}{n}+\frac{\sin nx}{n^2}\right]_{-\pi}^{0}=-\frac{\cos n\pi}{n}$$

$$=\frac{(-1)^{n+1}}{n}\quad(n=1,2,\cdots).$$

于是 $f(x)$的傅里叶级数展开式为

$$f(x)=-\frac{\pi}{4}+\left(\frac{2}{\pi}\cos x+\sin x\right)-\frac{1}{2}\sin 2x+\left(\frac{2}{3^2\pi}\cos 3x+\frac{1}{3}\sin 3x\right)-$$

$$\frac{1}{4}\sin 4x+\left(\frac{2}{5^2\pi}\cos 5x+\frac{1}{5}\sin 5x\right)-\cdots,\quad -\infty<x<+\infty,x\neq\pm\pi,\pm 3\pi,\cdots.$$

12.4.3 奇偶函数的傅里叶级数

如果函数 $f(x)$是以 2π 为周期，在区间$[a,b]$上可积的奇函数或偶函数，那么它们的傅里叶级数具有比较简单的特殊形式.

(1) 当 $f(x)$为奇函数时，$f(x)\cos nx$ 是奇函数，$f(x)\sin nx$ 是偶函数，则傅里叶系数为

$$a_n=0,\quad n=0,1,2,\cdots,$$

$$b_n=\frac{2}{\pi}\int_{0}^{\pi}f(x)\sin nx\,\mathrm{d}x,\quad n=1,2,3,\cdots.$$

因此，奇数函数的傅里叶级数是只含有正弦项的正弦级数：$\sum\limits_{n=1}^{\infty}b_n\sin nx$.

(2) 当 $f(x)$为偶函数时，$f(x)\cos nx$ 是偶函数，$f(x)\sin nx$ 是奇函数，则傅里叶系数为

$$a_n=\frac{2}{\pi}\int_{0}^{\pi}f(x)\cos nx\,\mathrm{d}x,\quad n=0,1,2,\cdots,$$

$$b_n=0,\quad n=1,2,3,\cdots.$$

因此，偶数函数的傅里叶级数是只含有余弦项的余弦级数：$\frac{a_0}{2}+\sum\limits_{n=1}^{\infty}a_n\cos nx$.

例 3 设 $f(x)$是周期为 2π 的周期函数，它在$[-\pi,\pi)$上的表达式为 $f(x)=x$，将 $f(x)$展开成傅里叶级数.

解 函数满足狄利克雷定理的条件，函数 $f(x)$在点 $x=(2k+1)\pi(k=0,\pm1,\pm2,\cdots)$之外均连续，因此 $f(x)$的傅里叶级数在函数的连续点 $x\neq(2k+1)\pi$ 处收敛于 $f(x)$. 若 $x=(2k+1)\pi(k=0,\pm1,\pm2,\cdots)$，函数收敛于

$$\frac{1}{2}[f(\pi-0)+f(-\pi-0)]=\frac{1}{2}[\pi+(-\pi)]=0.$$

若 $x\neq(2k+1)\pi(k=0,\pm1,\pm2,\cdots)$，则 $f(x)$是周期为 2π 的奇函数，则

$$a_n=0,\quad n=0,1,2,\cdots,$$

$$b_n=\frac{2}{\pi}\int_0^{\pi}f(x)\sin nx\,\mathrm{d}x=\frac{2}{\pi}\int_0^{\pi}x\sin nx\,\mathrm{d}x,$$

$$=\frac{2}{\pi}\left[-\frac{x\cos nx}{n}+\frac{\sin nx}{n^2}\right]_0^{\pi}=-\frac{2}{n}\cos nx=\frac{2}{n}(-1)^{n+1},\quad n=1,2,3,\cdots,$$

所以 $f(x)$的傅里叶级数为

$$f(x)=2\left(\sin x-\frac{1}{2}\sin 2x+\frac{1}{3}\sin 3x-\cdots+(-1)^{n+1}\frac{1}{n}\sin nx+\cdots\right),$$

$$-\infty<x<+\infty,x\neq\pm\pi,\pm3\pi,\cdots.$$

奇延拓与偶延拓：设函数 $f(x)$定义在区间$[0,\pi]$上并且满足收敛定理的条件，我们在开区间$(-\pi,0)$内补充函数 $f(x)$的定义，得到定义在$(-\pi,\pi]$上的函数 $f(x)$，使它在$(-\pi,\pi)$上成为奇函数(偶函数). 按这种方式拓广函数定义域的过程称为奇延拓(偶延拓).

例 4 将函数 $f(x)=x+1(0\leqslant x\leqslant\pi)$分别展开成正弦级数和余弦级数.

解 先求正弦级数. 对函数 $f(x)$进行奇延拓，

$$b_n=\frac{2}{\pi}\int_0^{\pi}f(x)\sin nx\,\mathrm{d}x=\frac{2}{\pi}\int_0^{\pi}(x+1)\sin nx\,\mathrm{d}x=\frac{2}{\pi}\left[-\frac{x\cos nx}{n}+\frac{\sin nx}{n^2}-\frac{\cos nx}{n}\right]_0^{\pi}$$

$$=\frac{2}{n\pi}(1-\pi\cos n\pi-\cos n\pi)=\begin{cases}\dfrac{2}{\pi}\cdot\dfrac{\pi+2}{n}, & n=1,3,5,\cdots,\\ -\dfrac{2}{n}, & n=2,4,6,\cdots.\end{cases}$$

故函数 $f(x)$的正弦级数展开式为

$$x+1=\frac{2}{\pi}\left[(\pi+2)\sin x-\frac{\pi}{2}\sin 2x+\frac{1}{3}(\pi+2)\sin 3x-\frac{\pi}{4}\sin 4x+\cdots\right],\quad 0<x<\pi.$$

再求余弦级数. 对 $f(x)$进行偶延拓，

$$a_n=\frac{2}{\pi}\int_0^{\pi}f(x)\cos nx\,\mathrm{d}x=\frac{2}{\pi}\int_0^{\pi}(x+1)\cos nx\,\mathrm{d}x=\frac{2}{\pi}\left[-\frac{x\sin nx}{n}+\frac{\cos nx}{n^2}-\frac{\sin nx}{n}\right]_0^{\pi}$$

$$=\frac{2}{n^2\pi}(\cos n\pi-1)=\begin{cases}0, & n=2,4,6,\cdots,\\ -\dfrac{4}{n^2\pi}, & n=1,3,5,\cdots,\end{cases}$$

$$a_0=\frac{2}{\pi}\int_0^{\pi}(x+1)\mathrm{d}x=\frac{2}{\pi}\left[\frac{x^2}{2}+x\right]_0^{\pi}=\pi+2.$$

故函数 $f(x)$的余弦级数展开式为

$$x+1=\frac{\pi}{2}+1-\frac{4}{\pi}\left(\cos x+\frac{1}{3^2}\cos 3x+\frac{1}{5^2}\cos 5x+\cdots\right),\quad 0\leqslant x\leqslant\pi.$$

12.4.4 周期为 $2l$ 的周期函数的傅里叶级数

到现在为止所讨论的周期函数都是以 2π 为周期的，但是实际问题中所遇到的周期函数的周期不一定是 2π. 怎样把周期为 $2l$ 的周期函数 $f(x)$展开成三角级数呢？

我们希望能把周期为 $2l$ 的周期函数 $f(x)$展开成三角级数，为此我们先把周期为 $2l$ 的周期函数 $f(x)$变换为周期为 2π 的周期函数.

令 $x=\frac{l}{\pi}t$ 及 $f(x)=f\left(\frac{l}{\pi}t\right)=F(t)$，则有

$$F(t+2\pi)=f\left[\frac{l}{\pi}(t+2\pi)\right]=f\left(\frac{l}{\pi}t+2l\right)=f\left(\frac{l}{\pi}t\right)=F(t),$$

即 $F(t)$ 是以 2π 为周期的函数.

故当 $F(t)$ 满足收敛定理的条件时，$F(t)$ 可展开成傅里叶级数：

$$F(t)=\frac{a_0}{2}+\sum_{n=1}^{\infty}(a_n\cos nt+b_n\sin nt),$$

其中

$$a_n=\frac{1}{\pi}\int_{-\pi}^{\pi}F(t)\cos nt\,\mathrm{d}t,\quad n=0,1,2,\cdots;$$

$$b_n=\frac{1}{\pi}\int_{-\pi}^{\pi}F(t)\sin nt\,\mathrm{d}t,\quad n=1,2,3,\cdots.$$

从而有如下定理：

定理 2 设周期为 $2l$ 的周期函数 $f(x)$ 满足狄利克雷定理的条件，则在它的连续点处，其傅里叶级数展开式为

$$f(x)=\frac{a_0}{2}+\sum_{n=1}^{\infty}\left(a_n\cos\frac{n\pi x}{l}+b_n\sin\frac{n\pi x}{l}\right),$$

其中 a_n,b_n 为其系数，且

$$a_n=\frac{1}{l}\int_{-l}^{l}f(x)\cos\frac{n\pi x}{l}\mathrm{d}x,\quad n=0,1,2,\cdots,$$

$$b_n=\frac{1}{l}\int_{-l}^{l}f(x)\sin\frac{n\pi x}{l}\mathrm{d}x,\quad n=1,2,3,\cdots.$$

(1) 当 $f(x)$ 为奇函数时，则在其连续点处有

$$f(x)=\sum_{n=1}^{\infty}b_n\sin\frac{n\pi x}{l},$$

其中 $b_n=\frac{2}{l}\int_0^l f(x)\sin\frac{n\pi x}{l}\mathrm{d}x,n=1,2,3,\cdots$.

(2) 当 $f(x)$ 为偶函数时，则在其连续点处有

$$f(x)=\frac{a_0}{2}+\sum_{n=1}^{\infty}a_n\cos\frac{n\pi x}{l},$$

其中 $a_n=\frac{2}{l}\int_0^l f(x)\cos\frac{n\pi x}{l}\mathrm{d}x,n=0,1,2,\cdots$.

例 5 设 $f(x)$ 是周期为 4 的周期函数，它在 $[-2,2)$ 上的表达式为

$$f(x)=\begin{cases}0, & -2\leqslant x<0,\\ k, & 0\leqslant x<2,\end{cases}\qquad k\neq 0,$$

将 $f(x)$ 展开成傅里叶级数.

解 由于 $l=2$，则当 $x\neq 0,\pm 2,\pm 4,\cdots$ 时，有

$$a_n=\frac{1}{2}\int_0^2 k\cos\frac{n\pi x}{2}\mathrm{d}x=\left[\frac{k}{n\pi}\sin\frac{n\pi x}{2}\right]_0^2=0,\quad n\neq 0;$$

$$a_0=\frac{1}{2}\int_{-2}^{0}0\mathrm{d}x+\frac{1}{2}\int_0^2 k\,\mathrm{d}x=k;$$

$$b_n=\frac{1}{2}\int_0^2 k\sin\frac{n\pi x}{2}\mathrm{d}x=\left[-\frac{k}{n\pi}\cos\frac{n\pi x}{2}\right]_0^2=\frac{k}{n\pi}(1-\cos n\pi)=\begin{cases}\dfrac{2k}{n\pi}, & n=1,3,5,\cdots,\\ 0, & n=2,4,6,\cdots.\end{cases}$$

于是 $f(x)$ 展开成傅里叶级数为

$$f(x)=\frac{k}{2}+\frac{2k}{\pi}\left(\sin\frac{\pi x}{2}+\frac{1}{3}\sin\frac{3\pi x}{2}+\frac{1}{5}\sin\frac{5\pi x}{2}+\cdots\right),$$
$$-\infty<x<+\infty, x\neq 0,\pm 2,\pm 4,\cdots.$$

当 $x=0,\pm2,\pm4,\cdots$ 时,函数 $f(x)$ 收敛于 $\frac{k}{2}$.

习题 12.4

1. 将函数 $f(x)=1-x^2(0\leqslant x\leqslant\pi)$ 展开成余弦级数,并求级数 $\sum\limits_{n=1}^{\infty}\frac{(-1)^{n-1}}{n^2}$ 的和.

2. 将函数 $f(x)=\begin{cases}-x, & -\pi\leqslant x<0,\\ x, & 0\leqslant x\leqslant\pi\end{cases}$ 展开成傅里叶级数.

总 习 题 12

1. 填空题

(1) 级数 $\sum\limits_{n=1}^{\infty}\frac{1}{9n^2-3n-2}$ 的和为________.

(2) 若正项级数 $\sum\limits_{n=1}^{\infty}u_n$ 收敛,则级数 $\sum\limits_{n=1}^{\infty}u_n^2$ 必________.

(3) 若级数 $\sum\limits_{n=1}^{\infty}\frac{1}{n^{1+p}}$ 收敛,则 p 应满足________.

(4) 设 $\sum\limits_{n=1}^{\infty}u_n$ 和 $\sum\limits_{n=1}^{\infty}v_n$ 均为正项级数,若 $\lim\limits_{n\to\infty}\frac{u_{n+1}}{u_n}=\frac{1}{3}$,则级数 $\sum\limits_{n=1}^{\infty}u_n$ 的敛散性为________;若 $\lim\limits_{n\to\infty}\frac{v_n}{v_{n+1}}=\frac{1}{3}$,级数 $\sum\limits_{n=1}^{\infty}v_n$ 的敛散性为________.

(5) 幂级数 $\sum\limits_{n=1}^{\infty}\frac{x^{2n-1}}{2^n}$ 的收敛域为________.

(6) 幂级数 $\sum\limits_{n=1}^{\infty}\frac{3^n+5^n}{n}x^n$ 的收敛域为________.

(7) 幂级数 $\sum\limits_{n=1}^{\infty}\frac{(x-3)^n}{n\cdot 3^n}$ 的收敛域为________.

2. 选择题

(1) 级数的部分和数列有界是该级数收敛的(　　).

A. 充分条件;　　B. 必要条件;

C. 充要条件;　　D. 既非充分又非必要条件.

(2) 如果级数 $\sum_{n=1}^{\infty} u_n$ 收敛，$\sum_{n=1}^{\infty} v_n$ 发散，则对于级数 $\sum_{n=1}^{\infty}(u_n \pm v_n)$ 来说，结论(　　)成立.

A. 级数收敛；　　B. 级数发散；

C. 其敛散性不定；　　D. 上述结论不正确.

(3) 下列命题正确的是(　　).

A. 若 $\lim\limits_{n\to\infty} u_n=0$，则必有级数 $\sum_{n=1}^{\infty} u_n$ 收敛；

B. 若 $\lim\limits_{n\to\infty} u_n\neq 0$，则必有级数 $\sum_{n=1}^{\infty} u_n$ 收敛；

C. 若级数 $\sum_{n=1}^{\infty} u_n$ 发散，则必有 $\lim\limits_{n\to\infty} u_n=0$；

D. 若级数 $\sum_{n=1}^{\infty} u_n$ 发散，则不一定有 $\lim\limits_{n\to\infty} u_n=\infty$.

(4) 下列级数绝对收敛的是(　　).

A. $\sum_{n=1}^{\infty} \frac{(-1)^n}{n^2}$；　　B. $\sum_{n=1}^{\infty}(-1)^n \arctan \frac{1}{\sqrt{n}}$；

C. $\sum_{n=1}^{\infty}(-1)^n \sin \frac{2}{n}$；　　D. $\sum_{n=1}^{\infty}(-1)^n \cos \frac{2}{n}$.

(5) 下列级数条件收敛的是(　　).

A. $\sum_{n=1}^{\infty} \frac{(-1)^n}{n}\arctan \frac{1}{n}$；　　B. $\sum_{n=1}^{\infty} \frac{(-1)^n}{n(n+1)}$；

C. $\sum_{n=1}^{\infty}(-1)^n \cos \frac{1}{n}$；　　D. $\sum_{n=1}^{\infty}(-1)^n \frac{1}{n}$.

(6) 若级数 $\sum_{n=1}^{\infty} a_n(x-2)^n$ 在 $x=-2$ 处收敛，此级数在 $x=5$ 处(　　).

A. 发散；　　B. 条件收敛；

C. 绝对收敛；　　D. 收敛性不定.

(7) 若 $\lim\limits_{n\to\infty}\left|\frac{c_{n+1}}{c_n}\right|=\frac{1}{4}$，则幂级数 $\sum_{n=0}^{\infty} c_n x^{2n}$ (　　).

A. 当 $|x|<2$ 时绝对收敛；　　B. 当 $|x|>\frac{1}{4}$ 时发散；

C. 当 $|x|<4$ 时绝对收敛；　　D. 当 $|x|>\frac{1}{2}$ 时发散.

(8) 已知幂级数 $\sum_{n=0}^{\infty} a_n x^n$ 在 $x=3$ 处收敛，则下列结论正确的是(　　).

A. 在 $x=-3$ 处级数条件收敛；　　B. 在 $x=-3$ 处级数绝对收敛；

C. 在 $x=5$ 处级数发散；　　D. 在 $x=-2$ 处级数绝对收敛.

3. 判别下列级数的敛散性：

(1) $\sum_{n=1}^{\infty}\frac{n+3}{n^3}$； (2) $\sum_{n=1}^{\infty}\frac{2^n n!}{n^n}$；

(3) $\sum_{n=1}^{\infty}\frac{n\cdot 2^n}{e^{n+1}}$； (4) $\sum_{n=1}^{\infty}\frac{n^{n+1}}{(n+1)!}$；

(5) $\sum_{n=1}^{\infty}3^n\sin\frac{\pi}{4^n}$； (6) $\sum_{n=1}^{\infty}\frac{e^n}{n\cdot 3^n}$；

(7) $\sum_{n=1}^{\infty}\sin\frac{2}{n^p}(p>0)$； (8) $\sum_{n=1}^{\infty}3^n\left(1-\frac{1}{n}\right)^{n^2}$；

(9) $\sum_{n=1}^{\infty}\frac{(-1)^n}{n(1+2^n)}$； (10) $\sum_{n=1}^{\infty}\frac{(-1)^n}{\sqrt{n}}$.

4. 求下列幂级数的收敛域：

(1) $\sum_{n=1}^{\infty}\frac{(2x)^n}{n(n+1)}$； (2) $\sum_{n=1}^{\infty}\frac{(2-x)^n}{\sqrt{n}}$；

(3) $\sum_{n=0}^{\infty}\frac{(2n)!}{(n!)^2}x^{2n}$.

5. 求下列幂级数的收敛域及和函数 $s(x)$：

(1) $\sum_{n=0}^{\infty}n(x+1)^n$； (2) $\sum_{n=1}^{\infty}\frac{(x-2)^n}{3^n}$；

(3) $\sum_{n=0}^{\infty}\frac{(-1)^n}{2n+1}x^{2n}$.

6. 求幂级数 $\sum_{n=1}^{\infty}(-1)^{n+1}n(n+1)x^n$ 的和函数，并计算级数 $\sum_{n=1}^{\infty}(-1)^{n+1}\frac{n(n+1)}{2^n}$ 的和.

习题参考答案

习题 8.1

1. (1) y 轴; (2) yOz 面; (3) xOz 面; (4) Ⅷ卦限.

2. (1) 垂直于 z 轴,平行于 xOy 面; (2) 指向与 x 轴正向一致,垂直于 yOz 面;
   (3) 平行于 y 轴,垂直于 zOx 面.

3. 模 $|\overrightarrow{M_1M_2}|=2$,方向余弦 $\cos\alpha=-\dfrac{1}{2}$,$\cos\beta=\dfrac{\sqrt{2}}{2}$,$\cos\gamma=\dfrac{1}{2}$,$\alpha=\dfrac{2\pi}{3}$,$\beta=\dfrac{\pi}{4}$,$\gamma=\dfrac{\pi}{3}$;
   $\pm\dfrac{1}{2}(-1,\sqrt{2},1)$.

4. $B(1,-3,-4)$. 5. $(0,0,3)$.

习题 8.2

1. (1) $\dfrac{2\sqrt{70}}{35}$; (2) -32; (3) $-18\boldsymbol{i}+18\boldsymbol{j}+36\boldsymbol{k}$.

2. (1) 7; (2) $-5\boldsymbol{i}-3\boldsymbol{j}+\boldsymbol{k}$; (3) $-25\boldsymbol{i}-15\boldsymbol{j}+5\boldsymbol{k}$; (4) $\dfrac{7\sqrt{6}}{\sqrt{6}}$.

3. (1) $3\boldsymbol{i}-6\boldsymbol{j}$; (2) 15.

4. $\pm\dfrac{1}{25}(15\boldsymbol{i}+12\boldsymbol{j}+16\boldsymbol{k})$. 5. $\lambda=2\mu$.

习题 8.3

1. (1) 椭圆柱面; (2) 双曲柱面; (3) 球面; (4) 平面; (5) 单叶双曲面;
   (6) 椭圆抛物面.

2. (1) $2x^2+y^2+2z^2=5$,$x^2+y^2+z^2=5$,是旋转椭球面;
   (2) $3x^2-2y^2-2z^2=6$,旋转双叶双曲面;
   (3) $y^2+z^2=4x^2$,$y^2=4x^2+4z^2$,都是圆锥面.

3. (1) 在 zOx 平面上的抛物线 $x=1-z^2$ 绕 x 轴旋转一周,或在 xOy 平面上的抛物线 $x=1-y^2$ 绕 x 轴旋转一周; (2) 不是旋转曲面; (3) 在 xOy 平面上的双曲线 $x^2-y^2=1$ 绕 y 轴旋转一周,或在 yOz 平面上的双曲线 $z^2-y^2=1$ 绕 y 轴旋转一周.

4. (1) $x^2+y^2-10z=25$,旋转抛物面; (2) $x^2-2z+1=0$,柱面.

习题 8.4

1. 表示圆心为$(0,0,1)$,半径为 $2\sqrt{2}$的圆.

2. $\begin{cases}3x^2+2z^2=4,\\x^2+2y^2=4.\end{cases}$ 3. $x^2+y^2=\dfrac{5}{3}$;$\begin{cases}x^2+y^2=\dfrac{5}{3},\\z=0.\end{cases}$

4. $\begin{cases}2x^2+4\left(y-\dfrac{1}{2}\right)^2=1,\\ z=0.\end{cases}$　　5. $\begin{cases}x=\sqrt{2}\cos t,\\ y=-\sqrt{2}\cos t,\quad 0\leqslant t\leqslant 2\pi.\\ z=2\sin t,\end{cases}$

习题 8.5

1. $x+2y-5z-4=0$.　　2. $2x-5y+6z+4=0$.　　3. $x+2y-4z-7=0$.

4. $\dfrac{\pi}{2}$.　　5. 3.

习题 8.6

1. $\dfrac{x-3}{1}=\dfrac{y-1}{2}=\dfrac{z+2}{-1}$.　　2. $\dfrac{x-1}{-13}=\dfrac{y-2}{10}=\dfrac{z-4}{11}$.　　3. $\begin{cases}x=1,\\ y=-1.\end{cases}$

4. $\dfrac{x-1}{19}=\dfrac{y-\frac{12}{19}}{-11}=\dfrac{z-\frac{2}{19}}{-5}$; $\begin{cases}x=19t+1,\\ y=-11t+\dfrac{12}{19},\\ z=-5t+\dfrac{2}{19}.\end{cases}$

5. $\cos\theta=0$.　　6. $\varphi=\dfrac{\pi}{6}$；交点为$(3,-1,1)$.

总习题 8

1. (1) $\left(\dfrac{1}{3},\dfrac{2}{3},-\dfrac{2}{3}\right)$或$\left(-\dfrac{1}{3},-\dfrac{2}{3},\dfrac{2}{3}\right)$；　(2) $-54\boldsymbol{i}-26\boldsymbol{j}+11\boldsymbol{k}$；　(3) 双曲柱面.

2. (1) C；　(2) C；　(3) A.

3. (1) $(1,1,4),(1,3,2),(2,1,2),(2,3,2),(2,1,4),(1,3,4)$；
   (2) $(4,0,-4),(4,6,3),(1,0,3),(1,6,3),(1,0,-4),(4,6,-4)$.

4. 夹角 $\varphi=0$.

5. 在 xOy 面上的投影为$\begin{cases}x^2+y^2\leqslant 3,\\ z=0;\end{cases}$ 在 yOz 面上的投影为$\begin{cases}z\geqslant 3y^2,\\ x=0;\end{cases}$ 在 xOz 面上的投影为$\begin{cases}z\geqslant 3x^2,\\ y=0.\end{cases}$

习题 9.1

1. (1) $\{(x,y)\mid y^2>2x-1\}$；
   (2) $\{(x,y)\mid 2k\pi\leqslant x^2+y^2\leqslant 2k\pi+\pi,k\in\mathbb{Z}^+\}$；
   (3) $\{(x,y)\mid 0\leqslant y\leqslant x^2\}$；
   (4) $\{(x,y)\mid -x<y<x\}$；
   (5) $\{(x,y)\mid r^2<x^2+y^2\leqslant R^2\}$；
   (6) $\{(x,y)\mid -1\leqslant x-y^2\leqslant 1$ 且 $x^2+4y^2<9\}$.

2. $f\left(1,\dfrac{y}{x}\right)=\dfrac{2xy}{x^2+y^2}$.　　3. $f(x,y)=\dfrac{x^2(1-y^2)}{(y+1)^2}$.

4. (1) $\{(x,y)\mid y^2=2x\}$;　　(2) $\{(x,y)\mid x+y=0\}$;

(3) $\{(x,y)\mid x^2+y^2\geqslant a^2\}$;　　(4) $\{(x,y)\mid x=k\pi$ 或 $y=k\pi,k\in\mathbb{Z}\}$.

5. (1) 2;　(2) 0;　(3) 1;　(4) 2.

6. (x,y)沿直线 $y=kx$ 趋于$(0,0)$时,有

$$\lim_{(x,y)\to(0,0)}\frac{x^2-y^2}{x^2+y^2}=\lim_{\substack{x\to 0\\ y=kx}}\frac{x^2-(kx)^2}{x^2+(kx)^2}=\frac{1-k^2}{1+k^2}.$$

因此 $\lim\limits_{(x,y)\to(0,0)}f(x,y)$不存在.

习题 9.2

1. (1) $\dfrac{\partial z}{\partial x}=2axy+ay^2,\dfrac{\partial z}{\partial y}=ax^2+2axy$;

(2) $\dfrac{\partial z}{\partial x}=4x\sec^2(x^2+y^2)\tan(x^2+y^2),\dfrac{\partial z}{\partial y}=4y\sec^2(x^2+y^2)\tan(x^2+y^2)$;

(3) $\dfrac{\partial z}{\partial x}=\dfrac{1}{y}-\dfrac{y}{x^2},\dfrac{\partial z}{\partial y}=\dfrac{1}{x}-\dfrac{x}{y^2}$;

(4) $\dfrac{\partial z}{\partial x}=\dfrac{y^2}{x^2+y^4},\dfrac{\partial z}{\partial y}=\dfrac{-2xy}{x^2+y^4}$;

(5) $\dfrac{\partial z}{\partial x}=\dfrac{1}{\sqrt{x^2-y^2}},\dfrac{\partial z}{\partial y}=\dfrac{-y}{\sqrt{x^2-y^2}\,(x+\sqrt{x^2-y^2})}$;

(6) $\dfrac{\partial u}{\partial x}=\dfrac{1}{x+2^{yz}},\dfrac{\partial u}{\partial y}=\dfrac{z2^{yz}\ln 2}{x+2^{yz}},\dfrac{\partial u}{\partial z}=\dfrac{y2^{yz}\ln 2}{x+2^{yz}}$;

(7) $\dfrac{\partial z}{\partial x}=y^2(1+xy)^{y-1},\dfrac{\partial z}{\partial y}=(1+xy)^y\left[\ln(1+xy)+\dfrac{xy}{1+xy}\right]$;

(8) $\dfrac{\partial z}{\partial x}=\mathrm{e}^{\tan\frac{x}{y}}\cdot\sec^2\dfrac{x}{y}\cdot\dfrac{1}{y}$,　$\dfrac{\partial z}{\partial y}=\mathrm{e}^{\tan\frac{x}{y}}\cdot\sec^2\dfrac{x}{y}\cdot\dfrac{-x}{y^2}$.

2. (1) $f_x(x,1)=1$;　　(2) $f_x(1,0)=2$,　$f_y(1,0)=1$.

3. (1) $\dfrac{\partial^2 z}{\partial x^2}=-2a^2\cos[2(ax-by)]$,　$\dfrac{\partial^2 z}{\partial x\partial y}=2ab\cos[2(ax-by)]$,

$\dfrac{\partial^2 z}{\partial y^2}=-2b^2\cos[2(ax-by)]$;

(2) $\dfrac{\partial^2 z}{\partial x^2}=\alpha^2\mathrm{e}^{-\alpha x}\sin(\beta y)$,　$\dfrac{\partial^2 z}{\partial x\partial y}=-\alpha\beta\mathrm{e}^{-\alpha x}\cos(\beta y)$,　$\dfrac{\partial^2 z}{\partial y^2}=-\beta^2\mathrm{e}^{-\alpha x}\sin(\beta y)$;

(3) $\dfrac{\partial^2 z}{\partial x^2}=y\mathrm{e}^{-xy}(-2+xy)$,　$\dfrac{\partial^2 z}{\partial x\partial y}=x\mathrm{e}^{-xy}(-2+xy)$,　$\dfrac{\partial^2 z}{\partial y^2}=x^3\mathrm{e}^{-xy}$;

(4) $\dfrac{\partial^2 z}{\partial x^2}=y^x(\ln y)^2$,　$\dfrac{\partial^2 z}{\partial x\partial y}=y^{x-1}(x\ln y+1)$,　$\dfrac{\partial^2 z}{\partial y^2}=x(x-1)y^{x-2}$.

4. (1) $z_{xxy}=0$,　$z_{xyy}=-\dfrac{1}{y^2}$;

(2) $\dfrac{\partial^6 u}{\partial x\partial y^2\partial z^3}=ab(b-1)c(c-1)(c-2)x^{a-1}y^{b-2}z^{c-3}$;

(3) 2,0,0.

5. 略.

习题 9.3

1. (1) $dz=\left(6y^2+\frac{1}{y}\right)dx+\left(12xy-\frac{x}{y^2}\right)dy$;

(2) $dz=\cos(x\cos y)\cos y\,dx-x\cos(x\cos y)\sin y\,dy$;

(3) $dz=\frac{y^2}{(x^2+y^2)^{\frac{3}{2}}}dx-\frac{xy}{(x^2+y^2)^{\frac{3}{2}}}dy$;

(4) $du=yzx^{yz-1}dx+zx^{yz}\ln x\,dy+yx^{yz}\ln x\,dz$.

2. $dz=\frac{4}{7}dx+\frac{2}{7}dy$.

3. $\Delta z=e^{1.1\times0.8}-e^1=e^{0.88}-e$, $dz=e\cdot0.1+e\cdot(-0.2)=-0.1e$.

4. 1.4034. 5. 1.024. 6. −0.028cm.

7. 绝对误差为 27.54m^2,相对误差为 0.0224.

8. 最大绝对误差为 0.2375Ω,最大相对误差为 0.0432.

习题 9.4

1. (1) $\frac{\partial z}{\partial x}=4x,\frac{\partial z}{\partial y}=4y$;

(2) $\frac{\partial z}{\partial x}=\frac{2x}{y^2}\ln(3x-2y)+\frac{3x^2}{y^2(3x-2y)},\frac{\partial z}{\partial y}=\frac{-2x^2}{y^3}\ln(3x-2y)-\frac{2x^2}{y^2(3x-2y)}$;

(3) $\frac{dz}{dt}=e^{x-2y}(\cos t-6t^2)$;

(4) $\frac{dz}{dx}=\frac{e^x(1+x)}{1+x^2e^{2x}}$.

2. $\frac{\partial z}{\partial x}=(2x+y)\cos(u+v)$; $\frac{\partial z}{\partial y}=(x+2y)\cos(u+v)$.

3. $\frac{dz}{dt}=\frac{4x\cos t}{x^2+y^2+1}+\frac{6y}{x^2+y^2+1}$.

4. $dz=\left(vu^{v-1}\frac{x}{x^2+y^2}-u^v\ln u\frac{y}{x^2+y^2}\right)dx+\left(vu^{v-1}\frac{y}{x^2+y^2}+u^v\ln u\frac{x}{x^2+y^2}\right)dy$.

5. 由于$\frac{\partial z}{\partial u}=\frac{y-x}{x^2+y^2},\frac{\partial z}{\partial v}=\frac{y+x}{x^2+y^2}$,因此

$$\frac{\partial z}{\partial u}+\frac{\partial z}{\partial v}=\frac{y-x}{x^2+y^2}+\frac{y+x}{x^2+y^2}=\frac{2y}{x^2+y^2}=\frac{2(u-v)}{(u+v)^2+(u-v)^2}=\frac{(u-v)}{u^2+v^2}.$$

6. (1) $\frac{\partial u}{\partial x}=2xf_1'+ye^{xy}f_2',\frac{\partial u}{\partial y}=-2yf_1'+xe^{xy}f_2'$;

(2) $\frac{\partial u}{\partial x}=\frac{1}{y}f_1'-\frac{y}{x^2}f_2',\frac{\partial u}{\partial y}=-\frac{x}{y^2}f_1'+\frac{1}{x}f_2'$;

(3) $\frac{\partial u}{\partial x}=f_1'+yf_2'+yzf_3',\frac{\partial u}{\partial y}=xf_2'+xzf_3',\frac{\partial u}{\partial z}=xyf_3'$.

习题 9.5

1. (1) $\frac{dy}{dx}=\frac{x+y}{x-y}$; $\frac{d^2y}{dx^2}=\frac{2(x^2+y^2)}{(x-y)^3}$;　　(2) $\frac{dy}{dx}=\frac{y}{x}$; $\frac{d^2y}{dx^2}=0$.

2. (1) $\frac{\partial z}{\partial x}=\frac{z}{x+z}$; $\frac{\partial z}{\partial y}=\frac{z^2}{xy+zy}$;

   (2) $\frac{\partial z}{\partial x}=\frac{2-x}{z+1}$; $\frac{\partial z}{\partial y}=\frac{2y}{z+1}$.

3. (1) -2;　　(2) -1.

4. (1) $\frac{\partial u}{\partial x}=\frac{vx-uy}{y^2-x^2}$, $\frac{\partial v}{\partial y}=\frac{ux-vy}{y^2-x^2}$;

   (2) $\frac{\partial u}{\partial x}=\frac{u+y}{y-x}$, $\frac{\partial v}{\partial x}=\frac{u+x}{x-y}$, $\frac{\partial u}{\partial y}=\frac{v+y}{y-x}$, $\frac{\partial v}{\partial y}=\frac{v+x}{x-y}$.

5. $\frac{-F_2'(xf'(x+y)+f(x+y))+F_1'xf'(x+y)}{-F_2'-F_3'xf'(x+y)}$.

习题 9.6

1. 切线方程$\frac{x-\frac{1}{2}}{1}=\frac{y-2}{-4}=\frac{z-1}{8}$,法平面方程 $2x-8y+16z-1=0$.

2. 切线方程$\frac{x-x_0}{1}=\frac{y-y_0}{\frac{m}{y_0}}=\frac{z-z_0}{-\frac{1}{2z_0}}$,

   法平面方程$(x-x_0)+\frac{m}{y_0}(y-y_0)-\frac{1}{2z_0}(z-z_0)=0$.

3. 切线方程$\frac{x-1}{1}=\frac{y-1}{\frac{9}{16}}=\frac{z-1}{-\frac{1}{16}}$,

   法平面方程$(x-1)+\frac{9}{16}(y-1)-\frac{1}{16}(z-1)=0$.

4. 切线方程$\frac{x-1}{1}=\frac{y-1}{2}=\frac{z-2}{6}$,法平面方程 $x+2y+6z-15=0$.

5. 切平面方程$(x-2)-2(y+1)+\frac{2}{3}(z-3)=0$,法线方程$\frac{x-2}{1}=\frac{y+1}{-2}=\frac{z-3}{\frac{2}{3}}$.

6. 切平面方程 $x+y=\frac{1}{2}(1\pm\sqrt{2})$.

7. 法线方程$\frac{x+3}{1}=\frac{y+1}{3}=\frac{z-3}{1}$.

8. 法线方程$\frac{x+2}{-1}=\frac{y-1}{1}=\frac{z+4}{-2}$.

习题 9.7

1. $1+2\sqrt{3}$.　　2. 5.　　3. $\frac{1}{2}$.　　4. $M=\left(\frac{1}{2},-\frac{1}{2},0\right)$.

5. $\mathbf{grad}\, f(0,0,0)=3\boldsymbol{i}-2\boldsymbol{j}-6\boldsymbol{k}$；$\mathbf{grad}\, f(1,1,1)=6\boldsymbol{i}+3\boldsymbol{j}$.

6. 沿$\left(-\frac{2}{a},-\frac{2}{b},\frac{2}{c}\right)$方向增大最快，沿$\left(\frac{2}{a},\frac{2}{b},-\frac{2}{c}\right)$方向减小最快，沿$\lambda_1\left(1,0,\frac{c}{a}\right)+\lambda_2\left(0,1,\frac{c}{b}\right)$方向变化率为零.

7. $a=6,b=24,c=-8$.

习题 9.8

1. (1) 极大值为 $f(2,-2)=8$；　(2) 极大值为 $f\left(-\frac{1}{3},-\frac{1}{3}\right)=\frac{1}{27}$；

(3) 极大值为 $f(0,0)=1$；　(4) 极小值为 $f\left(\frac{1}{2},-1\right)=-\frac{1}{2}\mathrm{e}$.

2. (1) 极大值为 3；　(2) 极大值为$\frac{1}{4}$；　(3) 极小值为 4.

3. $p_1=80,p_2=120$，最大总利润为 1565.

4. $x=\frac{\alpha k}{\alpha+\beta+\gamma},y=\frac{\beta k}{\alpha+\beta+\gamma},x=\frac{\gamma k}{\alpha+\beta+\gamma}$，最大效益为$\frac{\alpha^\alpha\beta^\beta\gamma^\gamma k^{\alpha+\beta+\gamma}}{(\alpha+\beta+\gamma)^{\alpha+\beta+\gamma}}$.

总习题 9

1. (1) $\frac{x^2(1-y^2)}{(1+y)^2}$；　(2) $\mathrm{d}x-\sqrt{2}\,\mathrm{d}y$；　(3) $\frac{\sqrt{x}}{2}\sin\frac{y}{x}$；　(4) 充分，充分.

2. $\{(x,y)\mid 0<x^2+y^2<1 \text{ 且 } y^2\leqslant 4x\}$，$\frac{\sqrt{2}}{\ln\frac{3}{4}}$.

3. $f_x(0,0)=0,f_y(0,0)=0$.

4. $\frac{\partial u}{\partial x}=\frac{4xv+uy^2}{2(u^2+v^2)},\frac{\partial v}{\partial x}=\frac{4ux-vy^2}{2(u^2+v^2)},\frac{\partial u}{\partial y}=\frac{uxy+2vy}{u^2+v^2},\frac{\partial v}{\partial y}=\frac{2uy-uxy}{u^2+v^2}$.

5. (1) $\frac{\partial z}{\partial x}=2x\varphi'(x^2+y^2),\frac{\partial z}{\partial y}=2y\varphi'(x^2+y^2)$；

(2) $\frac{\partial u}{\partial y}=f'(\sin y-\sin x)\cos y,\frac{\partial u}{\partial x}=f'(\sin y-\sin x)(-\cos x)$；

(3) $\frac{\partial z}{\partial x}=\frac{y(-x^2f_1'+zf_2')}{x(xf_1'+yf_2')},\frac{\partial z}{\partial y}=\frac{x(zf_1'-y^2f_2')}{y(xf_1'+yf_2')}$；

(4) $\frac{\partial^2 u}{\partial x^2}=2\varphi'(x+y)+(x+y)\varphi''(x+y),\frac{\partial^2 u}{\partial x\partial y}=2\varphi'(x+y)+(x+y)\varphi''(x+y)$,

$\frac{\partial^2 u}{\partial y^2}=2\varphi'(x+y)+(x+y)\varphi''(x+y)$.

6. 切线方程：$\frac{x-a}{0}=\frac{y}{a}=\frac{z}{b}$；法平面方程 $ay+bz=0$.

7. (1) $\theta=\frac{\pi}{4}$，方向导数最大$\sqrt{2}$；　(2) $\theta=-\frac{3\pi}{4}$，方向导数最小$-\sqrt{2}$；

(3) $\theta=-\frac{\pi}{4}$,方向导数为0.

8. 方向导数为$\frac{15-2\sqrt{2}}{\sqrt{13}}$.　　9. 极大值 $z_1=1$,极小值 $z_2=-\frac{8}{7}$.

10. (1.6,0.6),距离为1.

习题 10.1

1. (1) $\iint\limits_D \mu(x,y)\mathrm{d}\sigma$;　(2) $I_1\leqslant I_2$;　(3) $I_1\leqslant I_2$;　(4) ① $\frac{2}{3}\pi R^3$; ② 6π.

2. D.　3. (1) $0\leqslant I\leqslant \pi^2$;　(2) $2\leqslant I\leqslant 8$;　(3) $0\leqslant I\leqslant \frac{\pi}{8}$.

习题 10.2

1. (1) $\frac{51}{20}$;　(2) $\frac{20}{3}$;　(3) $\frac{8}{3}$;　(4) 1;

(5) $-\frac{3}{2}\pi$;　(6) $(\mathrm{e}-1)(\mathrm{e}^4-1)$;　(7) $\mathrm{e}-\mathrm{e}^{-1}$;　(8) $\mathrm{e}^{-\frac{1}{2}}$.

2. (1) $\pi(\mathrm{e}^4-1)$;　(2) $\pi(b^3-a^3)$;　(3) $-6\pi^2$.

3. (1) $I=\int_0^1\mathrm{d}x\int_x^{\sqrt{x}} f(x,y)\mathrm{d}y$;

(2) $I=\int_0^1\mathrm{d}y\int_0^{1-\sqrt{1-y^2}} f(x,y)\mathrm{d}x+\int_0^1\mathrm{d}y\int_{1+\sqrt{1-y^2}}^2 f(x,y)\mathrm{d}x$;

(3) $I=\int_0^1\mathrm{d}y\int_{\mathrm{e}^y}^{\mathrm{e}} f(x,y)\mathrm{d}x$;

(4) $I=\int_0^2\mathrm{d}x\int_{\frac{1}{2}x}^{3-x} f(x,y)\mathrm{d}y$;

(5) $I=\int_1^2\mathrm{d}y\int_{\frac{1}{y}}^{y} f(x,y)\mathrm{d}x$.

4. (1) $1-\sin 1$;　(2) $\frac{1}{2}(\mathrm{e}-1)$.

5. (1) $\int_0^{\frac{\pi}{2}}\mathrm{d}\theta\int_0^{2a\cos\theta} f(r\cos\theta,r\sin\theta)r\,\mathrm{d}r$;　(2) $\int_0^{\frac{\pi}{4}}\mathrm{d}\theta\int_{\sec\theta\tan\theta}^{\sec\theta} f(r\cos\theta,r\sin\theta)r\,\mathrm{d}r$;

(3) $\int_0^{\frac{\pi}{2}}\mathrm{d}\theta\int_{\frac{1}{\cos\theta+\sin\theta}}^{1} f(r\cos\theta,r\sin\theta)r\,\mathrm{d}r$;　(4) $\int_0^{2\pi}\mathrm{d}\theta\int_0^1 f(r\cos\theta,r\sin\theta)r\,\mathrm{d}r$.

6~7. 略.　8. $M=\frac{4}{3}$.

习题 10.3

1. (1) $\int_0^2\mathrm{d}x\int_0^{2-x}\mathrm{d}y\int_{x+y}^2 f(x,y,z)\mathrm{d}z$;　(2) $\int_0^3\mathrm{d}x\int_0^{3-x}\mathrm{d}y\int_0^{xy} f(x,y,z)\mathrm{d}z$;

(3) $\int_{-\sqrt{2}}^{\sqrt{2}}\mathrm{d}x\int_{x^2}^2\mathrm{d}y\int_0^y f(x,y,z)\mathrm{d}z$.

2. (1) $\int_0^{2\pi}\mathrm{d}\theta\int_0^5\rho\,\mathrm{d}\rho\int_\rho^5 f(\rho\cos\theta,\rho\sin\theta,z)\mathrm{d}z$;

(2) $\int_0^{\pi}\mathrm{d}\theta\int_0^{2\sin\theta}\rho\mathrm{d}\rho\int_0^1 f(\rho\cos\theta,\rho\sin\theta,z)\mathrm{d}z$;

(3) $\int_0^{2\pi}\mathrm{d}\theta\int_0^2\rho\mathrm{d}\rho\int_2^{2+\sqrt{4-\rho^2}} f(\rho\cos\theta,\rho\sin\theta,z)\mathrm{d}z$.

3. (1) -12; (2) $\frac{1}{120}$; (3) 0; (4) $\frac{1}{48}$; (5) 4π; (6) $\frac{4\pi}{15}$;

(7) 8π; (8) 3π; (9) $\frac{8\pi}{5}$.

习题 10.4

1. $8(\pi-2)$. 2. $4\sqrt{2}\pi$. 3. $\frac{\pi}{6}(5\sqrt{5}-1)$. 4. $\bar{x}=0,\bar{y}=\frac{4}{3\pi}$.

5. $\bar{x}=0,\bar{y}=0,\bar{z}=\frac{3}{4}$. 6. $I_x=\frac{144}{5},I_y=\frac{768}{7}$.

总习题 10

1. (1) $\frac{64}{15}$; (2) $\frac{9}{4}$; (3) $I=\int_0^1\mathrm{d}y\int_{2-y}^{1+\sqrt{1-y^2}} f(x,y)\mathrm{d}x$;

(4) $I=\int_0^1\mathrm{d}y\int_{e^y}^2 f(x,y)\mathrm{d}x$; (5) $I=\int_0^{\frac{\pi}{2}}\mathrm{d}\theta\int_0^{\frac{1}{\sin\theta+\cos\theta}} f(r\cos\theta,r\sin\theta)r\mathrm{d}r$;

(6) $\frac{1}{4}(2\ln2-1)$; (7) $\int_0^1\mathrm{d}x\int_0^{1-x}\mathrm{d}y\int_0^{1-x-y} f(x,y,z)\mathrm{d}z$.

2. (1) A; (2) B; (3) B; (4) A; (5) C.

3. (1) $\frac{6}{55}$; (2) $\frac{\pi}{2}-1$; (3) $\frac{13}{6}$; (4) $1-\sin1$; (5) $\frac{e^4-1}{2}$; (6) $\frac{\pi^2}{6}$;

(7) $\frac{1}{2}$.

4. $\int_0^{\frac{\pi}{4}}\mathrm{d}\theta\int_{\frac{2}{\cos\theta+\sin\theta}}^{2\cos\theta} f(r)r\mathrm{d}r$. 5. (1) $=\frac{3}{4}\pi a^4$; (2) $\sqrt{2}-1$. 6. $\frac{17}{6}$.

7. $\frac{3}{32}a^4\pi$. 8. $\frac{\pi^2-8}{16}$. 9. $2+\frac{1}{e}-e$. 10. $\frac{\pi}{15}$. 11. $\frac{abc}{2}\sqrt{\frac{1}{a^2}+\frac{1}{b^2}+\frac{1}{c^2}}$.

12. 42.5%. 13. $\bar{x}=\frac{48}{35},\bar{y}=\frac{12}{5}$. 14. $I_z=\frac{\pi ha^4}{2}$.

习题 11.1

1. 略.

2. (1) 0; (2) $\frac{1}{12}(5\sqrt{5}+6\sqrt{2}-1)$; (3) $\frac{\pi}{2}a^{2n+1}$; (4) $e^a\left(2+\frac{\pi}{4}a\right)-2$.

3. (1) $\frac{256}{15}a^3$; (2) $2\pi^2a^3(1+2\pi^2)$; (3) $\frac{\sqrt{3}}{2}(1-e^{-2})$; (4) 9.

习题 11.2

1. (1) $\frac{4}{5}$; (2) 3; (3) 0. 2. (1) $\frac{4}{3}$; (2) $\frac{17}{12}$; (3) $\frac{3}{2}$.

3. 13.　4. $-|\boldsymbol{F}|R$.

5. (1) $\int_L \frac{P(x,y)+Q(x,y)}{\sqrt{2}}\mathrm{d}s$;　(2) $\int_L \frac{P(x,y)+2xQ(x,y)}{\sqrt{1+4x^2}}\mathrm{d}s$;

(3) $\int_L [\sqrt{2x-x^2}P(x,y)+(1-x)Q(x,y)]\mathrm{d}s$.

6. $\int_\Gamma \frac{P+2xQ+3yR}{\sqrt{1+4x^2+9y^2}}\mathrm{d}s$.

习题 11.3

1. (1) $\frac{\pi a^4}{2}$;　(2) 12.　2. $\frac{\pi a^2 m}{8}$.　3. (1) $\frac{5}{2}$;　(2) $-\frac{3}{2}$.

4. $\frac{1}{\sqrt{1+x^2}}$.　5. $\frac{x^2y^2}{2}$.　6. $\arctan\frac{y}{x}$.

习题 11.4

1. $\frac{\sqrt{3}}{2}$.　2. $\frac{\sqrt{2}}{2}\pi$.　3. $\frac{\sqrt{6}}{15}$.　4. πa^3.

5. (1) $\frac{26\pi}{3}$;　(2) $\frac{149\pi}{30}$;　(3) $\frac{298\pi}{15}$.

6. (1) 4π;　(2) $2\pi\arctan\frac{1}{R}$.

习题 11.5

1. $\frac{3}{2}\pi$.　2. $(a+b+c)abc$.　3. $-\frac{2}{105}\pi$.　4. $-\frac{\pi R^4}{2}$.

5. $-\frac{15}{2}\pi$.　6. 0.　7. 0.

习题 11.6

1. (1) $3a^4$;　(2) 81π;　(3) $-\frac{9}{2}\pi$;　(4) $2\pi a^3$;　(5) $-\frac{1}{2}\pi h^4$.

2. (1) $\frac{3}{2}$;　(2) 0;　(3) -2π.

总习题 11

1. (1) $\int_\alpha^\beta f(\phi(t),\psi(t))\sqrt{\phi'^2(t)+\psi'^2(t)}\,\mathrm{d}t$;　(2) $\frac{3}{2}\pi$;

(3) $\int_\Gamma (P\cos\alpha+Q\cos\beta+R\cos\gamma)\mathrm{d}s$，切向量;　(4) $\frac{5}{3}$;　(5) 3.

2. (1) D;　(2) B;　(3) A;　(4) B.

3. πa^3.　4. $\frac{4}{3}(2\sqrt{2}-1)$.　5. $\frac{4}{3}$.　6. $y=\sin x$.　7. $\frac{\pi}{2}-4$.

8. $\frac{1}{2}$.　9. 0.　10. 略.　11. $4\sqrt{61}$.　12. $2\pi a\ln\frac{a}{h}$.　13. 2π.

14. 0.　15. $-\frac{\pi}{3}$.　16. $\frac{36\pi}{15}$.　17. 1.　18. $\frac{4\pi}{3}$.　19. $\frac{1}{2}$.

习题 12.1

1. (1) $\frac{1}{3}\left(1-\frac{1}{3n+1}\right),\frac{1}{3}$；　(2) $3s-u_1$.

2. (1) $\mu_n=\frac{1}{n(n+1)}$；　(2) $\mu_n=\frac{2n-1}{n^3}$；

　(3) $\mu_n=\frac{(-1)^{n-1}}{2^n}$；　(4) $\mu_n=\frac{n-(-1)^n}{n}$.

3. (1) 收敛,$s=2$；　(2) 收敛,$s=1$；　(3) 发散；　(4) 收敛,$s=\frac{2}{3}$；

　(5) 发散；　(6) 收敛,$s=\frac{1}{2}$；　(7) 收敛,$s=1-2\sqrt{2}$；　(8) 收敛,$s=\frac{1}{4}$；

　(9) 发散；　(10) 发散.

4. -2.　5. $\mu_1=0,\mu_n=\frac{2n-1}{n^2(n-1)^2}(n\geqslant 1),s=1$.

习题 12.2

1. (1) 充要条件；　(2) $\frac{1}{2}$,收敛；　(3) 收敛,发散.

2. (1) 收敛；　(2) 收敛；　(3) 收敛；　(4) 收敛；　(5) 发散；　(6) 收敛.

3. (1) 收敛；　(2) 收敛；　(3) 发散；　(4) 收敛；　(5) 收敛；　(6) 收敛.

4. (1) 收敛；　(2) 发散；　(3) 发散；　(4) 收敛.

5. (1) 收敛；　(2) 收敛；　(3) 发散；

　(4) 当 $0<a<4$ 时级数收敛,当 $a\geqslant 4$ 时级数发散.

6. (1) 绝对收敛；　(2) 发散；　(3) 条件收敛；　(4) 条件收敛.

7. 提示：利用 p-级数的结论与比较审敛法证明.

8. 提示：利用级数收敛的必要条件,只需证明相应的级数收敛即可.

习题 12.3

1. (1) $3,(-3,3),(-3,3]$；　(2) $\frac{1-x}{x},(0,2)$；　(3) $1,(-1,1)$.

2. (1) $R=1,(-1,1),(-1,1]$；　(2) $R=2,(-2,2),(-2,2)$；

　(3) $R=0$,收敛区间不存在,收敛域为$\{0\}$；　(4) $R=2,(-2,2),(-2,2)$；

　(5) $R=\mathrm{e},(-\mathrm{e},\mathrm{e}),(-\mathrm{e},\mathrm{e})$；　(6) $R=1,(-1,1),(-1,1)$；

　(7) $R=\sqrt{2},(-\sqrt{2},\sqrt{2}),(-\sqrt{2},\sqrt{2})$；　(8) $R=2,(0,4),(0,4)$；

　(9) $R=1,(-3,-1),[-3,-1)$；　(10) $R=1,(-3,7),[-3,7)$.

3. 提示：利用阿贝尔定理证明.　4. $(1,5]$.

5. (1) $s(x)=\frac{1}{(1-x)^2}$,收敛域为$(-1,1)$；　(2) $s(x)=\frac{2}{(1-x)^3}$,收敛域为$(-1,1)$；

　(3) $s(x)=-x+\arctan x$,收敛域为$[-1,1]$.

习题 12.4

1. $f(x)=1-x^2=\frac{a_0}{2}+\sum_{n=1}^{\infty}a_n\cos nx=1-\frac{\pi^2}{3}+4\sum_{n=1}^{\infty}\frac{(-1)^{n-1}}{n^2}\cos nx,0\leqslant x\leqslant\pi$,

$\sum_{n=1}^{\infty}\frac{(-1)^{n-1}}{n^2}=\frac{\pi^2}{12}$.

2. $f(x)=\frac{\pi}{2}-\frac{4}{\pi}\left(\cos x+\frac{1}{3^2}\cos 3x+\frac{1}{5^2}\cos 5x+\cdots\right),-\pi\leqslant x\leqslant\pi$.

总习题 12

1. (1) $s=\frac{1}{3}$； (2) 收敛； (3) $p>0$； (4) 收敛，发散；

(5) $(-\sqrt{2},\sqrt{2})$； (6) $\left(-\frac{1}{5},\frac{1}{5}\right)$； (7) $[0,6)$.

2. (1) D； (2) B； (3) D； (4) A； (5) D； (6) C； (7) A；
(8) D.

3. (1) 收敛； (2) 收敛； (3) 收敛； (4) 发散； (5) 收敛； (6) 收敛；
(7) 收敛； (8) 收敛； (9) 绝对收敛； (10) 条件收敛.

4. (1) $\left[-\frac{1}{2},\frac{1}{2}\right]$； (2) $(1,3]$； (3) $\left(-\frac{1}{2},\frac{1}{2}\right)$.

5. (1) $s(x)=\frac{x+1}{x^2},-2<x<1$； (2) $s(x)=\frac{x-2}{5-x},-1<x<5$；

(3) $s(x)=\begin{cases}\frac{\arctan x}{x}, & 0<|x|\leqslant 1,\\ 1, & x=0.\end{cases}$

6. $s(x)=\frac{2x}{(1+x)^3},|x|<1,\sum_{n=1}^{\infty}(-1)^{n+1}\frac{n(n+1)}{2^n}=s\left(\frac{1}{2}\right)=\frac{8}{27}$.

参 考 文 献

[1] 李建平，朱建民. 高等数学下册[M]. 北京：高等教育出版社，2015.
[2] 北京邮电大学高等数学双语教学组. 高等数学(下)[M]. 北京：北京邮电大学出版社，2018.
[3] 陈仲，范红军. 高等数学(下)[M]. 南京：南京大学出版社，2017.
[4] 同济大学数学系. 高等数学(第七版)[M]. 北京：高等教育出版社，2014.
[5] 李伟. 高等数学[M]. 北京：高等教育出版社，2011.

后记：携二十大精神之翼，飞跃数学知识的海洋

尊敬的读者：

在您翻阅至本书最后时，我们希望您不仅带走了知识和技能，还感受到了我们编写这本《高等数学》教材时所秉承的精神——二十大精神。

二十大精神不仅是我们国家发展的指导方针，也是教育工作者追求卓越的行动指南。在这本教材的编写过程中，我们深刻体会到了这一精神的重要性，并努力将其融入每一个章节、每一个概念、每一道题目中。

实事求是是我们坚持的首要原则。在解析每一个数学问题时，我们追求答案的精确和过程的严谨，正如我们对待科学研究和国家发展的态度一样。

与时俱进是我们编写教材的态度。数学知识不断演进，教育方法也在发展。我们致力于将最新的数学发现和教学理念纳入教材，确保您所学的内容紧跟时代的步伐。

开拓创新是我们鼓励每位学习者都要拥有的精神。在探索数学的海洋时，我们鼓励您不拘泥于传统，勇于尝试新方法，解决新问题。

求真务实是我们对您学习成果的期待。我们不仅仅满足于理论的学习，更希望您能将所学知识应用于实际，解决实际问题，成为国家建设的栋梁之材。

在本书的编写过程中，我们也深感自身的局限，因此我们非常期待您的反馈和建议。无论是对于数学内容的深入探讨，还是对于如何更好地融入二十大精神的建议，我们都将虚心接受，不断完善。

最后，我们衷心希望，本书不仅能成为您学习数学的伙伴，更能成为您践行二十大精神，为实现中华民族伟大复兴的中国梦贡献力量的伙伴。

愿您的学习之旅充满收获与喜悦！

编　者

2024年4月，天津